高等职业教育本科教材

水污染控制工程

张素青　郭立达　臧玉红　主编

邓景山　主审

化学工业出版社

·北京·

内容简介

本教材以处理方法的分类为主线，内容涵盖了生活污水处理技术和工业废水处理技术。内容按项目、任务结构编排，包括八个项目：污水处理分析、污水预处理、物理法处理污水、化学法处理污水、生物法处理污水、污泥处理、物理化学法处理污水、污水处理厂设计与运行管理。

教材充分体现了党的二十大精神进教材，贯彻生态文明思想，践行绿水青山就是金山银山的理念。推动绿色发展，促进人与自然和谐共生。充分考虑了现代职业教育本科对教材的要求，具有以下特色：以学生为本，注重对专业素质和职业技能的培养；重视经典理论的传承和新技术、新工艺的引进；适应现代信息化技术的应用。

本教材为高等职业教育本科生态环境工程技术专业、水环境工程专业教材，也可供高职高专环境工程技术和环境监测与控制技术等专业使用，还可供城镇污水和工业废水处理技术人员参考。

图书在版编目（CIP）数据

水污染控制工程 / 张素青，郭立达，臧玉红主编. —北京：
化学工业出版社，2023.7
高等职业教育本科教材
ISBN 978-7-122-43352-7

Ⅰ.①水… Ⅱ.①张… ②郭… ③臧… Ⅲ.①水污染-污染
控制-高等职业教育-教材 Ⅳ.①X520.6

中国国家版本馆 CIP 数据核字（2023）第 071392 号

责任编辑：王文峡　　　　　　　　　　　　文字编辑：丁海蓉
责任校对：李雨晴　　　　　　　　　　　　装帧设计：王晓宇

出版发行：化学工业出版社（北京市东城区青年湖南街 13 号　邮政编码 100011）
印　　刷：北京云浩印刷有限责任公司
装　　订：三河市振勇印装有限公司
787mm×1092mm　1/16　印张 15½　字数 393 千字　2023 年 8 月北京第 1 版第 1 次印刷

购书咨询：010-64518888　　　　　　　　　　售后服务：010-64518899
网　　址：http://www.cip.com.cn
凡购买本书，如有缺损质量问题，本社销售中心负责调换。

定　　价：49.00 元　　　　　　　　　　　　　　版权所有　违者必究

前言

依据《国家职业教育改革方案》的有关要求，突出职业教育的类型特色，围绕深化职业教育"三教"改革和"互联网+教育"的发展需求，由高校教师和企业人员组成的产教融合、校企合作的教材开发团队，编写了符合高等职业教育本科人才培养目标的水污染控制工程教材。

本教材内容按项目、任务结构编排，包括八个项目：污水处理分析、污水预处理、物理法处理污水、化学法处理污水、生物法处理污水、污泥处理、物理化学法处理污水、污水处理厂设计与运行管理。以处理方法的分类进行编排，内容涵盖了生活污水处理技术和工业废水处理技术。

充分考虑了现代职业本科教育对教材的要求，本书具有以下特色：

（1）教材充分体现了党的二十大精神进教材，贯彻生态文明思想，践行绿水青山就是金山银山的理念。推动绿色发展，促进人与自然和谐共生。

（2）以学生为本，注重对专业素质和职业技能的培养。每个项目前均写明了知识目标、能力目标和素质目标，重视经典理论的传承，在介绍"必需"的基础理论知识和专门知识的基础上，注重实际操作技能的培养。列举了国内外典型的应用实例，并配有必要的技能训练。

（3）在保证专业教学内容科学合理的基础上，结合社会对环境保护类职业的要求，突出技术传授和能力培养。重点介绍了各种水污染控制技术在实际中的应用及在应用中常出现的问题和解决方法。

（4）注重高级技术技能人才的培养，编写时给出了必要的知识链接。动态融入污水处理的新标准、新规范、新技术、新工艺，保障教材内容与企业水污染控制工程的动态适应性。

（5）本教材适应了现代信息化技术的应用，配套了视频和动画，视频主要是对重点内容的讲解，动画内容主要展示水处理设施的结构和工作原理。

本教材为高等职业教育本科生态环境工程技术专业、水环境工程专业教材，也可供高职高专环境工程技术、环境监测与控制技术等专业使用，还可供城镇污水和工业废水处理技术人员参考。

本教材由河北工业职业技术大学张素青、郭立达和河北石油职业技术大学臧玉红担任主编，河北工业职业技术大学杨宁、刘毅和河北科技工程职业技术大学雷旭阳任副主编，项目一～四由张素青、杨宁编写，项目五、六由郭立达、刘毅编写，项目七、八由臧玉红、雷旭阳编写，全书由张素青负责统稿。河北工业职业技术大学乔森、渠开跃、冯利、芦娟等老师参与部分项目的资料整理工作，河北工业职业技术大学张玲、陈立霞、曹津津，河北科技工程职业技术大学邓宏颖及黑龙江生态工程职业学院朱明华老师等参与部分图表绘制和文稿校对工作。本教材由石家庄市源生园环保有限公司正高级工程师邓景山主审。

在本书编写过程中，有关水处理企业人员提供了大量的资料，提出了很多宝贵的意见，哈尔滨工程大学尹沐天、北京师范大学陈伟彤等参与了全书的校核工作，在此表示感谢。同时，编者谨向被本教材引用为参考资料的书刊作者表示感谢。

由于编写水平和时间限制，书中难免存在疏漏和不足之处，真诚希望有关专家、老师和同学批评指正。

编者

2023 年 3 月

目录

二维码一览表

序号	文件名	类型	页码	序号	文件名	类型	页码
1	污废水控制原则	视频	008	30	碱性废水的中和处理	视频	072
2	回转式格栅	动画	020	31	混凝认识	视频	074
3	筛滤设施的维护管理	视频	024	32	混凝机理	视频	075
4	沉砂池的认识	视频	024	33	混凝药剂	视频	075
5	曝气沉砂池（1）	动画	026	34	混凝影响因素	视频	077
6	曝气沉砂池（2）	视频	026	35	混凝剂的配制与投加	视频	078
7	隔油	视频	027	36	混凝药剂与污水混合	视频	080
8	调节	视频	029	37	混凝反应	视频	081
9	水量调节	视频	029	38	混凝反应池	动画	081
10	事故池	视频	032	39	化学沉淀法	视频	083
11	沉淀	视频	034	40	空气氧化法	视频	084
12	平流沉淀	动画	038	41	臭氧氧化法	视频	085
13	竖流沉淀池	动画	044	42	氯氧化法	视频	086
14	斜管沉淀池	动画	046	43	化学还原法	视频	090
15	沉淀池的选择与调试	视频	047	44	污水生物处理	视频	099
16	气浮法	视频	049	45	活性污泥法	视频	102
17	加压溶气气浮	视频	051	46	活性污泥法净化过程	视频	102
18	气浮设施操作	视频	051	47	活性污泥主要性能指标	视频	103
19	过滤	视频	055	48	活性污泥增长规律	视频	104
20	普通快滤池	视频	056	49	活性污泥法影响因素	视频	105
21	过滤的注意事项	视频	058	50	传统曝气池	动画	108
22	快滤池运行中的问题	视频	058	51	活性污泥的培养和驯化	视频	120
23	V形过滤池	动画	058	52	活性污泥系统的运行	视频	122
24	纤维滤布滤池	动画	063	53	活性污泥法运行中的异常现象	视频	123
25	纤维转盘过滤	视频	063	54	序批式活性污泥法SBR	视频	127
26	离心分离	视频	064	55	SBR法与传统连续流活性污泥法的比较	视频	128
27	磁分离	视频	065	56	序批式活性污泥法SBR反应池	动画	128
28	中和法	视频	068	57	生物膜法	视频	143
29	酸性废水过滤中和法	视频	069	58	生物膜法净化机理	视频	143

序号	文件名	类型	页码	序号	文件名	类型	页码
59	生物滤池	动画	147	75	污水的土地处理	视频	173
60	普通生物滤池	视频	147	76	吸附法	视频	193
61	高负荷生物滤池	视频	149	77	吸附的影响因素	视频	195
62	生物转盘	视频	150	78	吸附剂	视频	197
63	接触氧化池	动画	151	79	吸附操作	视频	200
64	生物接触氧化处理技术	视频	151	80	吸附操作注意的问题	视频	200
65	生物膜法的填料挂膜	视频	158	81	活性炭吸附塔	动画	201
66	生物膜法运行控制	视频	158	82	离子交换法	视频	203
67	生物膜法存在的问题	视频	159	83	离子交换运行操作中注意的问题	视频	210
68	厌氧生物处理	视频	160	84	膜分离法	视频	213
69	厌氧生物处理过程	视频	161	85	电渗析	视频	214
70	厌氧生物处理的影响因素	视频	162	86	反渗透	视频	215
71	厌氧生物处理的分类	视频	163	87	超滤	视频	217
72	UASB 厌氧反应池	动画	165	88	微滤	视频	219
73	厌氧生物处理装置的运行管理	视频	169	89	吹脱法	视频	220
74	氧化塘	视频	172				

项目一
污水处理分析

项目导读

　　污水的来源、水体中的主要污染物质及水质指标有哪些？如何查找和应用生态环境标准？城市污水和工业废水是如何处理的？

学习目标

　　知识目标：了解污水的来源及特点；掌握水体中的主要污染物质；熟悉水质指标，熟悉生态环境标准；了解水污染控制原则与方法。
　　能力目标：会分析水体中的主要污染物和主要水质指标；会查阅和应用生态环境标准。
　　素质目标：树立生态环境意识；提升环境科学素养。

项目实施

　　项目共有 5 个任务，通过该项目的学习，学会分析污水水质、会查阅和应用生态环境标准。

　　水是生命之源泉，没有水就没有生命。水是自然界里最普遍存在的物质之一，人类视水为经济命脉，视水为宝贵资源。水是环境的一个重要组成部分，也是人类不可缺少的重要物质。因此，保护水资源、防治水污染是全人类神圣和义不容辞的责任，我国水资源紧缺，更应十分重视和珍惜水资源。

任务 1　污水的来源、水体中主要污染物质及水质指标分析

1.1.1　污水的来源

　　污水的性质及危害取决于污水的来源。在实际生活中，污水一般来源于生活污水、工业废

水和降水。

（1）生活污水。生活污水是居民生活活动所产生的污水。生活污水的主要成分为纤维素、淀粉、糖类、脂肪和蛋白质等有机物质，以及氮、磷、硫等无机盐类及泥沙等杂质，同时还含有多种微生物及病原体，具有消耗环境氧量与传播疾病的危害。生活污水一般夏季量多，冬季量少。

（2）工业废水。工业废水是工业生产过程中产生的废水。工业废水成分复杂，涉及面广，因素多，性质复杂。工业废水的性质及危害人类的程度主要取决于工业类别、原料品种、工艺过程等诸多因素。

（3）降水。降水包括降雨和降雪。降水时，雨雪大面积冲刷地面，将地面上的各种污染物淋洗后进入水道或水体，造成河流、湖泊等水体的污染。初期降雨对受纳水体的污染很大，其中固体悬浮物、有机物、重金属会直接污染地面水源。

1.1.2　水体中的主要污染物质

水体中的污染物大致可分为以下几类：固体污染物、需氧污染物、营养性污染物、酸碱污染物、有毒污染物、油类污染物、生物污染物、感官性污染物，另外还有热污染等。

1.1.2.1　固体污染物

固体污染物在水中以三种状态存在：溶解态（直径小于 1nm）、胶体态（直径介于 1～100nm）和悬浮态（直径大于 100nm）。

水体中的固体污染物常用悬浮物和浊度两个指标来表示。

固体污染物的存在不但使水质浑浊，而且会使管道及设备阻塞、磨损，干扰污水处理及回收设备的工作。由于大多数污水中都有悬浮物，因此去除悬浮物是污水处理的一项基本任务。

1.1.2.2　需氧污染物

污水中通过生物化学作用而消耗水中溶解氧的物质统称为需氧污染物。

绝大多数的需氧污染物是有机物，因而，在一般情况下，需氧污染物即有机污染物。

由于有机污染物的种类非常多，现有的分析技术难以将其区分与定量。在工程实际中，采用几个综合水质污染指标来描述，主要有化学需氧量（COD）、生化需氧量（BOD）、总需氧量（TOD）、总有机碳（TOC）等。

1.1.2.3　营养性污染物

污水中所含的氮（N）和磷（P）是植物和微生物的主要营养物质。当污水排入受纳水体，水中 N 和 P 的浓度分别超过 0.2mg/L 和 0.02mg/L 时，就会引起受纳水体的富营养化，水体富营养化的主要危害有：①藻类占据的空间越来越大，使鱼类活动的空间越来越小，藻类死亡后将沉积水底，增加水体中有机物的含量；②藻类种类逐渐减少，从以硅藻和绿藻为主转为以迅速繁殖的蓝藻为主，蓝藻不是鱼类的良好饲料，并且有些还会产生毒素；③藻类过度生长，将造成水中溶解氧急剧减少，使水体处于严重缺氧状态，导致鱼类死亡，水体腐败发臭。

污水中 N 的主要来源是氮肥厂、洗毛厂、制革厂、造纸厂、印染厂、食品厂和饲养厂等。污水中 P 的主要来源是磷肥厂和含磷洗涤剂等。生活污水经普通生化法处理后也会含有无机 N 和 P。此外，温度、需氧污染物、维生素类物质也能导致和触发营养性污染。

1.1.2.4　酸碱污染物

酸碱污染物主要是由工业废水排放的酸、碱以及酸雨带来的。水质标准中以 pH 来反映其含量水平。

酸碱污染物使水体的 pH 值发生变化，破坏自然缓冲作用，抑制微生物生长，妨碍水体自净，使水质恶化、土壤酸化或盐碱化。各种生物都有其 pH 值适应范围，超过该范围，其生存就会受到影响。对渔业水体而言，pH 值不得低于 6 或高于 9.2，当 pH 值为 5.5 时，一些鱼类就不能生存或生殖率下降。农业灌溉用水的 pH 值应为 5.5～8.5。此外，酸性废水也会对金属和混凝土材料造成腐蚀。

1.1.2.5　有毒污染物

污水中能对生物引起毒性反应的化学物质，称作有毒污染物（简称有毒物）。工业上使用的有毒化学物质已经超过 12000 种，而且以每年 500 种的速度递增。

有毒污染物是重要的水质指标，各类水质标准对主要的有毒污染物都规定了限值。

污水中的有毒物质可分为三大类：无机化学毒物、有机化学毒物和放射性物质。

（1）无机化学毒物。无机化学毒物包括金属和非金属两类。

金属毒物主要有汞、铬、镉、铅、锌、镍、铜、钴、锰、钛、钒、钼和铋等。汞进入人体后被转化为甲基汞，在脑组织内积累，损坏神经功能，无法用药物治疗，严重时能造成死亡。镉中毒会引起全身疼痛、关节受损、骨节变形，有时还会引起心血管病。金属毒物具有以下特点：①不能被微生物降解，只能在各种形态间相互转化、分散，如无机汞能在微生物作用下转化为毒性更大的甲基汞；②其毒性以离子态存在时最严重，金属离子在水中容易被带负电荷的胶体吸附，吸附金属离子的胶体可随水流迁移，但大多数会迅速沉降，因此重金属一般都富集在排污口下游一定范围内的底泥中；③能被生物富集于体内，既危害生物，又通过食物链危害人体，如淡水鱼能将汞富集 1000 倍、将镉富集 300 倍、将铬富集 200 倍等；④重金属进入人体后，能与生理高分子物质（如蛋白质和酶等）发生作用，使这些生理高分子物质失去活性，也可在人体的某些器官积累，造成慢性中毒，其危害有时需 10～20 年才能显露出来。

重要的非金属有毒物有砷、硒、氰、氟、硫、亚硝酸根等。砷中毒时能引起中枢神经紊乱，诱发皮肤癌等。亚硝酸盐在人体内还能与仲胺生成亚硝胺，具有强烈的致癌作用。

必须指出的是，许多有毒元素往往是生物体所必需的微量元素，只是在超过一定限值时才会致毒。

（2）有机化学毒物。这类毒物大多是人工合成的有机物，难以被生物降解，并且大多是较强的"三致"（致癌、致畸、致突变）物质，毒性很大，主要有农药（有机氯农药、有机磷农药等）、酚类化合物、聚氯联苯、稠环芳烃（如苯并[a]芘）、芳香族氨基化合物等。以有机氯农药为例，首先其具有很强的化学稳定性，在自然环境中的半衰期为十几年到几十年，其次它们都可能通过食物链在人体内富集，危害人体健康。如 DDT 能蓄积于鱼脂中，浓度可比在水体中高 12500 倍。

（3）放射性物质。放射性物质是指原子核衰变而释放射线的物质，其主要包括 X 射线、α射线、β射线及质子束等。污水中的放射性物质主要来自 U、Ra 等放射性金属的生产和使用过程，如核试验、核燃料再处理、原料冶炼厂等。水中的放射性物质浓度一般较低，主要引起慢性辐射和后期效应，如诱发癌症，对孕妇和婴儿产生损伤，引起遗传性伤害等。

1.1.2.6　油类污染物

油类污染物包括"石油类"和"动植物油"两项。油类污染物能在水面上形成油膜，隔绝大气与水面，破坏水体的复氧条件。它还能附着于土壤颗粒表面和动植物体表，影响养分的吸收和废物的排出。当水中含油 0.01～0.1mg/L 时，就会对鱼类和水生生物产生影响。

1.1.2.7　生物污染物

生物污染物主要是指污水中的致病性生物，包括致病细菌和病毒。未污染的天然水中细菌含量很低，当城市污水、垃圾淋溶水、医院污水等排入后将带入各种致病性生物。例如生活污水中可能含有能引起肝炎、伤寒、霍乱、痢疾、脑炎的病毒和细菌以及蛔虫卵和钩虫卵等。生物污染的特点是数量大、分布广，必须高度重视。

1.1.2.8　感官性污染物

废水中能引起颜色、浑浊、泡沫等的物质，虽无严重危害，但能引起人们感官上的不快，被称为感官性污染物。对于供游览和文体活动的水体而言，感官性污染物的危害较大。

有颜色、浑浊的废水主要来源于印染厂、纺织厂、造纸厂、焦化厂、煤气厂等。恶臭废水来源于炼油厂、石化厂、橡胶厂、制药厂、屠宰厂、皮革厂等。当废水中含有表面活性物质时，在流动和曝气过程中将产生泡沫，如造纸废水、纺织废水等。

各类水质标准对色度、臭味、浊度、漂浮物等指标都作了相应的规定。

1.1.2.9　热污染

污水温度过高引起的危害称作热污染，热污染的主要危害有以下几点：①由于水温升高，使水体溶解氧浓度降低，相应地水体中含氧量减少，故大气中的氧向水体传递的速率也减慢。另外，水温升高会导致生物耗氧速度加快，促使水体中溶解氧被快速耗尽，水质迅速恶化，造成鱼类和水生生物因缺氧而死亡。②由于水温升高，藻类加快繁殖，从而加快水体富营养化进程。③由于水温升高，水体中的化学反应加快，使水体的物化性质（如离子浓度、电导率、腐蚀性）发生变化，可能对管道和容器造成腐蚀。④由于水温升高，加速细菌生长繁殖，导致后续水处理的费用增加。如取该水体作为给水水源，则需要增加混凝剂和氯的投加量，且使水中的有机氯化物含量增加。

1.1.3　水质指标

水质是指水与水中杂质共同表现的综合特征，水质指标是指水样中除去水分子外所含杂质的种类和数量。主要水质指标如下。

1.1.3.1　悬浮物（SS）

悬浮物是一项重要的水质指标，是指悬浮于水中的固体物质。水质分析中把固体物质分为两部分：能透过滤膜（孔径 3～10μm）的叫溶解性固体（DS）；不能透过的叫悬浮固体或悬浮物（SS）。两者合称为总固体（TS）。需注意，这种分类仅仅是为了水处理技术的需要。

1.1.3.2　化学需氧量（COD）

化学需氧量是指在一定的条件下采用一定的强氧化剂处理水样时，所消耗的氧化剂的量，以每升水样消耗氧的质量（毫克）表示。它是表示水中还原性物质多少的一个指标。水中的还原性物质有各种有机物、亚硝酸盐、硫化物、亚铁盐等，但主要的是有机物。因此，化学需氧量又常被作为衡量水中有机物质含量多少的指标。化学需氧量越大，说明水体受有机物的污染越严重。

目前应用最普遍的是酸性高锰酸钾氧化法（COD_{Mn}）与重铬酸钾氧化法（COD_{Cr}）。高锰酸钾氧化法氧化率较低，但比较简便，在测定水样中有机物含量的相对比较值时可以采用；重铬酸钾法氧化率较高，再现性好，适用于测定水样中有机物的总量。

1.1.3.3　生化需氧量（BOD）

生化需氧量是指在有氧的条件下，微生物分解水中有机物所消耗的氧的量。它是以水样在一定的温度（如20℃）下，在密闭容器中，保存一定时间后溶解氧所减少的量（mg/L）来表示的。当温度在20℃时，一般的有机物质需要20d左右才能基本完成氧化分解过程，而要全部完成这一分解过程需100d。但是，100d对于实际生产控制来说失去了实用价值。因此，目前规定在20℃下，培养5d作为测定生化需氧量的标准，这时测得的生化需氧量就称为五日生化需氧量，用BOD_5表示。对于一定的污水而言，一般说来，$COD_{100}>BOD_{20}>BOD_5$。

如果污水中有机物的数量和组成相对稳定，BOD、COD两者之间可能有一定的比例关系，可以互相推算求得，如生活污水的BOD_5与COD_{Cr}的比值为0.4～0.8。

1.1.3.4　总有机碳（TOC）

总有机碳是以碳的含量表示水中有机物的总量，结果以碳（C）的质量浓度（mg/L）表示。通过测定污水中的总含碳量可以得到有机物的含量。

1.1.3.5　有机氮

有机氮是反映水中蛋白质、氨基酸、尿素等含氮有机化合物总量的一个水质指标。

若使有机氮在有氧的条件下进行生物氧化，可逐步分解为NH_3、NH_4^+、NO_2^-、NO_3^-等形态，NH_3和NH_4^+称为氨氮，NO_2^-称为亚硝酸氮，NO_3^-称为硝酸氮，这几种形态的含量均可作为水质指标，分别代表有机氮转化为无机氮的各个不同阶段。

总氮（TN）则是一个包括从有机氮到硝酸氮等全部含量的水质指标。

1.1.3.6　pH

pH是指示水体酸碱性的重要指标，在数值上等于溶液中氢离子浓度的负对数。

pH的测定通常根据电化学原理采用玻璃电极法，也可以用比色法。

1.1.3.7　有毒物质

有毒物质是指在污水中达到一定浓度后，能够危害人体健康、危害水体中的水生生物或者影响污水生物处理的物质。

1.1.3.8　细菌总数

细菌总数是指1mL水中所含各种细菌的总数，是反映水体受细菌污染程度的指标。

在水质分析中，是把一定量水接种于琼脂培养基中，在37℃条件下，培养24h后，记录生长的细菌菌落数，然后计算出每毫升水中所含的细菌数。

1.1.3.9　大肠菌群数

大肠菌群数是指1L水中所含的大肠菌个数。大肠菌群指的是具有某些特征的与粪便污染有关的细菌。其本身虽非致病菌，但由于其在外部环境中的生存条件与肠道传染病的细菌、寄生虫卵相似，而且大肠菌群的数量多，比较容易检验，所以把大肠菌群数作为生物污染指标。

1.1.3.10　溶解氧（DO）

溶解氧是指溶解在水中的游离氧含量，单位为mg/L。

对于水生生物的生存，溶解氧是不可缺少的，其在自然净化中作用很大，是反映有机污染程度的重要指标。水体污染越严重，其中的溶解氧越少。

① 地下水：因为不接触大气，故地下水 DO 含量很少。

② 地表水：在溪流中，从大气溶解来的 DO 量很多。

③ 贫营养湖：DO 可以接近全层饱和相状态。

④ 富营养湖：在停滞期表水层 DO 达到饱和或过饱和，而深水层 DO 则不饱和。

⑤ 海水：海水表水层的 DO 接近饱和，因为海水的盐类浓度高，故 DO 溶解度比淡水低。

1.1.3.11　温度

水温是常用的物理指标之一。由于水温对污水的物理处理、化学处理和生物处理均有影响，通常为必测指标。

生活污水水温年变化在 10～25℃。而工业废水的温度同生产过程有关，变化较大。

1.1.3.12　色度

污水由于含有各种不同杂质常显现出不同的颜色，色度是水质的外观指标。

污水的色度在进入环境后会对环境造成表观的污染。有色污水排入水体后会减弱水体的透光性，影响水生生物的生长。

色度是通过感官来观察污水颜色深浅的程度，洁净水应是无色透明的，被污染了的水则其色泽加深。一般从污水的色度可以粗略判断水质的好坏。

1.1.3.13　浊度

浊度也称浑浊度，是由于水中对光有散射作用物质的存在，而引起液体透明度降低的一种量度。水中悬浮微粒及胶体微粒会散射和吸收通过样品的光线，光线的散射现象产生浊度，利用样品中微粒物质对光的散射特性表征浊度，测量结果单位为 NTU。

1.1.3.14　电导率

电导是电阻的倒数，单位距离上的电导称为电导率。电导率表示水中电离性物质的总数，间接反映了水中溶解盐的含量。电导率的大小同溶于水中的物质浓度、活度和温度有关。电导率用 σ 表示，单位为 S/m。

任务 2　污染防治技术政策、生态环境标准分析

1.2.1　污染防治技术政策

1.2.1.1　污染防治技术政策概况

污染防治技术政策是我国环境政策体系的重要组成部分，是环境保护战略的延伸和具体化，是政府部门根据一定时期内国家经济技术发展水平以及环境保护工作的需要，针对行业污染防治提出的指导性技术原则和技术路线。污染防治技术政策是环境污染防治的技术指南，是制定环境标准和实施环境管理的技术依据。由于环境技术政策明确了污染防治的原则、污染治理主导技术路线和工艺，对环保技术的开发具有重要的指导意义。

1.2.1.2 污染防治技术政策的主要内容

按照"预防为主""清洁生产"原则,污染防治技术政策体现了"防治结合"的路线,明确了相应行业污染防治的目标、技术路线、技术原则和技术措施。特别是依据治理技术的选择原则提出了经实践证明较为成熟、可靠、经济、合理的技术路线,在引导环境工程技术发展、指导工程设计单位和用户选择技术方案、最大限度地发挥环境投资效益、规范环保技术市场等方面发挥了重要作用。

现以 2000 年建设部、国家环境保护总局、科学技术部联合发布的《城市污水处理及污染防治技术政策》为例来说明技术政策的主要内容。

在城市污水处理目标方面,该技术政策规定,到 2010 年全国设市城市和建制镇的污水平均处理率不低于 50%,设市城市的污水处理率不低于 60%,重点城市的污水处理率不低于 70%。全国设市城市和建制镇均应规划建设城市污水集中处理设施,达标排放的工业废水应纳入城市污水收集系统并与生活污水合并处理。设市城市和重点流域及水资源保护区的建制镇,必须建设二级污水处理设施;受纳水体为封闭或半封闭水体时,应进行二级强化处理,增强除磷脱氮的效果;非重点流域和非水源保护区的建制镇,可先行一级强化处理,分期实现二级处理。城市污水处理设施建设应按照远期规划确定最终规模,以现状水量为主要依据确定近期规模等。

在技术路线和工艺选择方面,规定城市污水处理设施建设应采用可靠的技术,也可积极稳妥地选用污水处理新技术,城市污水处理设施出水应达到国家或地方规定的水污染物排放标准,对城市污水处理设施出水有特殊要求的,必须进行深度处理。

该技术政策同时规定了各类处理工艺技术的适用范围:

(1)一级强化处理。一级强化处理工艺可选用物化强化处理法、AB(吸附-生物降解)法前段工艺、水解好氧法前段工艺、高负荷活性污泥法等。

(2)二级处理。日处理能力大于 20 万立方米的污水处理设施,一般采用常规活性污泥法;日处理能力为 10 万~20 万立方米的污水处理设施,可选用常规活性污泥法、氧化沟法、SBR法(序批式活性污泥法)和 AB 法等成熟工艺;日处理能力在 10 万立方米以下的污水处理设施,可选用氧化沟法、SBR 法、水解好氧法、AB 法和生物滤池法等。

(3)二级强化处理。日处理能力在 10 万立方米以上的污水处理设施,一般选用 A/O 法、A^2/O 法等技术。必要时也可选用物化方法强化除磷效果。

(4)有条件的地方可选用污水自然净化技术。

(5)污水再生利用。可选用混凝、过滤、消毒或自然净化等深度处理技术。

1.2.1.3 污染防治技术政策的主要作用

污染防治技术政策是技术指导性文件,不是行政管理规定,在实施中不具有强制性,供有关方面作为自律性依据,或作为制定污染防治对策的导向性依据。

污染防治技术政策虽然不是环境法规和强制性的标准,定位于技术方面的指南,但在实际工作中,起到了一些强制性规定不可替代的作用。技术政策的最大功效在于建设项目可行性研究(或环境影响评价)和环境工程初步设计阶段对生产工艺和治理技术路线的选择,有效地引导了成熟可靠技术的应用,为生态环境标准的实施起到有效的保障作用。通过技术政策与法规、标准的有效结合,在实施效果上,可与发达国家实施的强制性环境技术法规相比拟。

鉴于科学技术的迅猛发展,技术政策应该随着技术水平发展的日益成熟、可靠、先进而进行补充、完善。

1.2.2　生态环境标准

生态环境标准是指由国务院生态环境主管部门和省级人民政府依法制定的生态环境保护工作中需要统一的各项技术要求。

生态环境标准分为国家生态环境标准和地方生态环境标准。国家生态环境标准包括国家生态环境质量标准、国家生态环境风险管控标准、国家污染物排放标准、国家生态环境监测标准、国家生态环境基础标准和国家生态环境管理技术规范。国家生态环境标准在全国范围或者标准指定区域范围执行。地方生态环境标准包括地方生态环境质量标准、地方生态环境风险管控标准、地方污染物排放标准和地方其他生态环境标准。地方生态环境标准在发布该标准的省、自治区、直辖市行政区域范围或者标准指定区域范围执行。有地方生态环境质量标准、地方生态环境风险管控标准和地方污染物排放标准的地区，应当依法优先执行地方标准。

国家和地方生态环境质量标准、生态环境风险管控标准、污染物排放标准和法律法规规定强制执行的其他生态环境标准，以强制性标准的形式发布。法律法规未规定强制执行的国家和地方生态环境标准，以推荐性标准的形式发布。强制性生态环境标准必须执行。推荐性生态环境标准被强制性生态环境标准或者规章、行政规范性文件引用并赋予其强制执行效力的，被引用的内容必须执行，推荐性生态环境标准本身的法律效力不变。

生态环境标准与其他标准一样，是以科学技术与实践为依据制定的，具有科学性和先进性，代表了今后一段时期内科学技术的发展方向。生态环境标准在某种程度上成为判断污染防治技术、生产工艺与设备是否先进可行的依据，成为筛选、评价环保科技成果的一个重要尺度。生态环境标准的实施还可以起到强制推广先进科技成果的作用，从而加速科技成果的转化及使污染治理新技术、新工艺、新设备尽快得到推广应用。

环境工程设计、施工建设所依据的环境法规、标准最终将落实到污染物排放标准。所谓达标排放，就是要求通过环境工程措施，使项目的污染物排放连续且稳定地达到规定生态环境标准的要求。污染物排放标准是强制性标准，必须严格执行。因此，应把执行生态环境标准落实到确定最佳工艺技术路线，进行工程设计、施工安装和调试等各个工程建设阶段以及选择满足工艺要求的设备、材料和产品等各个环节之中。

通过工程技术手段实现的目标仍是生态环境标准，检验工程技术成果的主要标准还是生态环境标准。唯有熟悉生态环境标准，才能以性价比最合理的技术实现生态环境标准的要求。

任务 3　水污染控制的原则与方法分析

1.3.1　水污染控制的基本原则

扫一扫

视频

污废水控制原则

污水处理的基本原则，是从清洁生产的角度出发，改革生产工艺和设备，减少污染物的产生，防止污水直接外排。必须外排的污水，其处理方法因水质和要求而异。

现代污水处理技术，按处理程度划分为一级处理、二级处理和深度处理。

一级处理主要去除污水中的漂浮物和悬浮固体物，同时还通过中和或均衡等预处理对污水进行调节，以便排入水体或二级处理设施，主要包括筛滤、沉淀等物理处理方法。经过一级处理后，污水的一般 BOD_5 只去除 20%～30%，达不到排放标准，仍需进行二级处理。

二级处理主要去除污水中呈胶体和溶解状态的有机物，主要采用各种生物处理方法。BOD_5的去除率可达 90%以上。

深度处理是在一级处理、二级处理的基础上，对难降解的有机污染物、磷和氮等营养性物质进行进一步的处理。采用的方法有混凝、过滤、吸附、超滤、反渗透、消毒等。

污水中的污染物组成相当复杂，往往需要采用多种方法进行组合处理，才能达到处理要求。对于某种污水，采用哪几种处理方法进行组合，要根据污水的水质和水量、回收其中有用物质的可能性、处理标准，经过技术和经济比较后才能确定，必要时还需进行试验。

1.3.2 水污染控制方法

污水处理方法按对污染物实施的作用不同，大体上可分为两类：一类是通过各种外力作用，将有害物从污水中分离出来，称为分离法；另一类是通过化学或生化的作用，使其转化为无害的物质或可分离的物质，后者再经过分离予以除去，称为转化法。习惯上也按处理原理的不同，将处理方法分为物理处理法、化学处理法、物理化学法和生物处理法四类。

1.3.2.1 按对污染物实施的作用不同分类

（1）分离法。污水中的污染物有各种存在形式，大致有离子态、分子态、胶体和悬浮物等几种。污染物存在形式的多样性和特性的各异性，决定了分离方法的多样性，详见表 1-1。

表 1-1 分离法分类

污染物存在形式	分离方法
离子态	离子交换法、电解法、电渗析法
分子态	萃取法、结晶法、精馏法、吸附法、浮选法、反渗透法、蒸发法
胶体	混凝法、气浮法、吸附法、过滤法
悬浮物	重力分离法、离心分离法、磁力分离法、气浮法

（2）转化法。转化法可分为化学转化和生物转化两类，具体见表 1-2。

表 1-2 转化法分类

方法原理	转化方法
化学转化	中和法、氧化还原法、化学沉淀法、电化学法
生物转化	活性污泥法、生物膜法、厌氧生物处理法、生物塘等

1.3.2.2 按处理原理不同分类

（1）物理处理法。物理处理法是通过物理作用，以分离、回收污水中不溶解的呈悬浮状态的污染物质（包括油膜和油珠）的污水处理法。根据物理作用的不同，又可分为重力分离法、离心分离法和筛滤截流法等。

（2）化学处理法。化学处理法是通过化学反应来分离、去除污水中呈溶解、胶体状态的污染物质或将其转化为无害物质的污水处理法。

（3）物理化学法。物理化学法是利用物理化学作用去除污水中的污染物质，主要有吸附法、离子交换法、膜分离法、萃取法、汽提法和吹脱法等。

（4）生物处理法。生物处理法是通过微生物的代谢作用，使污水中呈溶解、胶体以及微细悬浮状态的有机污染物稳定化。

任务 4　城市污水回用分析

城市污水回用，也称再生利用，是污水回收、再生和利用的通称，是污水净化再用、实现水循环的全过程。污水经处理达到回用水水质要求后，回用于工业、农业、城市杂用、景观娱乐、补充地表水和地下水等。《城市污水再生利用　分类》（GB/T 18919—2002）中提出了城市污水再生利用类别。其中，工业、农业和城市杂用是城市污水回用的主要对象。

将经过深度处理达到回用要求的城市污水回用于工业、农业、市政杂用等需水对象，为直接水回用。其中，最具潜力的是回用于工业冷却水、农田灌溉及市政杂用等。城市污水按要求进行处理后排入水体，经自净后供给各类用户使用，为间接水回用。将经过深度处理的城市污水回灌于地下水层，再抽取使用，属间接水回用。几个城市位于同一条大河流域，都使用该水体作为给水水源和净化污水排放水体，属宏观意义上的间接水回用。

1.4.1　污水回用系统

污水回用系统按服务范围可分为以下三类。

① 建筑中水系统。在一栋或几栋建筑物内建立的中水系统称为建筑中水系统，处理站一般设在裙房或地下室，中水用于冲厕、洗车、道路保洁、绿化等。

② 小区中水系统。在小区内建立的中水系统称为小区中水系统，可采用的水源较多，如邻近城镇污水处理厂出水、工业洁净排水、小区内建筑杂排水、雨水等。小区中水系统有覆盖全区回用的完全系统，供给部分用户使用的部分系统，以及中水不进建筑，仅用于地面绿化、喷洒道路、地面冲洗的简易系统。

③ 城市污水回用系统。城市污水回用系统又称城市污水再生利用系统，是在城市区域内建立的污水回用系统。城市污水回用系统以城市污水、工业洁净排水为水源，经污水处理厂及深度处理工艺处理后，回用于工业用水、农业用水、城市杂用水、环境用水和补充水源水等。

各种回用系统各有其特点，一般而言，建筑或小区中水系统可就地回收、处理和利用，管线短，投资小，容易实施，但水量平衡调节要求高、规模效益较低。从水资源利用的综合效益分析，城市污水回用系统在运行管理、污泥处理和经济效益上有较大的优势，但需要单独铺设回用水输送管道，整体规划要求较高。

1.4.2　回用处理技术方法

城市污水回用处理技术是在城市污水处理技术的基础上，融合给水处理技术、工业用水深度处理技术等发展起来的。在处理的技术路线上，城市污水处理以达标排放为目的，而城市污水回用处理则以综合利用为目的，根据不同用途进行处理技术组合，将城市污水净化到满足相应的回用水水质控制要求。因此，回用处理技术是在传统城市污水处理技术的基础上，将各种技术上可行、经济上合理的水处理技术进行综合集成，实现污水资源化。

1.4.2.1　预处理技术

以生物处理工艺为主体，以达到排放标准为目标的城市污水处理技术，经过长期的发展，已相当成熟。污水二级处理出水水质主要指标基本上能达到回用于农业的水质控制要求。除浊度、固体物质和有机物等指标外，其他各项已基本接近回用工业冷却水水质控制指标。

对要求出水回用的污水处理厂，可在技术上通过工艺改进和工艺参数优化，使二级处理后的城市污水出水大多数指标达到或接近回用水质控制要求，可以较大限度地减轻后续深度处理的负担。《污水再生利用工程设计规范》指出：出水供给回用水厂的二级处理的设计应安全、稳妥，并应考虑低温和冲击负荷的影响。当回用水水质对氮、磷有要求时，宜采用二级强化处理。

1.4.2.2 深度处理技术

为了向多种回用途径提供高质量的回用水，需对二级处理后的城市污水进行深度处理，去除污水处理厂出水中剩余的污染成分，达到回用水水质要求。这些污染物质主要是氮、磷、胶体物质、细菌、病毒、微量有机物、重金属以及影响回用的溶解性矿物质等。去除这些污染物的技术有的是从给水处理技术移植过来的，有的是单独针对某项污染物的。由于使用对象、水质控制要求与给水处理有所不同，不能简单地套用给水处理的工艺方法和参数，而应根据回用水处理的特殊要求采用相应的深度处理技术及其组合。

城市污水回用深度处理基本单元技术有混凝沉淀（或混凝气浮）、化学除磷、过滤、消毒等。对回用水水质有更高要求时，可采用活性炭吸附、脱氨、离子交换、微滤、超滤、纳滤、反渗透、臭氧氧化等深度处理技术。

1.4.2.3 处理技术组合与集成

回用水的用途不同，采用的水质控制指标和处理方法也不同。同样的回用用途，由于源水水质不同，相应的处理工艺和参数也有差异。因此，污水回用处理工艺应根据处理规模、回用水水源的水质、用途及当地的实际情况，经全面的技术经济比较，将各单元处理技术进行合理组合，集成为技术可行、经济合理的处理工艺。在处理技术组合中，衡量的主要技术经济指标有处理单位回用水量投资、电耗和成本、占地面积、运行可靠性、管理维护难易程度、总体经济与社会效益等。

1.4.3 污水回用风险评价

污水回用风险评价的主要内容是回用水对人体健康、生态环境和用户设备与产品的影响。

1.4.3.1 对人体健康的评价

人体健康的风险评价又称为卫生危害评价，包括危害鉴别、危害判断和社会评价三个方面。

① 危害鉴别。危害鉴别的目的是确定损害或伤害的潜在可能。鉴别方法有多种，包括危害统计研究、流行病学研究、动物研究、非哺乳动物系统的短期筛选和运用已知的危害模型等。

回用水中有害健康的致病媒介物，可分为生物的和化学的两种。早期的危害评价主要关注水中的致病媒介物病原菌等引起的传染病，如胃肠炎、伤寒、沙门氏病菌等，这些生物性的致病媒介物可通过消毒来阻止其危害。随着化学工业的快速发展，世界上每年有数千种化学制品产生，近年来的危害评价开始注重有毒化学物质对人体的危害。

危害鉴别包括描述有害物质的性质，鉴别急性和慢性的有害影响和潜在危害等。

② 危害判断。危害判断又称危害评价，是设法定量地对损害或伤害的潜在可能进行评价。一种物质有潜在危险，并不说明使用它就不安全。安全性与不利效应的或然率有关，危害评价就是试图评价这一或然率。在各种接触情况下，确定某物质的可能致病危害，需评价下述因素：产生不利影响时某物质的剂量（超过该剂量越大，危害就越大）；危害物在介质（回用水）中的浓度、危害源距离（距危害源越近、浓度越大，危害就越大）；吸收的介质总量（数量越大，危害越大）；持续接触时间（接触时间越长，吸收量越大）；有接触人员的特点（可能接触的人数越多，危害越大）。

危害判断的方法为根据危害统计作出基本判断、根据流行病学的研究作出基本判断和根据疾病传播模式作出基本判断等。

③ 社会评价。社会评价是危害评价的最后阶段，判断危害是否可以被人们接受。常用的评价方法是成本/效益分析或危害/效益分析，包括危害评价的基本准则、危害的描述、疾病治疗的预计费用等。

1.4.3.2　对生态环境的评价

城市污水回用于环境水体、农业灌溉和补充水源水时，都存在对生态环境产生危害的风险，产生危害的主要方面如下。

① 对地表水水体环境的影响。如回用水中有机物含量过高会造成水体过度亏氧，过量的氨、磷会使水体发生富营养化，重金属会毒害水生动植物以及进入生物链等，从而引起水体生态环境方面的破坏。

② 对地下水水体环境的影响。如重金属、难降解微量有机物和病原体会对地下水环境产生严重的影响，有些甚至是不可逆转的影响。当被影响的地下水源为饮用水源时，情况更为严重。在回用于补充地下水源时，需要高度重视，全面评价，采取可靠对策。

③ 对植被和作物的影响。如水质不符合要求的回用水会影响植被的生长质量，影响作物的生长周期、生长速率及质量。

④ 对土壤环境的影响。如污染物成分含量过高的回用水会造成土壤重金属积累，酸、碱和盐会造成土壤盐碱化，使土壤环境受到损害。

对生态环境的评价主要是鉴别可能产生的潜在影响，提出相应的安全对策，控制回用水可能产生的生态风险。

1.4.3.3　对用户的设备与产品影响的评价

城市污水回用于工业、城市杂用水及农业灌溉等方面，都可能对用户的设备与产品产生危害。当回用于工业时，回用的主要途径是冷却水、锅炉供水和工艺用水。

从工业用水的角度来看，评价内容通常包括以下方面。

① 评价回用水是否引起产品质量下降。回用水引起的产品质量下降主要表现如下。

a. 由微生物活动造成的影响。如回用水用于造纸，微生物可能在纸上形成黏性物，产生污点和臭味，必须严格控制微生物指标。

b. 产品上发生污渍。如回用水中的浊度、色度、铁、锰等会使纺织品产生污点，应严格控制相应的水质指标。

c. 化学反应和污染。如硬度会增加纺织工业各种清洗操作中洗涤剂用量，可能产生凝块沉积，钙镁离子会与某些染料作用产生化学沉淀，导致染色不均匀等。

d. 产品颜色、光泽方面的影响。如回用水中的悬浮固体、浊度和色度会影响纸张的颜色与光泽，需严格控制相应水质指标。

② 评价回用水是否引起设备损坏。主要评价内容为设备的腐蚀。如含氯量高的水不能再用作间接冷却水，避免对热交换器中不锈钢的腐蚀。

③ 评价回用水是否引起效率降低或产量降低。起泡：如含过量钠、钾的回用水作为锅炉供水会引起锅炉水起泡。滋生微生物：如碳氮磷含量高的回用水用作冷却水，易滋生微生物和繁殖藻类，形成生物黏泥。结垢：如回用水中的钙镁离子含量较高，可形成影响冷却系统传热的水垢；水中的硅、铝也会在锅炉热交换管上形成硬垢，影响传热效果。

任务 5　工业废水处理

工业废水指工业生产过程中排出的废水、废液。水在工业生产中充当着原料、载体和清洗剂等多种角色，排放的废水和废液中含有生产原料、中间产物、副产物、最终产品以及生产中的污染物。因此，工业废水的污染成分复杂，种类众多，含有较高浓度的有机污染物、氨氮、石油类污染物、重金属等有毒有害物质，如不加妥善处理比生活污水对环境的影响更大。

工业生产活动从环境中取得资源，将资源加工和转化为生产资料与生活资料，同时又向环境输出废弃物（排放污染物）污染环境。若污染物排放量在环境自净能力允许的限度之内，环境可以自动恢复原有平衡，工业生产可以持续发展。如果工业生产对环境资源的开发和利用不合理，资源（即使是可再生资源）不但会逐渐枯竭，而且大量被浪费的资源随着生产废物被排放至环境中，当其超过环境容量的允许极限时，将造成严重的环境污染问题。

工业生产过程产生的废水因工业部门生产工艺、设备条件与管理水平等不同，在水质、水量与排放规律等方面差异很大。即使生产同一产品的同类工厂所排放的废水，其水质、水量与排放规律也有所不同。废水中除含有不能被利用的废物外，常含有流失的原材料、中间产品、最终产品和副产品等，均能对环境造成危害。影响工业废水所含污染物多少及其种类的因素主要有：①生产中所用的原材料；②工业生产中的工艺过程；③设备构造与操作条件；④生产用水的水质与水量。

1.5.1　工业废水的分类

由于工业废水成分非常复杂，每一种工业废水都是多种杂质和若干项指标表征的综合体系，往往只能以起主导作用的一两项污染因素来对工业废水进行描述和分类。这样的分类有助于归纳处理方法，也便于废水处理技术的研究与总结。

1.5.1.1　按污染物性质分类

根据废水中污染物的主要化学成分及其性质可有多种分类方法，通常分为有机废水、无机废水、重金属废水、放射性废水和热污染废水等。根据废水中主要污染物种类可以分为含酚废水、含氟废水、含氰废水、含氮废水、含汞废水、含丙烯腈废水和含铬废水等。根据废水的酸碱性，可将废水分为酸性废水、碱性废水和中性废水。根据污染物是否为有机物和是否具有毒性，可分为无机无毒废水、无机有毒废水、有机有毒废水和有机无毒废水等。不同类型的废水采用的处理技术不同。例如，低浓度有机废水常用好氧生物处理技术；高浓度有机废水常采用厌氧生物处理法与好氧生物处理法联合处理；有毒或难降解的有机废水有时需要采用化学与物理化学方法处理；酸、碱废水用中和法处理；重金属废水用化学沉淀、离子交换和吸附法等物化法处理。

1.5.1.2　按产生废水的工业部门分类

工业废水按产生废水的工业部门通常分为冶金工业废水、化学工业废水、煤炭工业废水、石油工业废水、纺织工业废水、轻工业废水和食品工业废水等。有时也按产生废水的行业分类，如制浆造纸工业废水、印染工业废水、焦化工业废水、啤酒工业废水、乳品工业废水、制革工业废水等。这种分类方法主要便于对各工业部门、各行业的工业废水污染防治进行研究与管理。

1.5.1.3　按废水的来源与受污染程度分类

根据工业企业废水的来源进行划分：①工艺废水，生产工艺产生的废水和废液，通常使环境受到较严重的污染，是工业废水的主要污染源，需进行处理。②冷却水，来源于热交换器、真空泵、风机、压缩机的冷却水，在工业废水中占相当大的比例，一般情况下比较清洁，但因受到热污染，直接排放会升高受纳水体的水温。大多数工业部门都在工厂内通过冷却塔降温，将其循环再用。冷却水循环系统定期需要排放一定量的浓缩水，这部分废水含较高的盐分和缓蚀剂、杀菌剂，但一般能达到纳管排放要求，无须处理。③洗涤废水，来源于原材料、产品、设备与生产场地的冲洗。这类废水的水量较大，通常受到污染，处理后或可循环再用。④地表径流（雨水），许多工业企业（如炼油工业、化学工业、铸造冶炼工业等）厂区的地表径流常受到污染，含有的污染物与工业废水一样，需考虑进行处理（如初期雨水）。

上述废水分类方法只能作为初步了解污染源的参考。实际生产中，一个行业可能排出几种不同性质的废水，而一种废水中又可能含有多种不同的污染物，必须进行深度调查后，根据不同的水质、水量特征确定处理方案。

1.5.2　工业废水的单独处理与集中处理

工业废水的处理和处置方式可以分为单独处理和集中处理两大类。单独处理指企业单位对各自的污染源建造和运行小型废水处理设施。集中处理指将工业企业的废水纳入城市污水管网，与城市污水合并后，由市政部门统一设置的城市污水厂集中处理。

1.5.2.1　单独处理

工业废水在工厂内单独处理，达到排放标准后排放。对于含有有毒有害污染物质或难以生物降解的有机物的工业废水，应在厂内进行单独处理。例如，工业废水中的重金属、放射性物质以及一些难降解并会毒害微生物的有机物，会影响城市污水厂生物处理单元的正常运行，造成处理效果下降，而且这些污染物也无法通过城市污水厂的处理流程得以降解，必须在工厂内采用针对性的处理工艺单独处理。酸碱废水及含大量有毒有害气体的废水，与其他废水混合输送过程中，可能会腐蚀输送管路或造成有毒废气逸出窨井、泵站，对环境和操作人员的身体健康造成危害，也应就地处理，降低毒性或进行酸碱中和后排放。

1.5.2.2　集中处理

根据不同工业企业排放废水水质的实际情况，工业废水的集中处理可采取直接集中处理和经工厂内预处理后集中处理。与城市生活污水水质相近的工业废水可直接排入城市污水管道，送往城市污水厂集中处理。工业废水中污染物浓度过高或含有毒性污染物时，需经厂内适当预处理，达到国家或地方标准规定的纳管水质要求后，排入城市污水管网，由城市污水厂统一处理。城市污水厂大多采用生物法进行处理，因此，纳入城市污水厂统一处理的工业废水需满足以下要求：不得含有破坏城市排水管道的组分，如 pH 值不得低于 5；不得含有高浓度的氯、硫酸盐等；不存在抑制微生物代谢活动的物质；不含有黏稠物质，悬浮物浓度应达到一定的要求；有毒物质的浓度不得超过限量；污染物浓度适中，既不过分增加污水厂负荷，又不因太低而不利于微生物生长；水温一般要求在 10～40℃，以免影响生物处理效果；对于医院、动物实验室排放的废水应严格控制病原菌。

在工业发达国家，除大型集中工业或工业园区采取工业废水单独处理方式外，对于大量的中、小型工业企业废水，均倾向于采用与城市污水合并后集中处理的方针。但我国的城市污水管网和污水处理厂的覆盖率还有待提高，实践中应尽可能利用地理位置、水质、水量等条件，并优先采取工业废水与城市污水合并处理的方式，降低建造和运行成本，以发挥大型污水厂的规模效应。

1.5.3 工业废水处理工艺流程的选择

废水处理工艺流程的选择是指对各单元处理技术（构筑物）的优化组合。工业废水处理工艺流程的确定，取决于原废水的性质、水质和水量的变化幅度、要求的处理程度、建设单位的自然地理条件（如气候、地形）、可资利用的厂（站）区面积、工程投资和运行费用等因素。选择的工艺流程应尽量做到技术先进、经济合理，处理过程和处理后不产生二次污染，尽可能采用高效、低耗的回收与处理设备，基本建设投资和运行维修费用较低。

处理程度是影响工艺流程选择的重要因素。工业废水处理程度通常是根据处理后的尾水出路来确定：①出水回用（如回用于农业或工业）时，根据相应的回用水水质标准确定；②排入天然水体或城市下水道时，根据《污水综合排放标准》（GB 8978—1996）、《污水排入城镇下水道水质标准》（GB/T 31962—2015）、行业排放标准（如造纸行业等）或地方标准确定。

原废水的性质和水质水量变化特征是影响工艺流程选择的另一重要因素。由于工业废水种类繁多，污染物组分复杂，因此处理技术和工艺流程多变。对于工业废水，常常是多种处理工艺流程都能满足应达到的处理程度，因此，一般在设计时需进行多方案的比较，通过对各方案的基本建设投资和运行、维修费用等进行优化比选，确定工艺流程。

1.5.3.1 单元处理技术的确定

单元处理技术的选择主要取决于原废水性质。工业废水中的污染物质是多种多样的，根据其存在的形态，可分为溶解性和不溶解性两大类。溶解性污染物分为分子态、离子态和胶体态；不溶解性污染物分为漂浮物、悬浮在水中易于沉降和悬浮在水中不易于沉降的物质。水中不同形态污染物的去除难度相差很大，所采用的方法也不相同。如漂浮物采用简单的物理方法如格栅或格网就能去除；而分子态和离子态的溶解性污染物最难去除，常常需要通过化学、生物或物化的方法才能去除。

工业废水处理方法有许多种，按作用原理可分为物理处理法、化学处理法、物理化学处理法和生物处理法。其中大部分方法是与城市生活污水处理方法相同的，如格栅、沉淀、活性污泥法、生物膜法等；另一部分则是工业废水处理特有的，如调节、中和、氧化还原、吸附、离子交换、吹脱、萃取等。由于工业废水污染物组分的复杂性和多变性，因此，有时需要通过试验研究才能确定单元处理技术和相关的工艺设计参数。

1.5.3.2 工艺流程的确定

在水质水量调查、处理技术的试验研究和调查研究的基础上，在能达到要求的处理程度的前提下，结合原废水水质水量与拟建项目当地的环境、自然条件等，对各种可能采用的工艺流程方案的工程造价、运行费用、能耗、用地面积、运行管理稳定性和可靠性等进行综合比较，选择较佳的工艺流程及相应的单元处理技术和工艺参数。废水处理工艺流程的选择必须对各因素进行系统、综合的考虑，进行多种方案的技术经济比较。同时，还应与建设单位和当地环保部门进行充分讨论与交换意见，有时可以请建设单位对生产工艺进行可能的改进，以改变水质水量，从而满足处理工艺要求。这样，才能选定技术上可行、经济上合理、运行管理可靠、满足建设单位和环保要求的工艺流程。

　　对于污染成分单一的工业废水，一般可以只采用某一单元处理技术，如用离子交换法处理含铬废水、用化学氧化法处理含氰废水等。然而，大多数工业废水组分复杂，或成分虽然单一但浓度较高且要求处理程度高，往往需要多种处理技术联合使用，才能达到预期要求的处理效果。流程的顺序通常采取由易到难、前处理单元确保后续处理单元正常工作的顺序，依次将不同形态的污染物进行去除。

　　通常可根据污染物的性质来确定工业废水处理工艺流程中的主体工艺，简述如下。

　　① 受轻微污染的工业废水，简单处理后回用。如蒸发器冷凝水和设备冷却水，仅受热污染，水温较高，经冷却和过滤后可循环再用。

　　② 含有机污染物的工业废水，可采用生物处理法处理。低浓度有机废水采用好氧生物处理工艺，高浓度有机废水采用厌氧与好氧生物处理工艺。对于含有毒有害有机污染物的工业废水，经过预处理后采用生物处理工艺。如农药废水，经水解预处理，降低毒性、提高可生物降解性后进行生物处理；印染废水，经微生物水解酸化，预处理、提高可生物降解性后再进行生物处理。当需要考虑废水回用或废水经生物处理后仍不能达到排放标准时，需进行深度处理，主要的工艺有混凝沉淀、混凝气浮、砂滤、活性炭过滤、生物活性炭处理、消毒、反渗透脱盐等。

　　③ 含无机污染物的工业废水。若污染物主要为悬浮物，则采用沉淀、过滤等物理处理法。如高炉煤气洗涤水，通过沉淀去除悬浮物（煤灰），冷却后即可循环再用。如含有毒有害的无机污染物，可采用物理化学处理、化学处理等方法。如离子交换法处理电镀废水，化学氧化法处理含氰废水，中和法处理酸、碱废水等。

　　④ 含液态悬浮物（油类）废水，可采用物理处理法、物理化学处理法。如用隔油法去除浮油，加药气浮、超滤法处理乳化油。

思考与练习

　　1. 生活污水有什么特点？

　　2. 列举水中的主要污染物。

　　3. 污水主要水质指标有哪些？

　　4. 什么是生态环境标准？

　　5. 水污染控制方法有哪些？

　　6. 城市污水回用技术有哪些？

　　7. 工业废水处理技术有哪些？

项目二
污水预处理

  项目导读

污水为什么要进行筛滤、沉砂、隔油和调节处理？如何查找和选择各预处理设施的设计参数？怎样正确选择和应用各预处理设施？

  学习目标

知识目标：熟知筛滤、沉砂、隔油及调节的作用；掌握格栅、沉砂池、隔油池及调节池的基本类型；掌握格栅、沉砂池及隔油池运行知识。

能力目标：学会选择、设计、运行格栅；学会选择、设计、运行沉砂池；学会选择、设计、运行隔油池；能设计计算调节池。

素质目标：培养严谨的环保工匠精神；提升科学信息素养。

  项目实施

项目共有 4 个任务，通过该项目的学习，达到会分析、设计和应用格栅、沉砂池、隔油池和调节池的目的。

污水的预处理是以去除污水中大颗粒污染物质和悬浮在水中的油脂类物质为目的的处理方法。常见的预处理方法包括筛滤、沉砂、隔油及调节等。

任务 1　筛滤处理

筛滤是去除污水中粗大的悬浮物，以保护后续处理设施能正常运行的一种预处理方法。筛滤的构件包括平行的棒、条、金属网、格网或穿孔板。由平行的棒或条构成的称为格栅；由金属丝织物、格网或穿孔板构成的称为筛网。它们所去除的物质称为筛余物。格栅去除的是那些可能堵塞水泵机组及管道阀门的较粗大的漂浮物和悬浮物；而筛网去除的是用格栅难以去除的呈悬浮状的细小纤维。

根据清渣方法的不同，格栅和筛网都可设计成人工清渣或机械清渣。人工清渣格栅只适用于处理量不大或所截留的污物量较少的场合，当筛余物量较大时，一般应采用机械清渣，以减少工人劳动量。

2.1.1 格栅

格栅是一种最简单的筛滤设备。格栅的形态和尺寸取决于它的用途，格栅的设计可参考《室外排水设计标准》（GB 50014）。

2.1.1.1 格栅的构造与作用

格栅通常由一组或多组平行的栅条组成，倾斜或直立地设立在进水泵站集水井的进水口处，或污水处理构筑物的前端，拦截如纤维、毛发、果皮、蔬菜、木片、布条、塑料制品等杂物，防止堵塞和缠绕水泵机组、曝气器、管道阀门、处理构筑物配水设施、进出水口，减少后续处理产生的浮渣，保证污水处理设施的正常运行。格栅本身的水流阻力并不大，水头损失只有几厘米，阻力主要产生于格栅截留的筛余物。

格栅按形状的不同，可分为平面格栅和曲面格栅两种。

按栅条的间距分类，格栅可分为粗格栅、中格栅、细格栅和超细格栅 4 种。栅距大于 16mm 的为粗格栅；栅距在 10～16mm 的为中格栅；栅距在 1～10mm 的为细格栅；栅距不大于 1mm 的为超细格栅。污水处理厂一般可设置粗、细两道格栅，大型污水处理厂亦可设置粗、中、细 3 道格栅。格栅的去除效率主要与格栅的设计有关。格栅的设计内容包括尺寸计算、水力计算、栅渣量计算等。

图 2-1 为格栅的示意图。

图 2-1　格栅

1—栅条；2—工作台；h—栅前水深；h_1—通过格栅的水头损失；h_2—栅前渠道的超高与 h_1 之和；H_1—栅前渠道的深度；B—栅槽的宽度；B_1—进出水渠的宽度；l_1—进水渠道渐宽部分的长度；l_2—栅槽与出水渠道连接处渐宽部分的长度；α—格栅倾角；α_1—进水渠道渐宽部分的展开角

格栅在应用中可分为固定格栅和活动格栅两种。固定格栅一般由间隔布置的固定栅条构成，污水从栅条间隙中流过。栅条通常做成有渐变的断面，用最宽的一侧对着污水流向，以便固体物质在间隙中卡住时易于耙除截留。根据截留物被耙除的方式不同，固定格栅又可分为手动耙式和机械耙式两种。活动格栅又可分为钢索格栅和鼓轮格栅两种。钢索格栅由一组在滚轴上转动的钢丝索套构成，污水从钢丝索套间流过，截留在钢丝索上的大颗粒固体随着钢丝索的转动被带出筛滤室，并在钢丝索回到筛滤室之前被刷除掉。这种格栅的优点是不用耙子，固体物不会卡在格栅的间隙中。鼓轮格栅实际上是一种筛网过滤装置，它由一个周边用金属网覆盖的旋转鼓轮构成，旋转鼓轮部分浸入筛滤室，一端封闭，污水从另一端进入，鼓轮绕水平轴旋转，通过金属网过滤流出鼓外，截留在鼓内的悬浮物被转鼓带到上部时，被喷出来的水反冲洗到排渣槽内排出。

按栅渣清除方式的不同，格栅可分为人工清除格栅、机械清除格栅和水力清除格栅。

2.1.1.2 常用格栅除污机

污水中有各种各样的垃圾及漂浮物。去除水中这些漂浮的垃圾，是污水处理的第一道工序。为保护其他机械设备，保证后续工序的顺利进行，在污水处理流程中必须设置格栅及格栅除污设备。

格栅除污机，是用机械的方法将拦截到格栅上的栅渣耙捞出水面的设备。目前国内生产此类设备的厂家很多，部分污水处理厂还安装了从很多国家引进的各种格栅，因此其形式、种类繁多。它们互相之间的组合就更多，在不同的场合，不同的水量与水质，可有不同的组合，所以格栅除污机被列为非标准系列产品。有些系列，也只是各厂家自成的系列。甚至同一种形式的格栅，各厂家也有各自的名称，这给格栅除污机的管理、维护及配件供应造成了一定的困难。

（1）移动式格栅除污机。移动式格栅除污机又称行走式格栅除污机，一般用于粗格栅除渣，少数用于较粗的中格栅。因这些格栅拦渣量少，只需定时或者根据实际情况除渣即可满足要求，数面格栅只需安置一台除渣机，当任何一面格栅需要除渣时，操作人员可将其开到这面格栅前的适当位置，然后操作除渣机将栅渣捞出卸到地面或者皮带输送机上。行走式除渣机的行走轮可以是胶轮，也可以是行走在钢轨上的钢轮。在大型污水处理厂，因粗栅槽是平行排列设置的，为了行走式除渣机定位准确，一般都采用轨道式。这种移动式除渣机有悬吊式、伸缩臂式和全液压等形式。

（2）钢绳式格栅除污机。这是国内最常见的格栅除污机，也是国内最早生产的类型，在大型污水处理厂主要用于中格栅与细格栅。这种格栅除污机有倾斜安装的，也有垂直安装的。

其工作原理如下：除污机抓斗（齿耙）呈半圆形，沿侧壁轨道上、下运行。三条钢丝绳中的两条用于提升和下降，一条用于抓斗的吃入与抬起。抓斗可在旋转轴承的驱动下，以任意的角度运转，在自动运行中清污动作连续且重复。在限位开关、传感器和驱动装置的操纵下，开合卷筒和升降卷筒可协调运转，使抓斗上下运行，并可在任何高度上吃入与脱开，完成一次次的工作循环。抓斗的运动分成三个过程：①在向下运行的过程中，抓斗处于"开"的位置。当抓斗到达格栅的底部时，升降卷筒停止转动，开合卷筒继续转动，使抓斗转动角度，耙齿"吃入"格间。②两只卷筒同时反方向转动，使抓斗在"吃入"状态向上运行，将格栅上拦截的栅渣耙捞出水，抓斗还可以捞出沉积在格栅前的泥沙、石块。③当抓斗到达最上部的卸料处时，滑轨向后弯曲，抓斗沿滑轨转动。栅渣从抓斗中滑出并沿后部的滑板滑到带式输送机上，除污机开始下一个工作循环。有的除污机在上部设置卸料用小耙，将抓斗内的栅渣刮下。

由于抓斗的耙齿是靠自重吃入格栅，所以在运行中经常会遇到的问题是耙齿吃入不深，特别是在杂物较多时耙齿插不进去。克服这个缺点的主要方法是频繁开机，勿使格栅前聚积很多杂物。另一个会遇到的问题是牵引钢丝绳在安装时必须准确校正长短，在运行一段时间后也需要调整，否则会因为钢丝绳的长短不一，造成抓斗的歪斜，增加牵引负荷，有时会因提升钢丝绳与开合钢丝绳的工作不协调，抓斗不能在规定的部位正确地吃入或抬起。因此，需经常调整钢丝绳的长度与行程开关的工作状态。

（3）台阶式（步进式）格栅除污机。这种格栅除污机的格栅片是做成台阶形的，分成动静两组，例如：以1、3、5、7、9……为静组，静组与边框形成一个整体；以2、4、6、8、10……为动组，动组与曲柄连杆机构形成一个整体，由驱动装置带动。动组做上下运动，动作的幅度为一个台阶的高度。静组与动组之间的间隙为格栅的有效距。利用动组的运动，栅渣在静组的台阶上一级一级向上移动。当栅渣到达静组的最上端时，上面安装的清污转刷将栅渣送入渣斗或者皮带输送机上，整个动作连续且协调。

（4）转鼓式格栅除污机。这是一种大流量的格栅除污机及输送设备一体化清污装置。其特点是条栅装在一个直径3～8m的大型转动鼓上，水从转鼓中心流入，从两侧流出，拦截的栅渣由转鼓带到其上部。转鼓上部有一根冲洗水管，用高压水将栅渣反冲过穿过格栅的输送带上。

转鼓的转动动力传输设备为电机、减速机、齿轮和安装在转鼓上的大齿圈。转鼓下的几个滚筒支承着转鼓的重量并维系它的转动。这种格栅除污机的优点是单机流量大、可靠性高，不易出故障，管理也简单，缺点是占地面积大，单机造价和运行成本高。

（5）回转式格栅除污机。回转式格栅除污机，其工作形式有些像链条式刮泥机，在格栅的两侧有两条环形链条，在链条上每隔一段间距安装一个齿耙（或尼龙刷）。链条在驱动装置的带动下转动，齿耙依次将截留的栅渣刮到最上端的卸料处，由卸料小耙将栅渣刮到输送机上。

扫动画一扫
回转式格栅

这种除污机结构紧凑，运转平稳，工作可靠，不易出现齿耙吃入不准的情况。缺点是水中链轮不易养护，水中链条易被腐蚀，水中链轮与链条会减少过流面积。在使用中应注意链条与链轮的调整与保养。另外一个缺点就是格栅运转时栅渣有可能会被带回水中。

（6）格栅除污机的控制方式。一般来讲，格栅除污机没有必要昼夜不停地运转，长时间运转会加速设备的磨损和浪费电能。有些除污机如高链式除污机和钢丝绳式除污机每次仅耙捞几片树叶或者一两只塑料袋，这也是一种浪费，因此积累一定数量的栅渣后间歇开机较为经济。

控制格栅除污机间歇运行的方式有以下几种。

① 人工控制有定时控制与视渣情控制两种。定时控制是制定一个开机时间表，操作人员按规定的时间去开机与停机，也可以由操作人员每天定时观察拦截的栅渣状况，按需要开机。

② 自动定时控制。自动定时机构按预先定好的时间开机与停机。人工与自动定时控制都需有人时刻监视渣情，如发现有大量杂物突然涌入，应及时手动开机。

③ 水位差控制。这是一种较为先进、合理的控制方式。污水通过格栅时都会有一定的水头损失，拦截的栅渣增多时，水头损失增大，即栅前与栅后的水位差增大，利用传感器测量水位差，当水位差达到一定的数值时，说明积累的栅渣已较多，除污机自动开启。为了卫生条件的改善，格栅除污机一般和螺旋输送机、压榨机一并使用。

2.1.1.3　常用格栅参数的选择

① 水泵前格栅栅条间隙，应根据水泵允许通过污物的量来确定。

② 污水处理系统设计中设两道格栅，一般在泵房前设一道粗格栅，在泵房后设一道细格栅。同时，格栅栅条间隙应符合下列要求：人工清除为25～40mm；机械清除为16～25mm；

最大间隙可为 100mm。

③ 栅渣量与地区的特点、格栅的间隙宽度大小、污水流量以及下水道系统的类型等因素有关，在无当地运行资料时，可采用以下数据：格栅间隙 16～25mm，截留的栅渣量为 0.10～0.05m³ 栅渣/10³ m³ 污水；格栅间隙 30～50mm，截留的栅渣量为 0.03～0.01m³ 栅渣/10³ m³ 污水；栅渣的含水率一般为 80%，容重约为 960kg/m³。

④ 每日栅渣量大于 0.2m³ 时，一般采用机械清渣方式。

⑤ 格栅前渠道内的水流速度一般为 0.4～0.9m/s，污水过栅流速一般为 0.6～1.0m/s。

⑥ 通过格栅的水头损失一般采用 0.08～0.15m。

⑦ 格栅除污机底部前端距井壁尺寸，钢丝绳牵引除污机或移动悬吊葫芦抓斗式除污机应大于 1.5m，刮板除污机或回转式固液分离机应大于 1.0m。

⑧ 格栅间必须设置工作台，台面应高出栅前最高设计水位 0.5m。工作台应有安全设施和冲洗设施。格栅间工作台两侧过道宽度宜采用 0.7 ～1.0m。工作台正面过道宽度，人工清渣时不应小于 1.2m，机械清渣时不应小于 1.5m。

⑨ 格栅间应设置通风设施和有毒有害气体的检测报警装置。

⑩ 格栅内应安装吊装设备，以进行格栅及其他设备的检修和栅渣的日常清除。

2.1.1.4 常用格栅的设计

可用下述方法进行有关格栅的设计（参见图 2-1）。

（1）格栅栅条的间隙数。

$$n = \frac{Q_{\max} \sqrt{\sin \alpha}}{bhv} \tag{2-1}$$

式中　n——格栅栅条的间隙数，个；

$Q_{\max}$——最大设计流量，m³/s；

α——格栅安置的倾角，（°）；

b——栅条净间隙，m；

h——栅前水深，m；

v——过栅流速，m/s。

当栅条的间隙数为 n 时，栅条的数目应为 $n-1$。

（2）栅槽宽度。

$$B=S（n-1）+bn \tag{2-2}$$

式中　B——栅槽宽度，m；

S——栅条宽度，m。

（3）通过格栅的水头损失。

$$h_1 = k\xi \frac{v^2}{2g} \sin \alpha \tag{2-3}$$

式中　h_1——水头损失，m；

k——格栅受筛余物堵塞后水头损失增大的倍数，一般采用 $k=3$；

ξ——阻力系数，其值与格栅栅条的断面形状（形状系数 β）有关，见表 2-1；

g——重力加速度，m/s²。

表 2-1　格栅阻力系数 ξ 的计算公式

格栅断面形状	计算公式		
锐边矩形	$\xi = \beta \left(\dfrac{S}{b} \right)^{4/3}$	形状系数	β=2.42
迎水面为半圆形的矩形			β=1.83
圆形			β=1.79
迎水面、背水面均为半圆形的矩形			β=1.67
正方形	$\xi = \left(\dfrac{b+S}{\varepsilon b} - 1 \right)^2$	$\varepsilon = 0.64$	

注：表中 β 为栅条的形状系数，ε 为收缩系数。

（4）栅后槽的总高度。

$$H = h_1 + h_2 + h \tag{2-4}$$

式中　H——栅后槽的总高度，m；

h_2——栅前渠道超高，一般取 0.3m。

（5）栅槽总长度。

$$L = l_1 + l_2 + 1.0 + 0.5 + \frac{H_1}{\tan \alpha} \tag{2-5}$$

$$l_1 = \frac{B - B_1}{2 \tan \alpha_1} \tag{2-6}$$

$$l_2 = \frac{l_1}{2} \tag{2-7}$$

式中　L——栅槽总长度，m；

H_1——栅前渠道深度，$H_1 = h + h_2$，m；

l_1——进水渠道渐宽部分长度，m；

B_1——进水渠道宽度，m；

α_1——进水渠道渐宽部分的展开角度，一般可采用 20°，（°）；

l_2——栅槽与出水渠道连接处渐缩部分的长度，m。

（6）每日栅渣量。

$$W = \frac{Q_{\max} W_1 \times 86400}{K_z \times 1000} \tag{2-8}$$

式中　W——栅渣量，$\mathrm{m^3}$ 栅渣/d；

W_1——栅渣量，$\mathrm{m^3}$ 栅渣/$10^3 \, \mathrm{m^3}$ 污水；

K_z——污水流量总变化系数，综合生活污水可参考表 2-2。

表 2-2　综合生活污水流量总变化系数

日流量/(L/s)	5	15	40	70	100	200	500	≥1000
K_z	2.7	2.4	2.1	2.0	1.9	1.8	1.6	1.5

注：当污水平均日流量为中间数值时，总变化系数可用内插法求得。

2.1.1.5　格栅的运行管理

① 及时清除栅条（鼓、耙）、格栅出渣口及机架上悬挂的杂物。

② 检查并调节栅前的流量调节阀门，保证过栅流量的均匀分布。同时通过调整投入工作

的格栅数量将过栅流速控制在所要求的范围内。当发现过栅流速过高时，适当增加投入工作的格栅数量；当发现过栅流速偏低时，适当减少投入工作的格栅数量。

③ 定期检查渠道的沉砂情况。格栅前后渠道内沉积砂，除与流速有关外，还与渠道底部流水面的坡度和粗糙度等因素有关，应定期检查渠道内的沉砂情况，及时清砂并排除积砂原因。

④ 格栅除污机的维护管理。格栅除污机是污水处理厂内最容易发生故障的设备之一，巡查时应注意有无异常声音，栅条是否变形。出现故障时，应及时查清原因，及时处理，做到定时加油，及时调换，及时调整。

⑤ 分析测量与记录。应记录每天的栅渣量。根据栅渣量的变化，可以间接判断格栅的拦污效率。当栅渣比平日量减少时，应分析格栅是否运行正常。

2.1.2 筛网

2.1.2.1 筛网的类型

目前，应用于污水处理或短小纤维回收的筛网主要有两种类型，即振动筛网和水力筛网。振动筛网的构造见图 2-2。污水由渠道流到振动筛网上，在这里进行水和悬浮物的分离，并利用机械振动，将呈倾斜面的振动筛网上截留的纤维等杂质卸到固定筛网上，进一步滤去附在纤维上的水滴。

图 2-2 振动筛网的构造

水力筛网的构造见图 2-3。旋转筛网呈截顶圆锥形，中心轴呈水平状态，锥体则呈倾斜方向。污废水从圆锥体的小端进入，水流在从小端到大端的流动过程中，筛余物被筛网截留，水则从筛网的细小孔中流入集水装置中。被截留的污染物沿筛网的倾斜面卸到固定筛上，以进一步滤去水滴。这种筛网的旋转依靠进水的水流作为动力，因此在水力筛网的进水端一般不用筛网，而用不透水的材料制成壁面，必要时还可在壁面上设置固定的导水叶片，不可因此而过多地增加运动筛的质量。另外，废水进水管的设置位置与出口的管径也要适宜，以保证进水有一定的流速射向导水叶片，利用水的冲击力和重力推动筛网旋转运动。

图 2-3 水力筛网的构造

1—进水方向；2—导水叶片；3—筛网；4—转动轴；5—水沟

2.1.2.2 筛网的运行管理

① 当污水呈酸性或碱性时，筛网设备应选用耐酸碱、耐腐蚀材料制作。

扫一扫

筛滤设施的维护管理

② 在运行过程中要合理控制进水流量，做到进水均匀，并采取措施尽量减少进水口来料对筛面的冲击力，以确保筛网的使用寿命并减少维修量。

③ 筛网尺寸应按需截留的微粒大小选定，最好通过试验确定。

④ 当污水含油类物质时，应进行除油处理。另外，还需要定期采用蒸汽或热水对筛网进行冲洗。

任务2 沉砂处理

城镇污水中往往含有一些泥沙类无机物质，特别是在易刮风沙的地区和城镇道路建设不够完备的地区。污水中的无机颗粒如不能及时分离、去除，会严重影响城镇污水处理厂后续处理设施的运行，会板结在生物反应池底部，减小反应池有效容积，还会引起曝气池中曝气器的堵塞和污泥输送管道的堵塞，甚至损坏污泥脱水设备。

沉砂池的设置目的就是去除污水中泥沙类相对密度较大的无机颗粒，以免影响后续处理构筑物的正常运行。

沉砂池的工作原理是以重力或离心力分离为基础的，通过对沉砂池中水流进行控制，使密度大的无机颗粒下沉，而有机悬浮颗粒则随水流带走。它一般设在污水处理厂前端，保护水泵和管道免受磨损，缩小污泥处理构筑物容积，提高污泥有机组分的含量，提高污泥作为肥料的价值。沉砂池的设计可参考 GB 50014。

在城镇污水处理厂的建设中，虽然沉砂池占整个污水处理厂的用地比例和投资比例都极小，但若处置不当会给污水处理厂正常运行带来很大的困难。

2.2.1 沉砂池的基本类型

扫一扫

沉砂池的认识

沉砂池可分为平流式沉砂池、旋流式沉砂池和曝气沉砂池三种。在工程设计中，可参考下列设计原则与主要参数。

① 城镇污水厂一般均应设置沉砂池。工业废水处理是否要设置沉砂池，应根据水质情况而定。城镇污水厂的沉砂池的数量或分格数应不少于 2，并按并联运行原则考虑。

② 设计流量应按分期建设考虑。当污水自流进入时，应按每期的最大设计流量计算；当污水为提升进入时，应按每期工作水泵的最大组合流量计算。

③ 沉砂池去除的砂粒相对密度为 2.65，粒径为 0.2mm 以上。

④ 城镇污水的沉砂量可按 0.03L/m³ 计算，合流制污水的沉砂量应根据实际情况确定。

⑤ 储砂斗的容积应按 2d 的沉砂量计算。采用重力排砂时，砂斗壁与水平面的倾角不应小于 55°。排砂管直径不应小于 200mm。

⑥ 沉砂池的超高不宜小于 0.3m。

2.2.1.1 平流式沉砂池

平流式沉砂池是早期污水处理系统最常用的一种形式，它的截留效果好，工作稳定，构造也较简单。图 2-4 所示的是平流式沉砂池的一种。池的上部，实际是一个加宽了的明渠，两端设有闸门（图 2-4 上只表示出池壁上的闸槽）以控制水流。在池的底部设置 1～2 个储砂斗，下接排砂管。

图 2-4 平流式沉砂池示意图（单位：mm）

在工程设计中，可参考下列设计参数：①污水在池内的最大流速为 0.3m/s，最小流速应为 0.15m/s；②污水在池内的停留时间不小于 45s；③有效水深不应大于 1.5m，每格宽度不宜小于 0.6m；④池底坡度一般为 0.01～0.02，当设置除砂设备时，可根据除砂设备的要求考虑池底的形状。

2.2.1.2 旋流式沉砂池

旋流式沉砂池是利用水力或机械力控制污水流态与流速，在径向方向产生离心作用，加速砂粒的沉淀分离，并使有机物随水流带走的沉砂装置。其具有占地省、除砂效率高、操作环境好、设备运行可靠等特点，但对水量的变化有较严格的适用范围。旋流式沉砂池有多种类型，常用的有以下两种。

一种由进水口、出水口、沉砂分选区、集砂区、砂提升管、排砂管、电动机和变速箱组成。污水由进水口沿切线方向流入沉砂分选区，电动机及传动装置带动转盘和斜坡式叶片旋转，在离心力的作用下，污水中密度较大的砂粒被甩向池壁，向下滑落入砂斗，有机物则被留在污水中。调整转速，可达到最佳沉砂效果。沉砂用压缩空气经砂提升管、排砂管清洗后排出，清洗水回流至沉砂区。

另一种由进水口、出水口、沉砂分选区、集砂区、砂抽吸管、排砂管、砂泵和电动机组成。该沉砂池的特点是在进水渠末端设有能产生池壁效应的斜坡，令砂粒下沉，沿斜坡流入池底，并设有阻流板，以防止紊流；轴向螺旋桨将水流带向池心，然后向上，由此形成一个涡形水流，平底的沉砂分选区能有效地保持涡流形态，较重的砂粒在靠近池心的一个环形孔口落入集砂区，而较轻的有机物由于螺旋桨的作用而与砂粒分离，最终引向出水渠。沉砂由砂泵经砂抽吸管、排砂管清洗后排出，清洗水回流至沉砂区。

根据处理污水量的不同，两种类型的沉砂池都有相对应的型号可供选择。

2.2.1.3 曝气沉砂池

曝气沉砂池具有以下优点：①沉砂中含有机物的量低于 5%，便于沉砂的处置；②由于池中设有曝气设备，它还具有预曝气、脱臭、防止污水厌氧分解、除泡以及加速污水中油类分离等作用。这些特点为后续的沉淀、好氧生物处理、污泥消化的正常运行以及沉砂的干燥脱水提供了有利条件。但是，曝气作用要消耗能量，对生物脱氮除磷系统的厌氧段或缺氧段的运行也存在不利影响。

（1）曝气沉砂池的构造及工作原理。曝气沉砂池的常见构造如图2-5所示。曝气沉砂池是一个长方形渠道，沿渠道壁一侧下部的整个长度上设置曝气装置，在池底设置沉砂槽，池底坡度 i 为0.1～0.5，以保证砂粒滑入砂槽。为了使曝气能起到池内旋流作用，必要时可在设置曝气装置的一侧装设挡板。

污水在池中存在两种运动形式，其一为水平流动，同时，由于在池的一侧有曝气作用，因而在池的横断面上产生旋转运动，整个池内水流产生螺旋状前进的流动形式。旋转速度在过水断面的中心处最小，而在池的周边最大。空气的供给量应保证在池中污水旋流速度达到0.25～0.4m/s，一般取0.4m/s。由于旋流主要由鼓入的空气所形成，不是依赖水流的作用，因而曝气沉砂池比其他形式的沉砂池对流量的适应程度要高很多，沉砂效果更稳定可靠。

图2-5　曝气沉砂池常见构造

由于曝气以及水流的螺旋旋转作用，污水中悬浮颗粒相互碰撞、摩擦并受到气泡上升时的冲刷作用，使黏附在砂粒上的有机污染物得以剥落，随水流排出池外，沉于池底的砂粒较为纯净。砂粒上有机物含量只有5%左右，长期搁置也不至于腐化。

（2）曝气沉砂池的设计参数。

① 水平流速不宜大于0.1m/s；

② 停留时间宜大于2min；

③ 有效水深为2.0～3.0m，宽深之比宜为1.0～1.5，长宽比可达5，当池长宽比大于5时，应考虑设置横向挡板；

④ 曝气沉砂池多采用穿孔管曝气，并应有调节阀门；

⑤ 曝气量宜为5.0～12.0L/（m·s）空气，也可参照表2-3。

表2-3　单位池长所需曝气量

曝气管水下浸没深度/m	最小曝气量/[m³/（m·h）]	最大曝气量/[m³/（m·h）]
1.5	12.5～15.0	30
2.0	11.0～14.5	29
2.5	10.5～14.0	28
3.0	10.5～14.0	28
4.0	10.0～13.5	25

（3）曝气沉砂池设计计算。

① 总有效容积。

$$V = Q_{max}t \tag{2-9}$$

式中　V——总有效容积，m³；

　　　Q_{max}——最大设计流量，m³/s；

t——设计停留时间，s。

② 池断面积。

$$A = \frac{Q_{max}}{v} \quad (2\text{-}10)$$

式中　A——池断面积，m²；

v——设计水平流速，m/s。

③ 池总宽度。

$$B = \frac{A}{H} \quad (2\text{-}11)$$

式中　B——池总宽度，m；

H——有效水深，m。

④ 池长 L。

$$L = \frac{V}{A} \quad (2\text{-}12)$$

⑤ 所需曝气量 q。

$$q = dQ_{max} \quad (2\text{-}13)$$

式中　q——所需供气量，m³/s；

d——每立方米污水需要的曝气量，m³/m³ 污水。

2.2.2　沉砂池的运行管理

① 在沉砂池的前部一般都设有细格栅。

② 在一些平流式沉砂池上常设有浮渣挡板，挡板前浮渣应每天清捞。

③ 沉砂池最重要的操作是及时排砂。对于利用砂斗重力排砂的沉砂池，一般每天排砂一次。

④ 曝气沉砂池的空气量应每天检查和调节，调节的依据是空气计量仪表。如果没有空气计量仪表，可测表面流速。若发现情况异常（如曝气变弱），应停止运行并排空沉砂池，检查曝气设备，维修完毕重新投运，先通气后进水（防止砂粒进入曝气装置）。

⑤ 每周都要对进水、出水闸门及排渣闸门进行加油和清洁保养，每年定期进行油漆保养。

⑥ 沉砂应定期取样化验，主要项目有含水率及灰分，沉渣量应每天记录。

⑦ 堆砂处应用次氯酸钠溶液或双氧水定期清洗。

扫一扫视频
隔油

任务 3　隔油处理

含油污水的来源非常广泛，除了石油开采及加工工业排出大量含油废水外，固体燃料热加工、工业中的洗毛、轻工业中的制革、铁路及交通运输业、屠宰及食品加工以及机械工业车削工艺等都会排出含油废水。其中石油工业及固体燃料热加工排出的含油废水为其主要来源，含油污水处理可参考《含油污水处理工程技术规范》（HJ 580）。

油污染的危害主要表现在对生态系统、植物、土壤、水体的影响。油田含油废水浸入土壤孔隙形成油膜，产生堵塞作用，致使空气、水分及肥料均不能渗入土中，破坏土层结构，不利于农作物的生长，甚至使农作物枯死。含油废水（特别是可浮油）排入水体后将在水面上产生油膜，阻碍大气中的氧向水体转移，会使水生生物处于严重缺氧状态而死亡。含油污水采用生物处理法处理时，一般规定石油类污染物的含量不超过 50mg/L。

2.3.1　基本原理

重力分离法是一种利用油和水的密度差进行分离的方法。此法可用于去除 80μm 以上的油粒和污水中的大部分固体颗粒。采用重力分离法最常用的设备是隔油池，它利用油比水轻的特性，将油分离于水面并撇除。隔油池主要用于去除浮油或破乳后的乳化油。

2.3.2　隔油池的类型

隔油池的形式较多，主要有平流式隔油池、平行板式隔油池、波纹斜板隔油池等。

2.3.2.1　平流式隔油池

图 2-6 所示是平流式隔油池的结构，在我国应用较为广泛。污水从池的一端流入池内，从另一端流出。在流经隔离池的过程中，由于流速降低，相对密度小于 1 而粒径较大的油品杂质得以上浮到水面，相对密度大于 1 的杂质则沉于池底。在出水一侧的水面上设集油管。集油管一般以直径 200～300mm 的钢管制成，沿其长度在管壁的侧向设有 60°～90° 的切口。集油管可以绕轴线转动。平时切口位于水面之上，当水面浮油达到一定厚度时，转动集油管，使切口浸入水面油层之下，浮油即溢入管内，并导流到池外。

图 2-6　平流式隔油池的结构

1—布水间；2—进水孔；3—进水间；4—排渣阀；5—排渣管；6—刮油刮泥机；7—集油管；*B*—隔油池单格宽度

大型隔油池还设置由钢丝绳或链条牵引的刮油刮泥设备，用以推动水面浮油和刮集池底沉渣。刮集到池前部污泥斗中的沉渣，通过排泥管适时排出。排泥管直径应大于 200mm。隔油池表面用盖板覆盖，以防火、防雨和保温。寒冷地区在池内设有加温管。

这种隔油池占地面积较大，水流停留时间较长，水平流速 2～5mm/s，操作维护容易，油的去除效果较差。

2.3.2.2　平行板式隔油池

平流式隔油池稍加改进，即在其池内安装倾斜的平行板，便成了平行板式隔油池。但其结构较复杂，维护、清理比较困难。

2.3.2.3 波纹斜板隔油池

图 2-7 是波纹斜板（CPI）隔油池的结构。为了提高单位池容积的处理能力，隔油池采用斜板形式，池内斜板采用聚酯玻璃钢波纹板，板距为 20～50mm，倾角不小于 45°。斜板采用异向流形式，池中污水自上而下流入斜板组，油粒沿斜板上浮至水面。

图 2-7　波纹斜板（CPI）隔油池的结构

2.3.3 隔油池的运行管理

① 隔油池必须同时具备收油和排泥措施。

② 隔油池应密闭或加活动盖板，以防止油气对环境的污染和火灾的发生，同时可以起到防雨和保温的作用。

③ 寒冷地区的隔油池应采取有效的保温防寒措施，以防油污凝固。为确保污油流动顺畅，可在集油管及污油输送管下设置热源为蒸汽的加热器。

④ 隔油池周围一定范围内要确定为禁火区，并配备足够的消防器材。隔油池内防火一般采用蒸汽，通常是在池顶盖以下 200mm 处沿池壁设一圈蒸汽消防管道。

⑤ 隔油池附近要有蒸汽管道接头，以便接通临时蒸汽扑灭火灾，或在冬季气温低时因污油凝固引起管道堵塞或池壁等处黏挂污油时清理管道或去污油。

任务 4　水质水量调节

2.4.1 调节的作用

污水的水质和水量一般都随时间的变化而变化。生活污水的水质和水量随生活作息而变化，工业废水的水质和水量随生产过程而变化。无论是工业废水还是城市污水或生活污水，水质和水量在 24h 之内都有波动。一般说来，工业废水的波动比城市污水大，中小型工厂的波动更大。污水水质、水量的变化对排水设施及污水处理设施，特别是生物处理设备正常发挥其净化作用是不利的，甚至还可能使其遭到破坏。为此，需在污水处理前设置调节池，对污水的水质、水量进行均衡和调节，以保证污水处理系统的运行效果。

扫视频
扫一扫
调节

在工业废水处理中，由于水质、水量的不均匀性，一般均设置污水调节池，在调节池中布置一些曝气设备，可以有效地提高废水处理程度，而且还可以免除调节池中沉积污泥的清理工作。

调节水量和水质的构筑物称为调节池。

2.4.2 水量与水质调节的常用方法

扫视频
扫一扫
水量调节

2.4.2.1 水量调节

水处理中的水量调节有两种方式：①线内调节池（图 2-8）。线内调节池进水一般采用重力流，出水用泵提升。②线外调节池（图2-9）。线外调节池设在旁路上。当污水流量过高时，多余污水用泵打入调节池；当流量低于设计流量时，再从调节池回流至集水井，并送去后续处理。线外调节与线内调节相比，线外调节池不受进水管高度限制，但被调节水量需要两次提升，消耗动力大。

图2-8　线内调节池　　　　　　　　　　　图2-9　线外调节池

2.4.2.2　水质调节

水质调节的任务是对不同时间或不同来源的污水进行混合，使流出的水质比较均匀。水质调节的基本方法有以下2种。

（1）外加动力调节。图2-10所示为一种外加动力的水质调节池。外加动力就是采用外加叶轮搅拌、压缩空气搅拌等设备对水质进行强制调节。外加动力水质调节池的设备比较简单，运行效果好，但运行费用较高。

（2）采用差流方式调节。采用差流方式进行强制调节，使不同时间和不同浓度的污水进行水质自身水力混合，这种方式基本上没有运行费用，但设备较复杂。

① 对角线调节池。差流方式的调节池类型很多，常用的为对角线调节池（图2-11）。这种调节池的特点是出水槽沿对角线方向设置。污水由左右两侧进入池内后，经过一定时间才汇集至出水槽而被排出，就是说不同时间、不同浓度的污水进入调节池后，能达到自动调节均和水质的目的。

图2-10　外加动力水质调节池　　　　　　　图2-11　对角线调节池

为了防止污水在池内短路，可以在池内设置若干纵板。污水中的悬浮物会在池内沉淀，这样可考虑设置沉渣斗，通过排渣管定期将污泥排出池外。如果调节池的容积很大，需要设置的沉渣斗过多，这样管理太麻烦，可考虑将调节池做成平底，用压缩空气搅拌，以防止污水中的悬浮物在池内沉淀。

② 折流调节池。折流调节池（图 2-12）在池内设置许多折流隔墙，污水在池内来回折流，在池内得到充分混合、均衡。折流调节池中配水槽设在调节池上部，污水被投配到调节池的前后各个位置，调节池的起端流量一般控制在进水流量的 1/4～1/3，剩余的流量可通过其他各投配口等量地投入池内。对角线调节池和折流调节池一般只能调节水质而不能调节水量。

图 2-12　折流调节池

b—折流隔墙的间隔距离

2.4.3　调节池的计算

调节池的容积可根据污水浓度、流量变化的规律进行计算。

污水经过一定的调节时间后的平均浓度按下式计算：

$$c = \frac{c_1 q_1 t_1 + c_2 q_2 t_2 + \cdots + c_n q_n t_n}{qT} \tag{2-14}$$

式中　　　c——T 小时内的污水平均浓度，mg/L；

　　　　　　q——T 小时内的污水平均流量，m^3/h；

c_1，c_2，…，c_n——污水在各时段 t_1，t_2，…，t_n 内的平均浓度，mg/L；

q_1，q_2，…，q_n——污水在各时段 t_1，t_2，…，t_n 内的平均流量，m^3/h；

t_1，t_2，…，t_n——霎时间段，总和等于 T，h。

所需调节池的容积：

$$V = qT = q_1 t_1 + q_2 t_2 + \cdots + q_n t_n \tag{2-15}$$

式中　V——调节池容积，m^3。

采用图 2-11 形式的调节池，容积按下式计算：

$$V = \frac{qT}{2\alpha} \tag{2-16}$$

式中　α——考虑到污水在池内的不均匀流量的容积利用系数，取 0.7。

【例 2-1】　某化工厂酸性污水的平均流量为 1000m^3/d，污水流量及盐酸浓度见表 2-4，计算 6h 的平均浓度和调节池的容积。

　　解：在进行调节池的容积计算时，要按最不利的情况，即浓度和流量在高峰时的区间来计算，调节时间越长，水质越均匀，要根据当地具体条件和处理要求来选定合适的调节时间。

表 2-4　污水流量及盐酸浓度

时段	污水流量/(m³/h)	盐酸浓度/(mg/L)	时段	污水流量/(m³/h)	盐酸浓度/(mg/L)
0—1	50	3000	12—13	37	5700
1—2	29	2700	13—14	68	4700
2—3	40	3800	14—15	40	3000
3—4	53	4400	15—16	64	3500
4—5	58	2300	16—17	40	5300
5—6	36	1800	17—18	40	4200
6—7	38	2800	18—19	25	2600
7—8	31	3900	19—20	25	4400
8—9	48	2400	20—21	33	4000
9—10	38	3100	21—22	36	2900
10—11	40	4200	22—23	40	3700
11—12	45	3800	23—24	50	3100

由表 2-4 可知，污水流量和盐酸浓度较高的时段在 12—18 点，此 6h 的污水平均浓度为：

$$c = \frac{5700 \times 37 + 4700 \times 68 + 3000 \times 40 + 3500 \times 64 + 5300 \times 40 + 4200 \times 40}{37 + 68 + 40 + 64 + 40 + 40} \approx 4341 \, (\text{mg/L})$$

选用对角线调节池，其容积为：

$$V = \frac{37 + 68 + 40 + 64 + 40 + 40}{2 \times 0.7} = \frac{289}{2 \times 0.7} = 206 \, (\text{m}^3)$$

2.4.4　事故池

扫视频一扫

事故池

　　事故池是水质调节池的一种类型，许多排放高浓度废水的工厂，其废水处理系统都会设置事故池，因为这些工厂在生产出现事故后，在退料过程中部分废料会进入排水系统，恢复生产前往往还需要对生产装置进行酸洗或碱洗，所以会在短时间内排出大量浓度极高而且 pH 波动很大的有机废水。这样的废水如果直接进入废水处理系统，对正在运行的生物处理系统的影响和平时所说的冲击负荷相比要大得多。

　　为了避免生产事故排放废水对废水处理系统的影响，许多专门的工业废水处理厂都设置了容积很大的事故池，用于储存事故排水。在生产恢复正常且废水处理系统没有受到影响的情况下，再逐渐将事故池中积存的高浓度废水连续或间断地以较小的流量引入生物处理系统中。因此，事故池一般设置在废水处理系统主流程之外，与生产废水排放管道相连接。

　　为发挥其应有的作用，事故池平时必须保持空池状态，因此利用率较低。另外，事故池的进水必须和生产废水排放系统的在线水质分析设施连锁，实现自动控制，当水质在线分析仪发现生产废水水质发生突变时，能够自动将高浓度事故排水及时排入事故池。否则，如果没有及时发现生产废水水质突变的手段，等废水处理系统已经有被冲击的迹象时再采取措施，生物处理系统中的活性污泥往往已经受到了严重的影响。

2.4.5　调节池的运行管理

　　① 调节池的有效容积应能够容纳水质、水量变化一个周期所排放的全部废水量，若要同

时获得要求的某种预处理（如生物水解酸化、脱除某种气体等）效果，应适当增加池容。

② 尽管调节池前一般都设置格栅等除污设施，但池中仍然有可能积累大量沉淀物，因此应及时将这些沉淀物清除，以免减小调节池的有效容积，影响调节的效果。

③ 经常巡查、观察调节池水位变化情况，定期检测调节池进、出水水质，以考察调节池的运行状况和调节效果，发现异常要及时解决。

④ 事故调节池的阀门必须能够实现自动控制，以保证事故发生时能及时将事故废水排入池中。另外，事故池平常应保持排空状态，以保证事故发生时能够容纳所有的事故废水。

思考与练习

1. 什么叫筛滤？

2. 某城市污水处理厂最大设计污水量为 30000m³/d，污水流量总变化系数为 1.4，采用栅距为 30mm 的格栅，请计算每天产生的栅渣量。（假设：每 1000m³ 污水的栅渣产生量为 0.03m³）

3. 筛余物是什么？

4. 沉砂池的作用是什么？

5. 平流式沉砂池有何优点？

6. 曝气沉砂池的工作原理是什么？

7. 如设计曝气沉砂池为两池，设计池长 $L=10m$，考虑到进口条件池长还需增加 10%，曝气器浸水深度为 2.5m，试求曝气沉砂池达到良好的除砂效果时，单池所需的最大空气量。

8. 曝气沉砂池的设计参数有哪些？

9. 含油污水对环境有哪些危害？

10. 简述调节池在污水处理中的作用。

项目三
物理法处理污水

项目导读

污水为什么要进行沉淀、气浮、过滤、离心分离和磁分离处理？如何查找和选择沉淀池、气浮池、过滤池的设计参数？怎样正确选择和应用沉淀池、气浮池和过滤池？

学习目标

知识目标：熟知沉淀、气浮、过滤、离心分离机和磁分离的作用；掌握沉淀池、气浮池、过滤池的基本类型；掌握沉淀池、气浮池、过滤池的运行知识；掌握离心分离和磁分离原理。

能力目标：学会选择、设计、运行沉淀池；学会选择、设计、运行过滤池；学会选择、设计、运行气浮池；能应用离心分离设备和磁分离设备。

素质目标：培养团队协作精神；提升环保职业素养。

项目实施

项目共有5个任务，通过该项目的学习，达到会分析、设计和应用沉淀池、气浮池、过滤池、离心分离设备和磁分离设备的目的。

任务1 沉淀处理

3.1.1 沉淀过程的理论基础

3.1.1.1 概述

沉淀是利用水中悬浮颗粒的可沉降性能在重力作用下产生下沉作用以达到固液分离的一种过程。

沉淀法是水处理中最基本的方法之一，按照废水的性质与所要求的处

沉淀

扫一扫

扫视频

理程序不同,沉淀处理工艺可以是整个水处理过程中的一道工序,也可以作为唯一的处理方法。在典型的污水厂中,沉淀法有下列 4 种用法。

① 用于废水的预处理。沉砂池是典型的例子,用以去除污水中的易沉物(如砂粒)。

② 用于污水进入生物处理构筑物前的初步处理(初次沉淀池,简称初沉池)。用初次沉淀池可较经济地去除悬浮有机物,以减轻后续生物构筑物的有机负荷。

③ 用于生物处理后的固液分离(二次沉淀池,简称二沉池)。二次沉淀池主要用来分离生物处理工艺中产生的生物膜、活性污泥等,使处理后的水得以澄清。

④ 用于污泥处理阶段的污泥浓缩。污泥浓缩池是将来自初沉池及二沉池的污泥进一步浓缩,以减小体积,减小后续构筑物的尺寸及处理费用等。

沉淀过程简单易行,分离效果比较好,是水处理的重要过程,也是水处理系统中不可缺少的一种单元过程,应用非常广泛。例如,在污水混凝处理系统后,必须设立沉淀池,然后才能进入过滤池;在污水生物处理系统中,要设初次沉淀池,以保证生物处理设备净化功能的正常发挥;在生物处理之后,设二次沉淀池,用以分离生物污泥,使处理水得以澄清。

3.1.1.2 沉淀的类型及其理论基础

(1)沉淀的基本类型。根据悬浮物的性质、絮凝性及其浓度的高低,沉淀可分为以下 4 种基本类型。

① 自由沉淀。水中的悬浮物浓度不高,不具有絮凝的性能,也不互相聚合、干扰,其形状、尺寸、密度等均不改变,下沉速度恒定,沉淀轨迹呈直线(图 3-1)。悬浮物浓度不高且无絮凝性时常发生这类沉淀,如沉砂池和初沉池的初期沉淀阶段即属此类沉淀。

② 絮凝沉淀。当水中悬浮物浓度不高,但有絮凝性时,在沉淀过程中,颗粒互相凝聚,其粒径和质量增大,沉淀速度加快,沉淀轨迹呈曲线(图 3-1)。沉淀过程中,颗粒的质量、形状和沉速是变化的,实际沉速很难用理论公式计算,需通过试验测定。化学混凝沉淀及活性污泥在二沉池中间段的沉淀属絮凝沉淀。

③ 拥挤沉淀(也称集团沉淀、分层沉淀、成层沉淀)。当悬浮物浓度较高时,每个颗粒下沉都受到周围其他颗粒的干扰,颗粒互相牵扯形成网状的"絮毯"整体下沉,在颗粒群与澄清水层之间存在明显的界面。沉淀速度就是界面下移的速度。活性污泥在二次沉淀池中的后期沉淀就属此类沉淀。

图 3-1 絮凝沉淀示意图

图 3-2 活性污泥沉淀曲线

④ 压缩沉淀。当悬浮物浓度很高,颗粒互相接触、互相支撑时,在上层颗粒的重力作用

下，下层颗粒间的水被挤出，污泥层被压缩。活性污泥在二次沉淀池污泥斗及污泥重力浓缩池中的沉淀与浓缩过程就属此类沉淀。

活性污泥在二次沉淀池及浓缩池中沉淀与浓缩过程中，实际上都顺次存在 4 种类型的沉淀过程，只是产生各类沉淀的时间长短不同而已。沉淀池中活性污泥的自由沉淀过程是比较短促的，很快就过渡到絮凝沉淀阶段，而在沉淀池内的大部分时间都属于拥挤沉淀和压缩沉淀。图 3-2 所示的沉淀曲线，即活性污泥在二次沉淀池中的沉淀过程。

（2）沉淀的理论基础。

① 沉淀的基本原理。污水中的悬浮物在重力作用下与水分离，实质是悬浮物的密度大于污水的密度时下沉，小于污水的密度时上浮。污水中悬浮物下沉和上浮的速度，是污水处理设计中对沉淀分离设备（如沉淀池）、上浮分离设备（如上浮池、隔油池）要求的主要依据，是有决定性作用的参数。对于自由沉淀，其流态为层流，雷诺数 $Re \leqslant 1$，颗粒的沉淀速度可定性地用斯托克斯公式表示：

$$u = \frac{g}{18\mu}(\rho_g - \rho_y)d^2 \tag{3-1}$$

式中　u——颗粒的沉淀速度，cm/s；

　　　g——重力加速度，cm/s²；

　　　ρ_g——颗粒密度，g/cm³；

　　　ρ_y——液体密度，g/cm³；

　　　d——颗粒直径，cm；

　　　μ——污水的动力黏滞系数，g/（cm·s）。

从上式可以看出，影响颗粒分离的首要因素是颗粒与污水的密度差（$\rho_g - \rho_y$）。当 $\rho_g > \rho_y$ 时，u 为正值，表示颗粒下沉，u 值表示沉淀速度；当 $\rho_g < \rho_y$ 时，u 为负值，表示颗粒上浮，u 值的绝对值表示上浮速度；当 $\rho_g = \rho_y$ 时，u 值为零，表示颗粒既不下沉，也不上浮，说明这种颗粒不能用重力分离法去除。

另外，由式（3-1）可知，沉淀速度 u 与颗粒直径 d 的平方成正比，加大颗粒的粒径有助于提高沉淀效率。

污水的动力黏滞系数 μ 与颗粒的沉淀速度成反比例关系，而 μ 值则与污水本身的性质有关。水温是其主要决定因素，一般说来，水温上升，μ 值下降。因此，提高水温有助于提高颗粒的沉淀效果。

式（3-1）有助于理解沉淀规律，但不能直接用于进行工艺设计。

② 沉淀池的工作原理。以理想沉淀池的模式分析沉淀的普遍规律及其分离效果。理想沉淀池的假定条件：一是从入口到出口，池内污水按水平方向流动，水平流速为等速流动；二是悬浮颗粒沿整个水深均匀分布，处于自由沉淀状态，颗粒的水平分速等于水平流速，沉淀速度固定不变；三是颗粒沉到池底即认为被除去。图 3-3 是理想平流式沉淀池示意图。沉淀池内可分为流入区、流出区、沉淀区和污泥区四部分。流入区和流出区是使废水流均匀地流过沉淀区；沉淀区（工作区）是可沉颗粒与废水分离的区域；污泥区是污泥储存、浓缩和排出的区域。而缓冲层则是分隔沉淀区和污泥区的水层，使已沉下来的颗粒不再浮起。

图 3-3　理想平流式沉淀池示意图

L—沉淀区长；*H*—沉淀区深

如图 3-3 所示，某一颗粒从点 *C* 处进入沉淀区，它的运动轨迹为其水平分速 v 和沉速 u 的矢量和，斜率为 $\dfrac{u}{v}$。

沉于池底的颗粒，其水平流经时间和垂直沉降时间是相同的，即

$$t = \frac{L}{v} = \frac{H}{u}$$

设污水处理水量为 Q（m³/h），沉淀池表面积为：

$$A = LB \tag{3-2}$$

式中　A——沉淀池面积，m²；

　　　B——理想沉淀池的宽度，m。

则沉淀池的容积为：

$$V = Qt = LBH \tag{3-3}$$

通过沉淀池的流量为：

$$Q = \frac{V}{t} = \frac{LBH}{t} = \frac{AH}{t} \tag{3-4}$$

因为

$$u = \frac{H}{t}$$

因此

$$Q = Au \tag{3-5}$$

可写成：

$$\frac{Q}{A} = u = q \tag{3-6}$$

Q/A 的物理意义是：在单位时间内通过沉淀池单位表面积的流量，称为表面水力负荷。表面水力负荷用 q 表示，单位为 m³/（m²·h）或 m³/（m²·s）。表面水力负荷的数值等于从水面完全被去除颗粒的最小沉淀速度。

由式（3-6）可以看出，理想沉淀池中，u 与 q 在数值上相同，但它们的物理概念不同。可见，只要确定需要去除颗粒的沉速 u，就可以求得理想沉淀池的表面水力负荷，就可以进行沉淀池的设计。

式（3-6）还表明，沉淀池的沉淀率仅与颗粒沉速或沉淀池的表面水力负荷有关，而与池深和沉淀时间无关。在可能的条件下，应该把沉淀池建得浅些，表面积大些，这就是沉淀的浅层理论。但实际上沉淀池在池深和池宽方向都存在着水流速度分布不均匀的问题，以及由于存在温差、密度差、风力影响、水流与池壁摩擦力等造成紊流，使实际沉淀池去除率低于理想沉淀池。同时，增加池深有利于沉淀污泥的压缩，提高排泥浓度。

沉淀是污水处理的重要工艺过程，应用非常广泛，在各类型的污水处理系统中，沉淀是不可缺少的，而且还可能多次采用。沉淀在污水处理系统中的主要作用如下：①在一级处理的污水处理系统中，沉淀是主要处理工艺，污水处理的效果基本取决于沉淀池的沉淀效果。②在设有二级处理的污水处理系统中，沉淀具有多种功能。在生物处理设备前设初次沉淀池，以减轻后续处理设备的负荷，保证生物处理设备净化功能的正常发挥。在生物处理设备后设二次沉淀池，用以分离生物污泥，使处理水得以澄清。③对于城市污水处理系统，无论是一级处理系统还是二级处理系统，都必须设沉砂池，以除去砂粒类无机固体颗粒。④在灌溉或排入氧化塘前，

污水也必须进行沉淀，以稳定水质，除去能够堵塞土壤孔隙的固体颗粒。

在工业废水处理系统中，沉淀池是根据不同的需要而设立的，因此其作用是多种多样的。

3.1.1.3　沉淀池的类型

沉淀池的类型很多，按工艺布置不同，可分为初次沉淀池和二次沉淀池。初次沉淀池设于生物处理构筑物前，二次沉淀池设于生物处理构筑物后。按池内水流方向又可分为平流式沉淀池、辐流式沉淀池、竖流式沉淀池三种，如图3-4所示。平流式沉淀池如图3-4（a）所示，污水从池一端流入，按水平方向在池内流动，从另一端溢出。池表面呈长方形，在进口处的底部设储泥斗，其他部位池底有坡度，坡向贮泥斗。辐流式沉淀池如图3-4（b）所示，池表面呈圆形或方形，污水从池中心进入，沉淀后污水从池四周溢出，在池内污水也是呈水平方向流动，但流速是变化的。竖流式沉淀池如图3-4（c）所示，池表面多为圆形，但也有呈方形或多角形的，污水从池中央下部进入，由下向上流动，沉淀后的污水由池面周边溢出。

(a) 平流式沉淀池　　　　(b) 辐流式沉淀池　　　　(c) 竖流式沉淀池

图 3-4　沉淀池的类型

3.1.2　平流式沉淀池

3.1.2.1　平流式沉淀池的构造

图 3-5 为使用比较广泛的一种平流式沉淀池。

平流沉淀

图 3-5　平流式沉淀池

平流式沉淀池的流入装置是横向潜孔，潜孔沿整个池宽均匀分布，在潜孔前设挡板，其作用是消能，使污水均匀分布。挡板高出水面 0.15～0.2m，伸入水下的深度不小于 0.2m。也有竖向潜孔的流入装置，底部设有挡板，如图 3-6 所示。

图 3-6　竖向潜孔的流入装置

3.1.2.2　平流式沉淀池的工作特征

（1）平流式沉淀池的组成。平流式沉淀池主要由以下几部分组成。

① 进水区。作用是使水流均匀地分布在整个进水断面上，尽可能减少污水扰动，并使流速不致太大。

② 沉淀区。即工作区，其作用是使可沉颗粒与污水分离，使悬浮物沉降。沉淀池的设计应使进、出水均匀，池内水流稳定，提高水池的有效容积，减少紊动影响，提高沉淀效率。

③ 出水区。其作用是通过流出装置使沉淀后的出水尽量均匀流出，由流出槽与挡板组成。流出槽设自由溢流堰，溢流堰保持水平，既可保证水流均匀，又可控制沉淀池水位。出流装置多采用自由堰形式，堰前也设挡板，以阻拦浮渣，或设浮渣收集和排除装置。溢流堰是沉淀池的重要部件，它不仅控制沉淀池内水面的高程，而且对沉淀池内水流的均匀分布有直接影响。单位长度堰口的溢流量必须相等。此外，在堰的下游还应有一定的自由落差，因此对堰的施工必须是严格认真的，尽量做到平直，尽量减少误差。目前多采用锯齿形溢流堰（图 3-7），这种溢流堰易于加工，也比较容易保证出水均匀。水面应位于齿高度的 1/2 处。

图 3-7　锯齿形溢流堰

④ 缓冲区。缓冲区介于沉淀区和贮泥区之间，其作用是避免已沉污泥被水流搅起带走以及缓解冲击负荷。

⑤ 贮泥区。其主要用于存积下沉的泥，起到贮存、浓缩与排放的作用。为了排泥，沉淀池底部可采用斗形底，可采取穿孔排泥和机械虹吸排泥形式。沉淀池内的可沉固体多沉于池的前部，污泥斗常设在沉淀池的前部。污泥斗的上底可为正方形（边长同池宽）或长方形（其一边长同池宽），下底为正方形，泥斗倾面与底面夹角不小于 60°。

（2）排泥方法

① 静水压力法。利用池内的静水位，将污泥排出池外。图 3-8 所示为静水压力排泥装置。排泥管插入污泥斗，上端伸出水面以便清通。污泥通过静水压力排出池外。为了使池底污泥能滑入污泥斗，池底应有一定的坡度。为了不造成池总深加大，常采用多斗式平流沉淀池（图 3-9），以减小深度。这种多斗式平流沉淀池不用机械刮泥，每个储泥斗单独设排泥管，互不干扰，各自独立排泥，可保证沉淀浓度。

图 3-8　静水压力排泥装置　　　　　　图 3-9　多斗式平流沉淀池

1—排泥管；2—储泥斗

② 机械排泥法。图 3-10 所示是应用比较广泛的设有链带式刮泥机的平流式沉淀池。设有链带式刮泥机的平流式沉淀池，在池底部，链带缓缓地沿与水流相反的方向滑动，刮板嵌于链带上，在滑动中将池底沉泥推入储泥斗中，而在其移到水面时，又将浮渣推到出口，从那里集中清除。这种设备的主要缺点是各种机件都在水下，易于腐蚀，难以维护。

图 3-10　设有链带式刮泥机的平流式沉淀池

1—进水槽；2—进水孔；3—进水挡流板；4—出水挡流板；5—出水槽；6—排泥管；7—排泥闸门；

8—链带；9—排渣管槽（能够转动）；10—导轨；11—链带支撑；12—浮渣室；13—浮渣管

3.1.2.3　平流式沉淀池的设计计算

沉淀池的设计计算内容包括沉淀区和污泥区尺寸的确定，进水区、出水区和池底设备的设计选定与相应设备的设计等。沉淀池的设计参数主要有沉淀时间、表面水力负荷和流速。沉淀池在运行中还要对运行效果进行计算，如计算沉淀效率、污泥量等，这些参数一般通过沉降试验取得。没有条件试验时，可参考同类污水处理厂的运行数据、设计规范或设计手册上提供的参数。

（1）沉淀区的设计计算。沉淀区尺寸可以根据收集到的资料或具体情况选用。当缺乏处理水的沉淀试验具体数据时，可以根据沉淀时间和水平流速或选定表面负荷进行计算。

① 沉淀区有效水深。

$$h_2 = qt \qquad\qquad (3-7)$$

式中 h_2——沉淀区有效水深，m；

    q——表面水力负荷，m³/（m²·h）；

    t——污水沉淀时间，h。

沉淀区有效水深一般为2.0~4.0m。

② 沉淀区总面积。

$$A = \frac{Q_{max}}{q} \tag{3-8}$$

式中 A——沉淀区总面积，m²；

    Q_{max}——最大设计流量，m³/h。

③ 沉淀区有效容积。

$$V_1 = Ah_2 = Q_{max}t \tag{3-9}$$

④ 沉淀区长度。

$$L = 3.6vt \tag{3-10}$$

式中 L——沉淀区长度，m；

    v——最大设计流量时的水平流速，mm/s。

⑤ 沉淀区总宽度（B）。

$$B = \frac{A}{L} \tag{3-11}$$

⑥ 沉淀池个数或分格数（n）。

$$n = \frac{B}{b} \tag{3-12}$$

式中 b——每个或每格沉淀池宽度，m，一般为5~10m。

为了使水流均匀分布，沉淀区长度一般采用30~50m，长宽比不小于4:1，长度与有效水深之比不宜小于8。沉淀池的总长度等于沉淀区长度加前后挡板至池壁的距离。

若已做过沉淀试验，宜按试验结果（考虑系数）进行设计计算。

（2）污泥区计算。污泥储存容积可根据每日沉淀下来的污泥量和污泥储存周期确定。每日沉淀的污泥量与水中悬浮固体含量、沉淀时间以及污泥含水率有关，如为生活污水，可按每个设计人口每日所产生的污泥量计算，其具体数值见表3-1。

表3-1 生活污水沉淀产生的污泥量

沉淀池类型		沉淀时间/h	污泥量/[g/（人·d）]	污泥含水率/%
初次沉淀池		0.5~2.0	16~36	95.0~97.0
二次沉淀池	生物膜法后	1.5~4.0	10~26	96.0~98.0
	活性污泥法后	1.5~4.0	12~32	99.2~99.6

此时每日产生的污泥量为：

$$W = \frac{SN \times 100}{1000\gamma(100 - \rho_0)} \tag{3-13}$$

式中 W——每日污泥量，m³/d；

    S——每人每日产生的污泥量，g/（人·d）；

    N——设计人口数，人；

ρ_0——污泥含水率，%；

γ——污泥容积密度，kg/m³，由于污泥的主要成分是有机物，含水率在 95%以上，故 γ 可取为 1000kg/m³

如已知原污水悬浮物浓度与沉淀出水的悬浮物浓度，污泥量按下式计算：

$$W = \frac{24Q(c_0 - c_1) \times 100}{\gamma(100 - \rho_0)} \tag{3-14}$$

式中　Q——废水平均流量，m³/h；

c_0，c_1——原水与沉淀出水的悬浮物浓度，kg/m³；

其他符号意义同前。

（3）沉淀池的总高度。

$$H = h_1 + h_2 + h_3 + h_4 \tag{3-15}$$

式中　H——沉淀池总高度，m；

h_1——超高，m，不应小于 0.3m；

h_2——沉淀区高度，m，宜采用 2.0m～4.0m；

h_3——缓冲区高度（当无刮泥机时，取 0.5m；有刮泥机时，缓冲层的上缘应高出刮板 0.3m），m；

h_4——污泥区高度，m，根据污泥量、池底坡度、污泥斗几何高度及是否采用刮泥机确定。

【例 3-1】　某城市污水量为 100000m³/d，平均设计水量为 76000m³/d，悬浮物浓度 c_0=250mg/L，沉淀出水悬浮物浓度不超过 50mg/L，污泥含水率 97%。通过试验得到的沉淀曲线如图 3-11 所示。

图 3-11　沉淀曲线

解：（1）设计参数的确定

据题意，沉淀池的去除率为：

$$\eta = \frac{250 - 50}{250} \times 100\% = 80\%$$

由图 3-11 可查得，当 η=80%时，从水面完全被去除颗粒的最小沉速为 0.4mm/s（1.44m/h），即表面水力负荷 $q = 1.44$m³/(m²·h)，沉淀时间 t=70min。为使设计留有余地，将表面水力负荷除以 1.5 及沉淀时间乘以 1.75 的系数，则得到设计表面水力负荷为：

$$q_0 = \frac{q}{1.5} = \frac{1.44}{1.5} = 0.96 \, \text{m}^3/(\text{m}^2 \cdot \text{h})$$

由于 $q_0 = u_0$，所以：

$$u_0 = 0.96 \, (\text{m/h})$$

设计沉淀时间为：

$$t_0 = 1.75t = 1.75 \times 70 = 122.5 \, (\text{min}) = 2.04 \, (\text{h})$$

设计污水量为：

$$Q_{\max} = \frac{10^5}{24} \approx 4166.7 \, (\text{m}^3/\text{h})$$

（2）沉淀区各部分尺寸

总有效沉淀面积为：

$$A = \frac{Q_{\max}}{q_0} = \frac{4\,166.7}{0.96} = 4340.3 \, (\text{m}^2)$$

采用 20 座沉淀池，每池表面积 $A_1 = 217\text{m}^2$，每池的处理量为 $Q_1 = 208.3\text{m}^3/\text{h}$，则沉淀池有效水深为：

$$h_2 = \frac{Q_1 t}{A_1} = \frac{208.3 \times 2.04}{217} = 1.96 \, (\text{m}) \; 或 \; h_2 = u_0 t_0 = q_0 t_0 \approx 1.96 \, (\text{m})$$

每个池宽为 b，取 6.0m，则池长为：

$$L = \frac{A_1}{b} = \frac{217}{6} = 36.17 \, (\text{m})$$

池长取 36.0m。长宽比核算：

$$\frac{36.0}{6} = \frac{6}{1}$$

6：1>4：1，合格。

（3）污泥区尺寸

每日产生的污泥量为：

$$W = \frac{76000 \times (250 - 50) \times 100}{1000 \times 1000 \times (100 - 97)} \approx 506.7 \, (\text{m}^3)$$

每个沉淀池泥量为：

$$W_1 = \frac{506.7}{20} \approx 25.3 \, (\text{m}^3)$$

污泥斗容积为：

$$V = \frac{1}{3} \times 2.8 \left(36 + 0.16 + \sqrt{36 \times 0.16}\right) = 36 \, (\text{m}^3) > 25.3 \, (\text{m}^3)$$

即每座污泥斗可储存 1d 的污泥量，设两个污泥斗，可容纳 2d 的污泥量。

故沉淀池总高度（用刮泥机）为：

$$H = h_1 + h_2 + h_3 + h_4 = 0.3 + 1.96 + 0.6 + 2.8 = 5.66 \, (\text{m})$$

设流入口至挡板距离为 0.5m，流出口至挡板距离为 0.3m，则沉淀池总长度为：

$$L = 0.5 + 0.3 + 36 = 36.8 \, (\text{m})$$

平流式沉淀池计算草图如图 3-12 所示。

图 3-12　平流式沉淀池计算草图

3.1.3　竖流式沉淀池

3.1.3.1　竖流式沉淀池的构造

竖流式沉淀池的表面多呈圆形，也有采用方形和多角形的。直径或边长一般在 8m 以下，多介于 4～7m。沉淀池上部呈圆柱状的部分为沉淀区，下部呈截头圆锥状的部分为污泥区，在两区之间留有缓冲层，如图 3-13 所示。

图 3-13　竖流式沉淀池的构造

3.1.3.2　竖流式沉淀池的工作特征

污水从中心管流入，由下部流出，通过反射板的阻拦向四周分布，然后沉淀区的整个断面上升，沉淀后的出水由池四周溢出。流出区设于池四周，采用自由堰或三角堰。如果池子的直径大于 7m，一般要考虑设辐射式汇水槽。储泥斗倾角为 45°～60°，污泥借静水压力由排泥管（污泥管）排出，排泥管直径不小于 200mm。为了防止漂浮物外溢，在水面距池壁 0.4～0.5m 处安装挡板，挡板伸入水中部分的深度为 0.25～0.3m，伸出水面高度为 0.1～0.2m。

竖流式沉淀池的优点是排泥容易，不需要机械刮泥设备，便于管理。其缺点是：池深大，施工难，造价高；每个池子的容量小，污水量大时不适用；水流分布不易均匀等。

3.1.3.3　竖流式沉淀池的工作原理

污水以速度 v 向上流动，悬浮颗粒也以同一速度上升，在重力作用下，颗粒又以 u 的速度下沉。颗粒的沉速为其本身沉速与水流上升速度之差。$u>v$ 的颗粒能够沉于池底而被去除；$u=v$ 的颗粒被截留在池内呈悬浮状态；而 $u<v$ 的颗粒则不能下沉，随水溢出池外。当属于第一类沉

淀时，在负荷相同的条件下，竖流式沉淀池的去除率将低于其他类型的沉淀池。如果属于第二类沉淀，则情况较为复杂，水流上升，颗粒下沉，颗粒互相碰撞、接触，促进颗粒的絮凝，使粒径变大，u 值也增大，同时又可能在池的深部形成悬浮层，这样，其去除率可能高于表面水力负荷相同的其他类型的沉淀池。但由于池内布水不易均匀，去除率的提高受到影响。

污水在中心管内的流速对悬浮物质的去除有一定的影响，当在中心管底部设有反射板时，其流速一般大于 100mm/s。当不设反射板时，其流速不大于 20mm/s。污水从中心管喇叭口与反射板中溢出的流速不大于 40mm/s，反射板距中心管喇叭口的距离为 0.25～0.5m，反射板底距污泥表面的高度（即缓冲层）为 0.3m。

3.1.3.4 竖流式沉淀池的计算

竖流式沉淀池计算所使用的公式与平流式沉淀池基本相同。污水上升速度 v 等于从水面被去除颗粒的最小沉速 u_0，沉淀池的过水断面积等于水的表面积减去中心管所占的面积。沉淀区的工作高度按中心管喇叭口到水面的距离考虑。

【例 3-2】 现有竖流式沉淀池 4 座，沉淀池直径 D 为 10m，中心管喇叭口到水面距离为 3.8m，中心管直径 d 为 0.8m，污水流量为 720m³/h，试求污水在池内的上升速度 v 和沉淀时间。

解： 沉淀池的有效过水面积为：

$$A = \frac{\pi}{4}\left(D^2 - d^2\right) = \frac{\pi}{4}\left(10^2 - 0.8^2\right) \approx 78\left(m^2\right)$$

污水的上升速度 v 等于颗粒的最小沉速 u，因此：

$$v = \frac{Q}{4A} = \frac{720}{4 \times 78} \approx 2.31(m/h) \approx 0.64(mm/s)$$

沉淀时间为：

$$t = \frac{V}{Q} = \frac{78 \times 3.8 \times 4}{720} \approx 1.65(h)$$

3.1.4 辐流式沉淀池

3.1.4.1 辐流式沉淀池的构造

如图 3-14 所示，辐流式沉淀池常为直径较大的圆形池，直径一般介于 20～30m，一般不宜大于 50m。

3.1.4.2 辐流式沉淀池的工作特征

污水从池中心处流出，沿半径的方向向池周流动，因此其水力特征是污水的流速由大向小变化。在池中心处设中心管，污水从池底的进水管进入中心管（图 3-13），在中心管的周围常用穿孔障板围成流入区，使污水在沉淀池内得以均匀流动。流出区设于池周，由于平口堰不易做到严格水平，所以常用三角堰或淹没式溢流孔。为了拦截表面的漂浮物质，在出水堰前设挡板和浮渣的收集、排出设备。

图 3-14 辐流式沉淀池的构造

辐流式沉淀池多采用机械刮泥方式，刮泥板固定在桁架上，桁架绕池中心缓慢旋转，把沉淀污泥推入池中心处的污泥斗中，然后借静水压力排出池外，也可以用污泥泵排泥。

辐流式沉淀池适用范围广泛，城市污水及各种类型的工业废水都可以使用，既能作初次沉淀池，也可以作二次沉淀池，一般适用于大型污水处理厂。这种沉淀池的缺点是排泥设备庞大，维修困难，造价亦较高。

辐流式沉淀池的平均有效水深一般不大于 4m，直径与水深比宜为 6～12。采用机械刮泥时，沉淀池的缓冲层上缘应高出刮泥板 0.3m。

3.1.4.3 辐流式沉淀池的计算

辐流式沉淀池的计算参数与平流式沉淀池相同。沉淀池的总高度为：

$$H = h_1 + h_2 + h_3 + h_4 + h_5 \tag{3-16}$$

式中　H——沉淀池总高度，m；

h_1——保护高（超高），m，不小于 0.3m；

h_2——沉淀区的有效水深，m；

h_3——缓冲层高度，m；

h_4——污泥斗以上部分的高度（与池底坡度有关），m；

h_5——污泥斗高度，m。

【**例3-3**】　现有直径 D 为30m的辐流式沉淀池1个，有效水深为3m，污水流量为1500m³/h，试计算表面水力负荷及沉淀时间。

解：

（1）沉淀池的表面积

$$A = \frac{\pi}{4}D^2 = \frac{3.14}{4} \times 30^2 = 706.5 \, (\text{m}^2)$$

（2）表面负荷

$$q = \frac{Q}{A} = \frac{1500}{706.5} \approx 2.12 \left[\text{m}^3/(\text{m}^2 \cdot \text{h}) \right]$$

（3）沉淀时间

$$t = \frac{V}{Q} = \frac{hA}{Q} = \frac{3 \times 706.5}{1500} \approx 1.41(\text{h})$$

3.1.5 斜板（管）沉淀池

3.1.5.1 斜板（管）沉淀池的原理

扫一扫动画
斜管沉淀池

根据沉淀理论，设想一种沉淀池，通过增加其沉淀面积，降低沉降高度来改善其沉淀效果。为了解决沉淀池排泥问题，在实际应用时，将水平隔板改为在沉淀区设置斜板或斜管。斜板（管）沉淀池就是根据这个原理进一步发展了的平流式沉淀池。它由斜板（管）沉淀区、进水配水区、清水出水区、斜流沉淀区和污泥区组成，见图3-15。

3.1.5.2 异向流斜板（管）沉淀池

按斜板或斜管间水流与污泥的相对运动方向来区分，斜板（管）沉淀池分为同向流和异向流两种。在污水处理中常采用升流式异向流斜板沉淀池，见图3-16。

图 3-15 升流式斜板（管）沉淀池的构造

图 3-16 升流式异向流斜板沉淀池的两种形式

斜流沉淀池具有沉淀效率高、停留时间短、占地少等优点，在给水处理中得到了比较广泛的应用。在选矿水尾矿浆的浓缩、炼油厂含油废水的隔油等方面已有较成功的经验，在城市污水深度处理中也常应用。

3.1.6 沉淀池的选择及运行原理

3.1.6.1 沉淀池的选择

前文介绍了几种不同形式的沉淀池，在实际工作中，可根据表 3-2 进行选择。

表 3-2 各种沉淀池的特点及适用条件

池型	优点	缺点	适用条件
平流式	① 对冲击负荷和温度变化的适应能力较强； ② 施工简单，造价低	① 采用多斗排泥时，每个泥斗需单独设排泥管各自排泥，操作工作量大； ② 采用机械排泥时，机件设备和驱动件均浸于水中，易锈蚀	① 适用于地下水位较高及地质较差的地区； ② 适用于大、中、小型污水处理厂
竖流式	① 排泥方便，管理简单； ② 占地面积较小	① 池子深度大，施工困难； ② 对冲击负荷及温度变化的适应能力较差； ③ 造价高； ④ 池径偏小	适用于处理水量不大的小型污水处理厂
辐流式	① 采用机械排泥，运行较好，管理也较简单； ② 排泥设备已有定型产品	① 池水水流速度不稳定； ② 机械排泥设备复杂，对施工质量要求较高	① 适用于地下水位较高的地区； ② 适用于大、中型污水处理厂

3.1.6.2　沉淀池调试的主要内容

① 检查刮泥机或吸刮泥机等金属部件的防腐是否完好，以及其在无水情况下的运转状况。

② 沉淀池进水后观察是否漏水，做好沉降观测，检查沉淀池是否存在不均匀沉降（沉淀池的不均匀沉降对刮泥机或吸刮泥机的运行影响很大），通过观察出水三角堰的出水情况也能掌握沉淀池的沉降情况。

③ 检查刮泥机或吸刮泥机的带负荷运行状况，主要观察振动、噪声和驱动电机的运转情况是否正常，线速度、角速度等是否在设定范围内。

④ 试验和确定刮泥机或吸刮泥机的刮、吸泥功能和刮渣功能是否正常。观察沉淀池表面的浮渣能否及时排出，观察排泥量在一定范围内变化时的刮、吸泥效果。

⑤ 分别测定进、出水的 SS，验证沉淀池在设计进水负荷下的作用是否符合设计要求。比如二沉池的回流污泥浓度和初沉池的排泥浓度是否在合理范围内。

⑥ 检验与沉淀池有关的自控系统能否正常联动。如初次沉淀池的自动开停功能和二次沉淀池根据泥位计测得泥位的自动排放剩余污泥功能等。

3.1.6.3　沉淀池的运行原理

沉淀池的运行方式有间歇式与连续式两种。

在间歇运行的沉淀池中，其工作过程大致分为三步：进水、静置及排水。污水中可沉淀的悬浮物在静置时完成沉淀过程，然后由设置在沉淀池壁不同高度的排水管排出。

在连续运行的沉淀池中，污水是连续不断地流入与排出的。污水中可沉颗粒的沉淀在流过沉淀池时完成，这时可沉颗粒受到由重力所造成的沉速与水流流动的速度两方面的作用。水流流动的速度对颗粒的沉淀有重要的影响。

3.1.6.4　改善沉淀池沉淀效果的有效途径

沉淀池是污水处理工艺中使用最广泛的一种处理构筑物，但实际运行资料表明，无论是平流式沉淀池、竖流式沉淀池还是辐流式沉淀池，都存在着去除率不高的问题，通常在 1.5～2h 的沉淀时间里，悬浮颗粒的去除率一般只有 50%～60%。另外，这些沉淀池的占地面积较大，体积亦比较庞大。

除了可以用斜板（管）沉淀池提高沉淀池的分离效果和处理能力外，还可以用其他方法对污水进行曝气搅动以及回流部分活性污泥等。曝气搅动是利用气泡的搅动促使废水中的悬浮颗粒相互作用，产生自然絮凝。采用这种预曝气方法，可使沉淀效率提高 5%～8%，$1m^3$ 污水的曝气量为 $0.5m^3$ 左右。预曝气方法一般应在专设的构筑物——预曝气池或生物絮凝池内进行。

将剩余活性污泥投加到入流污水中去，利用污泥的活性，产生吸附与絮凝作用，这一过程称为生物絮凝。这一方法已在国内外得到广泛应用。采用这种方法，可以使沉淀效率比原来的沉淀池提高 10%～15%，BOD_5 的去除率也能增加 15%以上。活性污泥的投加量一般在 100～400mg/L。

在工业污水处理中，由于水质、水量的不均匀性，一般均设置污水调节池，在调节池中布置一些曝气设备，可以有效地提高污水处理程度，而且还可以免除调节池中沉积污泥的清理工作。

任务 2　气浮处理

气浮法是利用高度分散的微气泡作为载体去黏附废水中的污染物，在水中上浮完成固液或液液分离的一种过程。在水处理中，气浮法广泛应用于：①分离地面水中的细小悬浮物、藻类及微絮体；②回收工业废水中的有用物质，如造纸厂废水中的纸浆纤维及填料等；③代替二次沉淀池，分离和浓缩活性污泥，特别适用于那些易于产生污泥膨胀的生物处理工艺；④分离回收含油废水中的悬浮油和乳化油；⑤分离回收以分子或离子状态存在的目的物，如表面活性物质和金属离子。污水气浮处理可参考 HJ 2007。

与沉淀法相比较，气浮法具有以下特点：①由于气浮池的表面水力负荷高，污水在池中的停留时间短，故占地面积较少，节省基建投资；②气浮池具有预曝气作用，出水和浮渣中都含有一定量的氧，有利于后续处理或再用，浮渣不易腐化；③对那些很难用沉淀法去除的低浊含藻水，气浮法处理效率高，甚至还可以去除原水中的浮游生物，出水水质好；④浮渣含水率低，一般在 96% 以下，这对其后续处理有利，而且水面刮渣也比池底刮泥方便；⑤可以回收有用物质；⑥气浮法所需药剂量比沉淀法少。但是，气浮法电耗较大；目前使用的溶气水减压释放器易堵塞；浮渣怕较大的风雨袭击。

按产生微气泡的方法，气浮法分为电解气浮法、分散空气气浮法、溶解空气气浮法。分散空气气浮法目前应用的有微气泡曝气气浮法和剪切气泡气浮法两种形式。溶解空气气浮法有加压溶气气浮法和真空气浮法两种形式。在实际应用中，可以根据表 3-3 选择。

表 3-3　污水处理常见气浮工艺特点及适用条件

型式	特点	适用条件
电解气浮法	对工业废水具有氧化还原、混凝气浮等多种功能，对水质的适应性好，过程容易调整；装置设备化，结构紧凑，占地少，不产生噪声；耗电量较大	适用于小水量（Q 为 10～15m³/h）工业废水处理，对含盐量大、电导率高、含有毒有害污染物的污水处理具有独特的优点
叶轮气浮法	结构简单，分离速度快，对高浓度悬浮物分离效果较好；供气量易于调整，对废水的适应性较好；装置设备化，结构紧凑，占地少；对混凝预处理要求较高	适用于处理水量中等（通常 Q 为 30～40m³/h）的工业废水，对较高浓度悬浮物及表面活性物质的工业废水的处理具有较好的优势
加压溶气气浮法	工艺成熟，工程经验丰富；负荷率高，处理效果好，处理能力大；可以做到全自动连续运行；泥渣含水率低，出水水质好；对不同悬浮物浓度的废水可分别采用全溶气、部分回流溶气等方式，适应性好；工艺稍复杂，管理要求较高	适用于不同水量、含较高浓度悬浮性污染物（油类、微生物、纸浆、纤维）的工业废水的处理
浅层气浮法	表面负荷高，分离速度快，效率高；污水处理高程易于布置；占地小，池深浅；钢质设备可组合或架空布置	适用于大中小各种水量、悬浮类、纤维类、活性污泥类、油类物质的分离

3.2.1　气浮原理及影响气浮效果的因素

扫视频一扫

气浮法

3.2.1.1　气浮原理

气浮过程包括气泡产生、气泡与颗粒（固体或液滴）附着以及上浮分离等连续步骤。实现气浮法分离的必要条件有两个：第一，必须向水中提供足够数量的微气泡，气泡的理想尺寸为 15～30μm；第二，必须使目的物呈悬浮状态或具有疏水性质，从而附着于气泡而上浮。

（1）气泡的产生。产生微气泡的方法主要有电解、分散空气和溶解空气再释放三种。

（2）悬浮物与气泡附着。悬浮物与气泡附着有三种基本形式：气泡在颗粒表面析出，气泡与颗粒吸附以及絮体中裹挟气泡。气泡能否与悬浮颗粒发生有效附着主要取决于颗粒的表面性质。如果颗粒易被水润湿，则该颗粒为亲水性的；如果颗粒不易被水润湿，则为疏水性的。

3.2.1.2　影响气浮效果的因素

（1）空气在水中的溶解度与压力的关系。空气在水中的溶解度，常用单位体积水溶液中溶入的空气体积来表示，即 L（气）/m³（水），也可用单位体积水溶液中溶入的空气质量来表示，即 g（气）/m³（水）。空气在水中的溶解度与温度、压力有关。在一定范围内，温度越低、压力越大，其溶解度越大。在一定温度下，溶解度与压力成正比。

空气从水中析出的过程分两个步骤，即气泡核的形成过程与气泡的增长过程。气泡核的形成过程起着决定性作用，有了相当数量的气泡核，就可以控制气泡数量的多少与气泡直径的大小。从气浮的要求来看，应当在这个过程中形成数目众多的气泡核，因为同样的溶解空气，如形成的气泡核的数量越多，则形成的气泡的直径也就越小，就越有利于达到浮上工艺的要求。

（2）水中的污染物质是否能黏附与该类物质的接触角（θ）有关。当 $\theta \to 0$ 时，这类物质亲水性强（称亲水性物质），无力排开水膜，不易与气泡黏附，不能用气浮法去除。当 $\theta \to 180°$ 时，这类物质憎水性强（称憎水性物质），易与气泡黏附，宜用气浮法去除。

（3）颗粒-气泡复合体的上浮速度。颗粒-气泡复合体的上浮速度公式与沉淀池中的颗粒沉速公式一样，当流态为层流时，则颗粒-气泡复合体的上浮速度可按斯托克斯公式计算。因此，颗粒-气泡复合体的上浮速度取决于水与复合体的密度差和复合体的有效直径。如果颗粒-气泡复合体上黏附的气泡越多，则复合体的密度越小，复合体的直径越大，因而上浮速度也越快。

由于水中颗粒-气泡复合体的大小不等，形状各异，颗粒表面性质也不一样，它们在上浮过程中会进一步发生碰撞，相互聚合而改变上浮速度。另外，在浮上池中由于水力条件及池型、水温等因素也会改变上浮速度，因此颗粒-气泡复合体的上浮速度在实际使用中应通过试验确定。

（4）化学药剂的投加对气浮效果的影响。疏水性很强的物质（如植物纤维、油珠及炭粉末等），不投加化学药剂即可获得满意的固（液）-液分离效果。一般的疏水性或亲水性物质，均需投加化学药剂，以改变颗粒的表面性质，增加气泡与颗粒的吸附。这些化学药剂分为以下几类。

① 混凝剂，不仅可以改变污水中悬浮颗粒的亲水性能，而且还能使污水中的细小颗粒絮凝成较大的絮状体以吸附、截留气泡，加速颗粒上浮。

② 浮选剂，大多数由极性-非极性分子所组成。投加浮选剂之后能否使亲水性物质转化为疏水性物质，主要取决于浮选剂的极性及能否附着在亲水性悬浮颗粒的表面，而与气泡相黏附的强弱取决于非极性基中碳链的长短。当浮选剂的极性基被吸附在亲水性悬浮颗粒的表面后，非极性基则朝向水中，这样就可以使亲水性物质转化为疏水性物质，从而使其与微细气泡相黏附。浮选剂的种类很多，如松香油、石油、表面活性剂、硬脂酸盐等。

③ 助凝剂，作用是提高悬浮颗粒表面的水密性，以提高颗粒的可浮性，如聚丙烯酰胺。

④ 抑制剂，作用是暂时或永久性地抑制某些物质的浮上性能，而又不妨碍需要去除的悬浮颗粒的上浮，如石灰、硫化钠等。

⑤ 调节剂，主要是调节污水的 pH，改进和提高气泡在水中的分散度以及提高悬浮颗粒与气泡的黏附能力，如各种酸、碱等。

3.2.2 加压溶气气浮

3.2.2.1 基本工艺流程与工艺选择

加压溶气气浮法是目前常用的气浮法。压力溶气气浮装置是采用加压的方法将空气溶解于水,再在减压的条件下释放出微小气泡黏附于悬浮物上,使其整体密度小于水而上浮于水面,通过机械装置刮除,实现固液分离的装置。工程应用时可参考 HJ/T 261—2006 和 HJ/T 282—2006。

加压溶气气浮 　扫视频一扫　　气浮设施操作　扫视频一扫

加压溶气气浮法有以下 3 种基本流程。

① 全溶气流程如图 3-17 所示。该法是将全部入流废水进行加压溶气,再经过减压释放装置进入气浮池进行固液分离的一种流程。

② 部分溶气流程如图 3-18 所示。该法是将部分入流废水进行加压溶气,其余部分直接进入气浮池。该法比全溶气式流程节省电能,同时因加压水泵所需加压的溶气水量与溶气罐的容积比全溶气方式小,故可节省一些设备。但是由于部分溶气系统提供的空气量也较少,因此,如欲提供同样的空气量,部分溶气流程就必须在较高的压力下运行。

图 3-17 全溶气方式加压溶气气浮法流程

1—废水进入;2—加压泵;3—空气进入;4—压力溶气罐(含填料层);

5—减压阀;6—气浮池;7—放气阀;8—刮渣机;9—出水系统;10—化学药剂

图 3-18 部分溶气方式加压溶气气浮法流程

1—废水进入;2—加压泵;3—空气进入;4—压力溶气罐(含填料层);

5—减压阀;6—气浮池;7—放气阀;8—刮渣机;9—出水系统;10—化学药剂

③ 回流溶气流程如图 3-19 所示。在这个流程中,将部分气浮池出水进行回流加压,入流废水则直接进入气浮池。

图 3-20 所示是全溶气加压溶气气浮装置系统。废水由泵加压提升,在压力管上通入一定数

量的压缩空气，水、气混合体在溶气罐内停留一段时间，进行气水混合与空气的溶解，然后通过减压阀进入常压气浮池，在这里泡沫被分离，水被净化排出。

图 3-19 回流溶气方式加压溶气气浮流程

1—废水进入；2—加压泵；3—空气进入；4—压力溶气罐（含填料层）；

5—减压阀；6—气浮池；7—放气阀；8—刮渣机；9—集水管及回流清水管

图 3-20 全溶气加压溶气气浮装置系统

1—泵；2—压力管；3—溶气罐；4—减压阀；5—浮选池；6—排水；7—排气阀；8—空气通入

加压泵的作用：一是提升废水；二是使介质——气、水受到压力作用。受压空气按亨利定律提高其在水中的溶解度。

空气通入方式有两种。当空气吸入量小于该温度下空气在废水中的饱和量时，在泵前用水射器吸入，而不用空压机。这种方式气水混合好，水泵必须采用自引方式进水，而且要保持 1m 以上的水头。此外，其最大吸气量不能大于水泵吸水量的 10%，否则水泵应具有的真空度将遭到破坏。当空气吸入量大于该温度下空气在废水中的饱和量时，空气应通过空压机在水泵的出水管压入，但也不宜大于水泵吸水量的 25%。

废水在溶气罐内的停留时间应大于 2～3min，一般认为在这个时间内可以完成空气溶于水的过程，并使废水中溶解空气过饱和，多余的空气必须通过排气阀放出，否则由于游离气泡的搅动，会影响气浮池内的气浮效果。减压阀的作用在于保持溶气罐出口处的压力恒定，从而可以控制出罐后气泡的粒度和数量，也可用低压溶气释放器代替减压阀。

3.2.2.2 调试或启动时的注意事项

① 调试进水前，首先要用压缩空气或高压水对管道和溶气罐进行反复吹扫清洗，直到没有容易堵塞的颗粒杂质时，再安装溶气释放器。

② 进气管上要安装单向阀，以防压力水倒灌进入空压机。调试前要检查连接溶气罐和空压机之间管道上的单向阀方向是否指向溶气罐。实际操作时，要等空压机的出口压力大于溶气罐的压力后，再打开压缩空气管道上的阀门向溶气罐注入空气。

③ 先用清水调试压力溶气系统与溶气释放系统，待系统运行正常后，再向反应池内注入废水。

④ 压力溶气罐的出水阀门必须完全打开，以防水流在出水阀处受阻使气泡提前释放、合并变大。

⑤ 控制气浮池出水调节阀门或可调堰板，将气浮池水位稳定在集渣槽口以下 5～10cm，待水位稳定后，用进出水阀门调节并测量处理水量，直到达到设计水量。

⑥ 等浮渣积存到 5～8cm 后，开动刮渣机进行刮渣，同时检查刮渣和排渣是否正常、出水水质是否受到影响。

3.2.2.3 日常运行管理注意事项

① 巡检时，通过观察孔观察溶气罐内的水位。要保证水位既不淹没填料层影响溶气效果，又不低于 0.6m，以防出水中夹带大量未溶空气。

② 巡检时要注意观察池面情况。如果发现接触区浮渣面高低不平、局部水流翻腾剧烈，这可能是个别释放器被堵或脱落，需要及时检修和更换。如果发现分离区浮渣面高低不平、池面常有大气泡鼓出，这表明气泡与杂质絮粒黏附不好，需要调整加药量或改变混凝剂的种类。

③ 冬季水温较低影响混凝效果时，除可采取增加投药量的措施外，还可利用增加回流水量或提高溶气压力的方法，增加微气泡的数量及其与絮粒的黏附，以弥补因水流黏度的升高而降低带气絮粒的上浮性能，保证出水水质。

④ 为了不影响出水水质，在刮渣时必须抬高池内水位，因此要注意积累运行经验，总结最佳的浮渣堆积厚度和含水量，定期运行刮渣机除去浮渣，建立符合实际情况的刮渣制度。一般情况下，当溶气罐实现自控后，根据渣量的多少，刮渣机每隔 2～4h 运行一次。

⑤ 根据反应池的絮凝、气浮池分离区的浮渣及出水水质等变化情况，及时调整混凝剂的投加量，同时要经常检查加药管的运行情况，防止发生堵塞（尤其是在冬季）现象。

⑥ 做好日常的运行记录，包括处理水量、投药量、溶气水量、溶气罐压力、水温、耗电量、进出水水质、刮渣周期、泥渣含水率等。

【例 3-4】 某纺织印染厂采用混凝浮选法处理有机染色污水。设计资料如下：污水量 $Q=1800\text{m}^3/\text{d}$，混凝后水中悬浮物浓度 SS=700mg/L，水温 40℃，采用处理后的水部分回流加压溶气浮选流程。气固比（即去除单位悬浮物所需的空气量）$G/S=0.02$，溶气压力（表压）324.2kPa，大气压下空气在水中的饱和溶解度 $C_a=18.5\text{mg/L}$。

解：（1）溶气水量 Q_R 的确定。

$$Q_R = G/S \frac{S_a Q \times 101.3}{C_a(fp-101.3)}$$

式中 Q_R——溶气水量，m^3/d；

G/S——气固比，一般在 0.02～0.06；

S_a——污水中悬浮物浓度，mg/L；

Q——污水流量，m^3/d；

f——溶气效率，一般取 0.6～0.8；

p——溶气压力（绝压），kPa。

f 取为 0.6，则：

$$Q_R = 0.02 \times \frac{700 \times 1800 \times 101.3}{18.5 \times (0.6 \times 425.5 - 101.3)} \approx 896(\text{m}^3/\text{d})$$

取回流水量900m³/d，即 $Q_R = 0.5Q$。

(2) 气浮池设计。采用浮选剂和污水接触混合时间 T_2=5min，浮选分离时间 T_a=38min，则混合段的容积为：

$$V_1 = \frac{(Q+Q_R)\,T_2}{24 \times 60} = \frac{(1800+900) \times 5}{24 \times 60} = 9.375\,(\text{m}^3)$$

浮选分离段的容积为：

$$V_2 = \frac{(Q+Q_R)\,T_a}{24 \times 60} = \frac{(1800+900) \times 38}{24 \times 60} = 71.25\,(\text{m}^3)$$

浮选池的有效容积为：

$$V = V_1 + V_2 = 9.375 + 71.25 = 80.625\,(\text{m}^3)$$

浮选池的上升流速 v 取 1.6mm/s，则分离面积为：

$$F = \frac{Q+Q_R}{24 \times 3600v} = \frac{1800+900}{24 \times 3600 \times 1.6 \times 10^{-3}} \approx 19.53\,(\text{m}^2)$$

取浮选池宽 B=4m，水深 H=3.5m，则池长为

$$L = \frac{V}{BH} = \frac{80.625}{4 \times 3.5} \approx 5.76\,(\text{m})$$

池长取 5.8m。

复核表面积 BL=4×5.8=23.2（m²）＞F。

设计的表面积可行。

任务 3　过滤处理

　　过滤是利用过滤材料分离污水中杂质的一种技术，有时用作污水的预处理，有时则作为最终处理，出水供循环使用或重复利用。在污水深度处理技术中，普遍采用过滤技术。根据过滤材料不同，过滤可分为多孔材料过滤和颗粒材料过滤两类。完成过滤工艺处理的构筑物称为滤池。污水过滤处理可参考 HJ 2008。

　　用于给水处理工程的各种类型的滤池，几乎都可用于污水的深度处理，其中最常用的就是快滤池。污水处理常用滤池工艺特点及适用条件见表 3-4。

表 3-4　污水处理常用滤池工艺特点及适用条件

类型	特点	适用条件
普通快滤池	有成熟的运行经验；采用砂滤料，材料便宜易得；采用大阻力配水系统，单池面积较大，池深较浅；可采用减速过滤方式，水质较好；但阀门较多，且必须设有全套冲洗装备	适用于各种水量的污水处理；产水率较高；单池面积不宜超过 50m²，可与沉淀池组合使用；水冲洗效果较差，有条件时宜采用表面冲洗或空气助洗设备
双阀滤池	减少了阀门，相应降低了造价和检修工作量；但须设置全套冲洗设备，增加了形成虹吸的设备；其他特点同普通快滤池	与普通快滤池相同
双层滤料滤池	滤层含污能力大，可采用较高的滤速；减速过滤，水质较好；可利用现有普通快滤池改建；滤料选择要求高，滤料易流失；冲洗困难，易积泥球	适用于大、中水量污水处理，允许进水悬浮物浓度高；单池面积一般不宜太大；宜采用大阻力配水系统和辅助冲洗设备

续表

类型	特点	适用条件
V形滤池	运行稳定可靠；采用砂滤料，滤床含污量大、周期长、滤速高、水质好、材料易得；滤料均匀级配，可适应不同悬浮物浓度的水质，自动化程度高；单池面积大，产水率高；具有反冲洗和水表面扫洗功能，冲洗效果好；但配套设备多，土建较复杂，池深较普通快滤池深	适用于大、中水量污水处理；要求进水SS＜15mg/L；要求配置自控系统
压力滤池	钢制设备，可成套定型制作，采用大阻力配水系统，反冲洗均匀；可直接利用余压出水变水头等速过滤，水质不如减速过滤；单池面积小，只能用于小水量处理	适用于无高程利用的小水量污水处理，出水可直接回用或排放；单池面积应小于10m²
转盘滤池	耐冲击负荷，过滤效率高，错流过滤，水头损失小，滤速快；全自动连续运行，反冲洗水量少，运行费用低；单位池容过滤总面积大，占地省；滤布具有疏油特性，表面杂质不易黏附，滤布易清洗，系统功能恢复快，自动化程度高，可整机设备化	适用于各种水量污水处理；可适应不同悬浮物浓度的水质

3.3.1 过滤的原理

扫 视
一 频
扫
过滤

快滤池分离悬浮颗粒涉及多种因素和过程，过滤机理一般分为 3 类，即迁移机理、附着机理和脱落机理。

3.3.1.1 迁移机理

悬浮颗粒脱离流线而与滤料接触的过程，就是迁移过程。引起颗粒迁移的原因主要有如下几种。

① 筛分。比滤层孔隙大的颗粒被机械筛分，截留于滤料层表面，然后这些被截留的颗粒形成孔隙更小的滤饼层，使过滤水头增加，甚至发生堵塞。这种表面筛滤没能发挥整个滤料层的作用。在普通快滤池中，悬浮颗粒一般都比滤料层孔隙小，因而筛滤对总去除率贡献不大。当悬浮颗粒浓度过高时，很多颗粒可能同时到达一个孔隙，互相拱接而被机械截留。

② 拦截。小颗粒在流线上与滤料表面接触。其去除概率与颗粒直径的平方成正比，与滤料粒径的立方成反比。

③ 惯性。当流线绕过滤料表面时，具有较大动量和密度的颗粒因惯性冲击而脱离流线碰撞到滤料表面上。

④ 沉淀。如果悬浮物的粒径和密度较大，将存在一个沿重力方向的相对沉淀速度。在重力的作用下，颗粒偏离流线沉淀到滤料表面上。沉淀效率取决于颗粒沉速和过滤水速的相对大小和方向。

⑤ 布朗运动。对于微小悬浮颗粒，由于布朗运动而扩散到滤料表面。

⑥ 水力作用。由于滤料层中的孔隙和悬浮颗粒的形状是极不规则的，在不均匀的剪切流场中，颗粒受到不平衡力的作用，不断地转动而偏离流线。

实际过滤中，悬浮颗粒的迁移将受到上述各种机理的作用，它们的相对重要性取决于污水的水流状况、滤层孔隙形状及颗粒本身的性质（粒度、形状、密度等）。

3.3.1.2 附着机理

① 接触凝聚。在原水中投加凝聚剂，压缩悬浮颗粒和滤料颗粒表面的双电层，但尚未生成微絮凝体时，立即进行过滤。此时水中脱稳的胶体很容易与滤料表面凝聚，即发生接触凝聚作用。快滤池操作通常投加凝聚剂，因此接触凝聚是主要的附着机理。

②　静电引力。颗粒表面的电荷和由此形成的双电层产生静电引力和斥力。悬浮颗粒和滤料颗粒带异号电荷则相吸；反之，则相斥。

③　吸附。悬浮颗粒细小，具有很强的吸附趋势，吸附作用也可能通过絮凝剂的架桥作用实现。絮凝物的一端附着在滤料表面，而另一端附着在悬浮颗粒上。某些聚合电解质能降低双电层的排斥力或者在两表面活性点间起化学键的作用，从而改善附着性能。

④　分子引力。原子、分子间的引力在颗粒附着时起重要作用。万有引力可以叠加，其作用范围有限（通常小于 50μm），与两分子间距的 6 次方成反比。

3.3.1.3　脱落机理

普通快滤池通常用水进行反冲洗，有时先用或同时用压缩空气进行辅助冲洗。在反冲洗时，滤层膨胀到一定高度，滤料处于流化状态。截留和附着于滤料上的悬浮物受到高速反洗水的冲刷而脱落；滤料颗粒在水流中旋转、碰撞和摩擦，也使悬浮物脱落。反冲洗效果主要取决于冲洗强度和时间。当采用同向流冲洗时，还与冲洗流速的变动有关。

3.3.2　普通过滤池

扫视频一扫
普通快滤池

普通滤池按滤速大小可分为慢滤池、快滤池和高速滤池；按水流过滤料层的方向可分为上向流滤池、下向流滤池、双向流滤池；按滤料种类可分为砂滤池、煤滤池、煤-砂滤池；按滤料层数可分为单层滤池、双层滤池和多层滤池；按水流性质可分为压力滤池和重力滤池；按进出水及反冲洗水的供给和排出方式可分为普通快滤池、虹吸滤池、无阀滤池等。

3.3.2.1　构造

滤池的种类虽然很多，但其基本构造是相似的，在污水深度处理中使用的各种滤池都是在普通快滤池的基础上加以改进而来的。图 3-21 所示为普通快速滤池的构造。

图 3-21　普通快速滤池的构造

1—进水总管；2—进水支管；3—清水支管；4—排污管；5—进水槽（冲洗水排出槽）；6—排水阀；7—滤料层；
8—承托层；9—配水支管；10—冲洗水支管；11—冲洗水总管；12—清水总管；13—排水槽；14—冲洗水排出渠

普通快速滤池外部由滤池池体、进水管、出水管、冲洗水管、冲洗水排出管等管道及其附件组成；滤池内部由冲洗水排出槽、进水渠、滤料层、垫料层（承托层）、排水系统（配水系统）组成。

（1）滤料层。滤料层是滤池的核心部分。单层滤料滤池多以石英砂、无烟煤、陶土粒和高炉渣为滤料。

滤池的反洗可以用滤后水，也可以用原污水。有多种形式的滤料可供选择，要根据实际需要和设计要求选配滤料。常用滤料有石英砂、无烟煤、陶土粒、磁铁矿、塑料珠等。多层滤料多用无烟煤、石英砂、石榴石，国外也有用钛矿砂的。无论使用哪一种滤料都要满足以下要求：①要有足够的机械强度，不致冲洗时引起磨损；②要有足够的化学稳定性，不溶于水或向水释放有害物质；③要有适当的孔隙率和粒度；④要有较大的表面积，通常以圆形为好。随着过滤技术的进步，人们开始用纤维滤料、纤维球滤料。

双层滤料滤池的工作效果较好，一般底层用粒径 0.5～1.2mm 的石英砂，层厚 400mm，上层则用无烟煤，粒径为 0.8～1.8mm，层高 300～400mm。滤速 9～12m/h；反冲洗强度为 13～16L/（m²·s），延时 6～8min。

滤料的级配是指滤料中粒径不同的颗粒所占的比例，常用不均匀系数 K_{80} 表示。

$$K_{80} = \frac{d_{80}}{d_{10}} \qquad (3\text{-}17)$$

式中　d_{80}——筛分曲线中通过 80% 质量的滤料的筛孔孔径，mm；

　　　d_{10}——筛分曲线中通过 10% 质量的滤料的筛孔孔径，mm。

K_{80} 表示滤料颗粒大小的不均匀程度。K_{80} 越大，表示滤料粗细差别越大，滤层孔隙率越小，不利于过滤。

（2）垫料层。垫料层的作用主要是承托滤料，故亦称承托层，可防止小粒料滤料经配水系统上的孔眼随水流走，同时保证反冲洗水更均匀地分布于整个滤池面积上。垫料层要求不被反冲洗水冲动，形成的孔隙均匀，布水均匀，化学稳定性好，不溶于水。一般采用卵石或砾石，按颗粒大小分层铺设。

（3）排水系统。排水系统的作用是均匀收集滤后水，更重要的是均匀分配反冲洗水，故亦称配水系统。排水系统分为两类，即大阻力排水系统和小阻力排水系统。普通快滤池大多采用穿孔管式大阻力排水系统。

3.3.2.2　运行

将污水通过一层带孔眼的过滤装置或介质，大于孔眼尺寸的悬浮物颗粒物质被截留在介质的表面，从而使污水得到净化。经过一段时间的使用后，过水的阻力增加，就必须采取一定的措施，如通常采用反冲洗将截留物从过滤介质上除去。

快滤池是一种滤速大的池型，有单层滤料、双层滤料和多层滤料。快滤池大都设在混凝沉淀之后，具有截留、沉淀、架桥、絮凝等综合作用。快滤池的运行分过滤和反洗两个过程。

① 过滤过程。污水从进水总管、进水支管，经过水渠流入污水渠进入滤池，污水经过滤料层后变清成为洁净的滤后水。经底部配水支管汇集，再经配水干管、清水支管、清水总管流入清水池。

② 反洗过程。先关闭清水总管与清水支管上的阀门，然后开排水管及冲洗水的排水阀门，冲洗水从冲洗水管，经过配水管，从下而上流过承托层和滤料层，滤料在上升水流的作用下，悬浮起来并逐步膨胀到一定高度，使滤料中的杂质、淤泥冲洗下来，污水进入排水槽经冲洗水排出槽、排污管排入冲洗水排出渠，反冲洗直至排水水清为止。

3.3.2.3　设计计算

（1）设计滤速及滤池总面积计算。设计快滤池时，首先应当确定合适的过滤速度，再根据设计水量,计算出所需的滤池总面积。设计滤速直接影响过滤后水质、处理成本及运行管理等,应根据具体情况综合考虑。滤速确定后,滤池总面积(F)由下式确定:

$$F = Q/v \tag{3-18}$$

式中　F——滤池总面积,m²;

　　　Q——设计流量,m³/h;

　　　v——设计滤速,m/h。

（2）滤池个数及尺寸的确定。滤池个数应根据生产规模、造价、运行等条件通过技术经济比较来确定。池数较多,运转灵活,强制滤速较低,布水易均匀,冲洗效果好,但单位面积滤池造价增加。根据设计经验,滤池个数可按表3-5确定。

表3-5　滤池总面积及推荐池数

滤池总面积/m²	<30	30~50	100	150	200	300
推荐滤池个数/个	2	3	3或4	5或6	6~8	10~12

滤池个数和单池面积确定后,还应校核当1~2个滤池停运时工作滤池的强制滤速。

滤池的平面形状可为正方形或矩形,其长宽比主要取决于管件布置。一般情况下,单池面积(F)≤30m²时,长:宽=1:1;F>30m²时,长:宽=(1.25:1)~(1.5:1);当采用旋转管式表面冲洗时,长宽比可取1:1、2:1或3:1。

滤池总高度包括超高、滤层上水深、滤料厚度、垫料层厚及配水系统的高度。

（3）管廊的布置。集中布置滤池主要管道、配件及阀门的池外场所称为管廊。管廊的布置与滤池的数目和排列方式有关。一般滤池个数少于5个时,宜用单排布置,管廊位于滤池的一侧。超过5个时,宜用双排布置,管廊位于两排滤池中间。管廊上面常设操作控制室,滤池本身在室外。管廊布置应满足下列要求:①保证设备安装及维修的必要空间,同时力求紧凑、简洁;②要有通道,便于操作与联系;③要有良好的采光、通风及排水设施。

此外,在滤池设计中,每个滤池底部应设放空管,池底应有一定坡度,便于排空积水;每个滤池上宜装设水位计及取水样设备;密闭管渠上应设检修入孔;池内壁与滤料接触处应拉毛,以防止水流短路。

3.3.2.4　过滤运行管理的注意事项

扫一扫视频

过滤的注意事项

扫一扫视频

快滤池运行中的问题

扫一扫动画

V形过滤池

① 通常滤池存在最佳滤速。滤速过大,杂质过早穿透滤层,出水质量下降,进而缩短过滤周期,增加反冲洗用水量;而滤速过小会使产水量下降,同时使截污作用主要发生在滤料表层,深层滤料不能发挥作用。一般在滤料粒径和级配一定的条件下,最佳滤速与待处理水的水质有关。在实际运行时,可以先以低速过滤,此时出水水质较好,然后逐步提高滤速,出水水质降低到接近或达到要求的水质时,对应的滤速即为最佳滤速。

② 在滤速一定的条件下,过滤周期的长短受水温的影响较大。冬季水温低,水中杂质容易穿透滤层,过滤周期就较短;反之,夏季水温高时过滤周期就长。冬季过滤周期过短时,反冲洗频繁,应降低滤速,适当延长过滤周期。夏季应适当提高滤速,缩短过滤周期,以防止滤料孔隙间截留的有机物缺氧降解。

③ 过滤运行周期的确定一般有3种方法:a.过滤水头损失达到或超过既定值;b.出水水质恶化不能满足既定要求;c.参照原水的水温、水质

等条件，根据运行经验而定。

④ 根据滤池的出水浊度及水头损失等指标及时对滤池进行冲洗，并掌握合理的冲洗强度和正确的冲洗方法。在滤料层一定的条件下，反冲洗强度及冲洗时间受原水水质和水温的影响较大。原水污染物浓度较大或者水温较高时，滤层截污量大，如果反洗水的温度也较高，所需要的反冲洗强度就较大，反冲洗时间也较长。

⑤ 根据进水量和进水浊度适当控制滤速，并根据滤池的出水浊度及水头损失等指标，及时对滤池进行冲洗，掌握合理的冲洗强度和正确的冲洗方法。

⑥ 每1～2h观察一次进出水浊度、pH等各项技术指标，正确填写运行报表。

3.3.2.5　影响过滤的因素

过滤是悬浮颗粒与滤料的相互作用，悬浮物的分离效率受到这两方面因素的影响。

（1）滤料的影响

① 粒度。与粒径成反比，即粒度越小，过滤效率越高，但水头损失也增加越快。在小滤料过滤中，筛分与拦截机理起重要作用。

② 形状。角形滤料的表面积比同体积的球形滤料的表面积大，因此，当孔隙率相同时，角形滤料过滤效率高。

③ 孔隙率。球形滤料孔隙率与粒径关系不大，一般都在0.43左右。但角形滤料的孔隙率取决于粒径及其分布，一般为0.48～0.55。较小的孔隙率会产生较高的水头损失和过滤效率，较大的孔隙率水头损失较小，但悬浮物容易穿过。

④ 厚度。滤床越厚，滤液越清，操作周期越长。

⑤ 表面性质。滤料表面不带电荷或者带有与悬浮物表面电荷相反的电荷，有利于悬浮颗粒在其表面上吸附和接触凝聚。

（2）悬浮物的影响

① 粒度。几乎所有过滤机理都受悬浮物粒度的影响。粒度越大，通过筛滤去除越容易。向原水中投加混凝剂，待其生成适当粒度的絮体后进行过滤，可以提高过滤效果。

② 形状。角形悬浮物因比表面积大，其去除效率比球形悬浮物高。

③ 密度。悬浮物的密度主要通过沉淀、惯性及布朗运动机理影响过滤效率，由于这些机理对过滤贡献不大，故影响程度较小。

④ 浓度。过滤效率随原水浓度升高而降低，浓度越高，穿透越容易，水头损失增加越快。

⑤ 温度。温度影响悬浮物的密度及污水的黏度，进而通过沉淀和附着机理影响过滤效率。降低温度对过滤不利。

⑥ 表面性质。悬浮物的絮凝特性、电动电位等主要取决于表面性质，凝聚过滤法就是在原水加药脱稳后，尚未形成微絮体时进行过滤。这种方法投药量少，过滤效果好。

（3）滤速。滤速过慢，单元过滤面积的处理水量就小。为了达到一定的出水量，势必要增大过滤面积，也就要增大投资。但如果滤速过快，不仅增加了水头损失，过滤周期也会缩短，会使出水的质量下降。

（4）反洗。反洗是除去滤出的泥渣，以恢复滤料的过滤能力。为了把渣冲洗干净，必须要有一定的反洗速度和时间。这与滤料大小和密度、膨胀率及水温都有关系。反洗效果好，才能使滤池运行良好。

3.3.2.6　常见问题及对策

（1）气阻。滤池反冲洗时有气泡从滤料层中冒出来的现象称为滤料层气阻。滤料层气阻可导致水的短流，严重影响出水水质。滤料层气阻的原因和对策可归纳如下：①滤池运行周期过长，水温较高，滤料层内发生厌氧分解产生气体。对策是对滤池进行充分反冲洗后，缩短过滤运行周期。②滤料层上部水深不够，在过滤过程中会出现局部滤料层滤出水不能被及时补充的现象，从而使滤料层内产生负压并导致进水中的溶解性气体析出。对策是及时提高滤料层上部水的深度，避免出现水中溶解性气体析出的现象。③滤料层因为各种原因处于无水或干燥状态，空气进入了滤层。对策是先用清水倒滤排出滤料层内的空气后，再进水过滤，反冲洗后进水过滤前使滤池始终处于淹没状态。

（2）结泥球。滤池运行一段时间后，滤料层内经常会出现大小不一的泥球。泥球由截留的污染物和滤料颗粒黏结而成，通常首先在滤料层的表面出现，开始只有几毫米大。这些小泥球由于密度较小，反冲洗结束后仍出现在滤料层的表面。如果不及时将这些小泥球打碎破坏掉，在滤池的运行过程中，泥球会逐渐挤出其中的水分而使密度加大，在反洗时从滤料层表面沉入滤料层内部，并会相互黏结长大。大泥球下沉到滤池的承托层上，最后把这些部位黏住，形成局部不透水区。泥球的存在会阻碍水流的正常通过，使布水不均匀，并形成恶性循环。大泥球出现的部位往往是冲洗水上升流速低的滤池四角和周边。泥球形成的原因和对策可归纳如下：①原水中污染物浓度过高。对策是加强预处理，设法降低原水中这些物质的含量。②反冲洗效果不好或反洗水不能排净。对策是提高反洗强度和延长反洗时间。③反冲洗配水不均匀，导致部分滤料层长期得不到真正清洗，其表现是反洗后滤料层表面不平或有裂缝。对策是对配水系统进行检修。④滤速太低、过滤周期太长，使滤料层内菌藻滋生繁殖后将滤料颗粒黏附在一起结成泥球。对策是提高滤速和加强预氯化等杀菌藻措施。⑤泥球生成速度与滤料粒径的 3 次方成反比，即细滤料多的滤料层表面容易结成泥球。对策是增加或加强表面辅助反冲洗效果，当结泥球严重时应更换滤料。

（3）跑砂。如果冲洗强度过大或滤料级配不当，反冲洗会冲走大量细滤料。另外，如果冲洗水分配不均，垫料层可能发生平移，进一步促使布水不均，最后局部垫料层被冲走淘空，过滤时，滤料通过这些部位的配水系统漏失到清水池中。遇到这种情况，应检查配水系统，并适当调整冲洗强度。

（4）水生物繁殖。水温较高时，污水中常含有多种微生物，极易在滤池中繁殖。在快滤池中，微生物繁殖是不利的，往往会使滤层堵塞，可通过在滤前加氯解决。

（5）过滤出水水质下降

①　滤料级配不合理或滤料层厚度不够，应当更换滤料的类型或增加滤料层的厚度。

②　进水污染物浓度太高，过滤负荷过大，杂质很快穿透滤料层。对策是加强前级预处理，降低进水中有机物的含量。

③　废水的可滤性差，滤池进水中的杂质颗粒不能被滤料层有效截留，需要加强进水的混凝处理效果，筛选使用更有效的混凝剂。

④　因为反洗配水不均匀，反冲洗后滤料层出现裂缝，使废水在过滤过程中出现短路现象，原水中的杂质颗粒直接穿过滤料层。对策是停池检修反洗配水系统。

⑤　滤速过大，使原水中的杂质颗粒穿透深度过深直到逐渐穿透整个滤料层。对策是降低滤速。

⑥　滤料层出现气阻现象，加大了过滤时的阻力，使水流在滤料层内流速过快，须查找气阻

的原因并予以消除。

⑦ 滤料层内产生泥球，对水流的正常通过产生阻塞作用，并使滤料层的截污能力下降，出水水质下降，需查找泥球产生的原因并予以消除。

（6）滤速逐渐降低、周期逐渐缩短

① 冲洗不良、滤层积泥或长满青苔。对策是改善冲洗条件并预加氯灭藻。

② 滤料强度差、颗粒破碎。对策是刮除表层滤砂，换上符合要求的滤砂。

（7）冲洗后短期内水质不好

① 冲洗强度不够，冲洗历时太短，没有冲洗干净。对策是改善冲洗条件。

② 冲洗水本身水质不好。对策是保证冲洗水质量。

3.3.3 其他滤池

3.3.3.1 压力过滤器

压力过滤器如图 3-22 所示。压力过滤器是一个承压的密闭过滤装置，内部构造与普通过滤池相似，其主要特点是承受压力，可利用过滤后的余压将出水送到用水地点或远距离输送。压力过滤器过滤能力强、容积小、设备定型、使用的机动性大。但是，单个过滤器的过滤面积较小，只适用于污水量小的车间（或企业），或对某些污水进行局部处理。通常采用的压力过滤器是立式的，直径不大于 3m。滤层以下为厚度 100mm 的垫层（垫层材料粒径 d 为 $1.0 \sim 2.0mm$），排水系统为过滤头。在一些污水处理系统中，排水系统处还安装压缩空气管，用以辅助反冲洗。

图 3-22 压力过滤器

反冲洗污水通过顶部的漏斗或设有挡板的进水管收集并排出。压力过滤器外部还安装有压力表、取样管，及时监督过滤器的压力损失和水质变化。过滤器顶部设有排气阀，排出过滤器内和水中析出的气体。

（1）设计要点

① 压力滤池宜采用钢结构，其内部结构与普通快滤池类似。

② 滤层厚度一般为 $1.0 \sim 1.2m$。滤料应采用粗粒均匀级配滤料。

③ 应采用大阻力配水系统。

④ 周期运行末期水头损失允许值为 $5 \sim 6m$。

⑤ 应设置排空阀、压力表等。

⑥ 压力滤池宜采用立式结构，其直径不宜大于 3m。

⑦ 压力滤池如需用于除乳化油，应设计成气水联合冲洗的压力滤器。将上层石英砂滤料更换为核桃壳滤料，即可成为除油过滤器。

（2）运行与维护

① 调整进水阀达到设计出水流量，如出水水质较差，应适当调小进水阀门。

② 开始过滤进水时，应首先打开滤池顶部排气阀排气。

③ 初滤水应放空。

④ 根据进出水管压力差确定反冲洗周期。

⑤ 反冲洗时调整反冲洗管进水阀门以达到合适的冲洗强度。

⑥ 压力滤池用于含油废水处理时,反冲洗时应先排水,使水面降到滤层表面上 20～30 cm,然后打开气冲装置,达到规定时间后关气,再进行水冲。

⑦ 滤料应定期翻罐清洗,并适当补充。补充的滤料粒径相当于原滤料的 d_{50}。

⑧ 安全阀应定期检修调整,其额定压力应比过滤器的工作压力大 0.05MPa。

3.3.3.2 无阀滤池

无阀滤池是利用水力学原理,通过进出水的压差自动控制虹吸产生,实现自动运行的滤池。图 3-23 为开敞式无阀滤池结构。

图 3-23　开敞式无阀滤池结构

1—进水分配槽;2—进水管;3—虹吸上升管;4—顶盖;5—挡板;6—滤料层;7—承托层;8—配水系统;

9—底部空间;10—连通间;11—冲洗水箱;12—出水管;13—虹吸辅助管;14—抽气管;15—虹吸下降管;

16—水封井;17—虹吸破坏斗;18—虹吸破坏管;H_0—滤池超高;H—虹吸辅助管管顶至滤池水面高度

过滤工作过程:原水自进水管进入滤池后,自上而下穿过滤床,过滤后水经连通管进入顶部贮水箱,待水箱充满后,过滤水由出水管排入清水池。随着过滤的进行,水头损失逐渐增大,虹吸上升管内的水位逐渐上升(即过滤水头增大),当这个水位达到虹吸辅助管的管口处时,污水就从辅助管下落,并抽吸虹吸管顶部的空气,在很短的时间内,虹吸管因出现负压而投入工作,滤池进入反冲洗阶段。贮水箱中的清水自下而上流过滤床,反冲洗水由虹吸管排入水封井。当贮水箱水位下降至虹吸破坏管口时,虹吸管吸进空气,虹吸破坏,反冲洗结束,滤池又恢复过滤状态。

3.3.3.3 虹吸滤池

虹吸滤池是指滤池的进水和冲洗水的排出都由虹吸管完成,所以叫虹吸滤池。虹吸滤池可以做成圆形或方形,一般是由数格(如 6～8 格)滤池组成一个整体,便于管理和冲洗。虹吸滤池的构造如图 3-24 所示。图 3-24 的右半部表示滤池的过滤情况,左半部表示滤池的反冲洗情况。过滤工作过程:污水由进水槽流入环形配水槽。过滤时,原水由进水虹吸管进入水封槽,再经进水堰和布水槽流入各格滤池中,各格滤池独立运行。当某格滤池内水位上升,超过出水井内控制堰的堰高,并克服滤料层配水系统及出水管的总水头损失时,开始过滤。水经滤料层和配水系统流入环形集水槽,经出水管流入出水井,通过控制堰和清水管再流到过滤水池。反冲洗时,水自下而上通过滤层,冲洗的污水继续由冲洗水管排出。而冲洗的水源是由组合中的其他几个滤池通过环形水槽源源不断地供给,直至排出水质洁净为止。

图 3-24　虹吸滤池的构造

1—进水槽；2—环形配水槽；3—进水虹吸管；4—进水虹吸管水封槽；5—进水堰；

6—布水管；7—滤料层；8—配水系统；9—环形集水槽；10—出水管；11—出水井；

12—控制堰；13—清水管；14—真空系统；15—洗水槽；16—冲洗虹吸管；17—冲洗排水管

3.3.3.4　纤维滤布转盘滤池

设备的核心装置就是中间的过滤转盘，它由多块扇形组成，上面包裹着滤布，属于插拔式结构，运输维修特别方便。由驱动电机带动转盘旋转；滤盘中间是中空的中心集水筒；反冲洗装置包括反抽吸吸盘、反抽吸水泵；排泥装置包括排泥泵（也是反抽吸水泵）、集泥槽，集泥槽上面排布多孔的排泥管；还包括自控系统[即 PLC（可编程逻辑控制器）自动控制盘]。

（1）纤维滤布滤池的运行状态

① 过滤。外进内出，污水重力流进入滤池，使滤盘全部浸没在污水中。在滤池中设布水堰，使滤池内布水均匀并且降低进水产生的扰动。污水通过滤布过滤，过滤液经中空管收集后，经过出水堰排出滤池。过滤期间，过滤转盘处于静态，有利于污泥的池底沉积。

② 清洗。过滤中部分污泥吸附于纤维毛滤布中，逐渐形成污泥层。随着滤布上污泥的积聚，滤布过滤阻力增加，滤池水位逐渐升高。滤池内的压力传感器监测池内液位变化，当池内液位到达清洗设定值（高水位）时，PLC 即可启动反洗泵，开始清洗过程。反冲洗过程为间歇式。滤布上的污泥通过反抽吸装置，经由反洗水泵排出厂区排水系统。清洗时，滤池可连续过滤。清洗期间，过滤转盘以 0.5～1r/min 的速度旋转。反洗水泵负压抽吸滤布表面，吸除滤布上积聚的污泥颗粒，过滤转盘内的水自里向外被同时抽吸，对滤布起清洗作用。在清洗过程中，过滤仍在进行。因此，整个运行过程中过滤均为连续的。

③ 排泥。纤维滤布滤池的过滤转盘下设有斗形池底，有利于池底污泥的收集。污泥在池底沉积减少了滤布上的污泥量，可延长过滤时间，减少反洗水量。经过一定的时间段，PLC 启动排泥泵，通过池底穿孔排泥管将污泥回流至厂区污水处理系统。其中，排泥间隔时间及排泥历时可予以调整。另外，滤池前的处理系统出现故障时，可启动排泥系统以发挥清空滤池的作用。

（2）设计要点

① 进水水质 SS 宜小于 30mg/L，瞬时 SS 不大于 80mg/L，出水 SS 小于 5mg/L。

② 滤布的平均滤速宜选用 7～10m/h，短期可达 12m/h。

③ 峰值流量系数 1.1～1.4。

④ 水流通过滤布的水头损失为 0.25～0.3m。

⑤ 反冲洗强度为 300～350L/（m²·s），反冲洗时间一般为 1～2min。

（3）运行与维护

① 调整滤池水位到设计低水位。

② 调整出水泵阀门到设计出水流量，如出水水质较差，应适当调小出水阀门。

③ 水泵启动初期适当排气，初期滤后出水回流至转盘滤池。

④ 滤池水位达到高值，水泵反冲控制系统自动启动，调整反冲洗泵阀门达到设计强度要求，并按设计要求设置冲洗时间及冲洗周期。

⑤ 定期检查滤布的损坏情况，如发现出水水质突然变差，首先要检查滤布有无破损。

⑥ 定期检查水位控制系统与水泵耦合系统的配合性和灵敏度。

任务 4　离心分离处理

3.4.1　离心分离原理

扫视
一频
扫一

离心分离

物体高速旋转产生离心力场。在离心力场内的各质点，都将承受较其本身重力大出许多倍的离心力，离心力的大小取决于该质点的质量。这种方法也用于废水处理，用以分离污水中的悬浮固体。

使含有悬浮固体（或乳状油）的废水进行高速旋转，由于悬浮颗粒和废水的质量不同，受到的离心力也将不同，质量大的悬浮固体被甩到废水的外侧，这样可使悬浮颗粒、废水分别通过各自的出口排出，悬浮颗粒被分离，废水得以净化。

3.4.2　离心设备

3.4.2.1　压力式水力旋流器

图 3-25 所示是用于分离密度较大的悬浮颗粒的压力式水力旋流分离器。整个设备由钢板焊接制成。上部是直径为 D 的圆筒，下部则呈锥体形。进水管以逐渐收缩的形式，按切线方向与圆筒相接，废水通过水泵以切线方向进入分离器内，在进口处的流速可达 6～10m/s，并在分离器内沿器壁向下运动（一次涡流），然后再向上旋转（二次涡流），澄清液通过澄清液排出中心管流到分离器的上部，然后由出水管排到分离器外。在离心力的作用下，水中较大的悬浮固体被甩向器壁，并在其自身重力的作用下沿器壁向下滑动，在底部形成固体颗粒浓液经排出管连续排出。

3.4.2.2　重力式水力旋流器

重力式水力旋流器又称水力旋流沉淀池。废水沿切线方向进入器内，借进、出水的水头差在器内呈旋转流动。与压力式水力旋流器相比较，这种设备的容积大，电能消耗低。图 3-26 是重力式水力旋流分离器的结构示意图。

图 3-25 压力式水力旋流分离器

(a) 淹没式进出水   (b) 表面出水

图 3-26 重力式水力旋流分离器结构

1—进水；2—出水；3—排浓液

任务 5 磁分离处理

铁磁性物质的颗粒在磁场所受的磁场力与磁场强度和磁场强度梯度（称场强梯度）成正比。磁性颗粒在匀强磁场中，由于受两极的引力相等，这时磁性颗粒所受合力为零，因而不会发生运动。只有在磁场空间里，各点的磁场强度不同，特别是在很短一段距离之内磁场强度相差很大（即场强梯度大），磁性颗粒在这种空间里才会发生移动。在强磁场的 N 极和 S 极之间，投加大量颗粒尺寸在 100μm 左右的不锈钢毛，使磁力线的疏密程度发生很大变化，便构成了高梯度磁分离空间。含有铁磁性悬浮微粒的工业废水通过高梯度磁分离器，磁性颗粒便被截留下来，从而被净化。这便是高梯度磁分离法。

由于高梯度磁分离器场强梯度很高，不仅强磁性微粒能被其截留，弱磁性微粒也能被截留。轧钢废水中含有大量细微的氧化铁微粒。炼钢厂烟尘中含有大量 Fe_2O_3 微粒，经湿法除尘变为血红色废水，其中悬浮大量 Fe_2O_3 微粒。这些废水均可用高梯度磁分离器、磁过滤器加以净化。

铁氧体法可处理不含铁磁性物质的含金属废水。铁氧体是铁元素与其他一种或几种金属元素构成的复合氧化物晶体，具有较强的磁性。含 Mn、Zn、Cu、Co、Ui、Cr 的废水，均可与 $FeSO_4$ 制成铁氧体。研究证明：电镀厂的含铜氨络离子 $[Cu(NH_3)]^{2+}$ 的废水是蓝色透明的水溶液，长期存放无沉淀物形成，向污水中投加 $FeSO_4$，在碱性条件下，60℃左右时，污水中就有铁氧体生成，再通过高梯度磁分离器，Cu 的去除率在 99.9%以上。

对于含有油类、无机悬浮物、色素和细菌的污水，投加絮凝剂产生矾花，同时投加磁种，例如粒径在 10μm 以下的 Fe_3O_4 粉末可作磁种，投加量 200～1000mg/L，通过高梯度磁分离器，几秒钟便可使污水净化，油、细菌和色素的去除率可达 70%～90%，甚至更高。用磁混凝法处理聚氯联二苯废水，投加水量 0.3%的 Fe_3O_4，通过高梯度磁分离器，1 次可去除 96%，2 次则可去除 99.9%以上。对于没有磁性微粒的城市污水，不投加磁种，仅进行磁化处理也有一定效果，COD_{Cr}能降低 40%，BOD_5能降低 30%～50%，对氨氮去除无明显效果。磁化处理过的污水有利于藻类繁殖。

技能训练　沉淀实验

1. 实验原理

污水中所含的可沉悬浮固体是大小、形状、密度都不相同的颗粒群体，而且其性质、特征因污水不同而异，因此在实际应用时，污水的沉淀性能一般都是通过沉淀实验来确定的。

2. 实验目的

根据污水沉淀实验的结果，绘制出各种参数间的关系曲线，这些曲线统称为沉淀曲线，它们能够比较具体和形象地反映污水的沉淀性能，是沉淀设施设计的基本资料。

3. 实验仪器与用品

6 个沉淀管、过滤装置、烘箱、分析天平。

4. 操作方法

① 将已测定过悬浮物含量的污水搅拌均匀后，同时注入数个（5～6 个）沉淀管中。

② 经 t_1 时间后，从第 1 个沉淀管中的高度 h 处取出一定数量的水，同样，经过 t_2、t_3、t_4、…、t_n 时间后，相应地，从第 2、3、4、…、n 个沉淀管中的同一高度 h 处取出同样数量的水样，测定其中悬浮物的含量 c_1、c_2、c_3、…、c_n。

③ 原污水中所含悬浮物浓度为 c_0，经 t 时间沉淀后，污水中残存的悬浮物浓度为 c_t，于是，沉淀效率为：

$$E = \frac{c_0 - c_t}{c_0} \times 100\%$$

悬浮物经 t 时间的对应沉速为：

$$u_t = \frac{h}{t}$$

④ 绘制沉淀曲线。各种类型沉淀的实验方法基本相同，但沉淀曲线的绘制方法有所不同，现就第一类型（自由）沉淀的沉淀曲线绘制方法加以介绍。

以沉速为横坐标，以沉淀效率为纵坐标，绘制沉速-沉淀效率关系曲线。如某厂污水沉淀实验测定记录及计算结果见表 3-6。

表 3-6　某厂废水沉淀实验测定记录及计算结果

时间/min	悬浮物浓度 c/(mg/L)	沉淀效率 E/%	沉速 u/(m/h)
0	400	0	0
5	330	17.5	02
10	280	30	6
15	245	39	4
20	220	45	3
30	185	54	2
40	155	61	1.5
50	135	66	1.2
60	120	70	1.0

根据表 3-6 中的沉淀效率和沉速，绘出的沉淀曲线如图 3-27 所示。

图 3-27　某厂污水沉淀曲线

5. 注意事项

① 沉淀管注入废水前，将污水搅拌均匀。

② 取水样时，保证快速、准确、一次取够。

思考与练习

1. 沉淀可分为哪几种基本类型？

2. 沉淀在污水处理系统中的主要作用是什么？

3. 污水沉淀法处理的基本原理是什么？

4. 影响沉淀的因素有哪些？

5. 什么叫表面水力负荷？

6. 初次沉淀池设于哪个工艺前？

7. 某城市污水处理厂，设计水量为 3 万立方米/d，采用平流式初沉池，沉淀时间 t 为 1.5 h，表面水力负荷 q 为 $2m^3/(m^2 \cdot h)$，试计算沉淀池的有效水深 h。

8. 提高沉淀池沉淀效果的有效途径有哪些？

9. 加压溶气气浮法的基本原理是什么？有哪几种基本流程？

10. 试述过滤的机理。

11. 影响过滤的因素有哪些？

12. 某污水处理厂采用过滤工艺使出水满足回用水水质要求，设计能力为 $13000m^3/d$，冲洗时间为 6min，冲洗周期为 12h，计算滤池的总面积。

13. 离心分离的原理是什么？

项目四
化学法处理污水

 项目导读

污水为什么要进行中和、混凝、化学沉淀和化学氧化还原处理？如何查找和选择混合池和反应池的设计参数？怎样正确选择中和药剂、混凝药剂、化学沉淀药剂及氧化还原药剂？

 学习目标

知识目标：熟知中和、混凝、化学沉淀和化学氧化还原处理的目的；掌握混合池和反应池的基本类型；掌握中和、混凝、化学沉淀和化学氧化还原处理的原理。

能力目标：学会选择、设计及运行混凝设施；能选择中和药剂、混凝药剂、化学沉淀药剂及氧化还原药剂。

素质目标：培养职业安全意识；培养爱岗敬业的职业精神。

 项目实施

项目共有 4 个任务，通过该项目的学习，达到会分析、设计和应用混凝设施及会选择污水化学处理药剂的目的。

任务 1 中和处理

中和是指酸性和碱性物质反应生成盐和水的过程，利用中和反应原理处理废水的方法称为中和处理法。

扫
一
扫

视
频

中和法

4.1.1 概述

废水的中和处理就是通过向废水中投加化学药剂，使其与污染物发生化学反应，调节废水的酸碱度（pH），使废水呈中性或接近中性，适宜下一步处理或排放。中和处理方法因废水的酸碱性不同而不同。酸性废水常采用碱性废水与其相互中和。也可采用加入药剂中和或用碱性滤料过滤中和的方法使酸性废水呈中性。而对碱性废水，采用酸性废水与碱性废水相互中和或加入药剂中和的方法使碱性废水呈中性。其中酸性废水的危害都比碱性废水大得多。如果将pH由中性或碱性调至酸性，称为酸化。酸碱废水以pH表示可分为：

強酸性废水　　　　　pH＜4.5

弱酸性废水　　　　　pH为4.5～6.5

中性废水　　　　　　pH为6.5～8.5

弱碱性废水　　　　　pH为8.5～10.0

強碱性废水　　　　　pH＞10

中和处理适用于废水处理中的下列情况：①废水排入受纳水体前，其pH超过排放标准，这时应采用中和处理，以减少对水生生物的影响。②工业废水排入城市下水道系统前，采用中和处理，以免废水对管道系统造成腐蚀。③在废水需要进行化学处理或生物处理之前，对于化学处理（例如凝聚、除磷等），要求废水的pH值升高或降低到某一需要的最佳值；对于生物处理，废水的pH值通常应维持在6.5～8.5，以保证处理构筑物内的微生物维持最佳活性。

废水中和处理时，酸性废水用碱中和，碱性废水用酸中和，两者的反应都是中和反应。当进行中和反应的酸碱物质的量相等时，两者恰好完全中和。由于酸碱相对强弱的不同，并考虑到生成盐的水解作用，中和到等量点时，废水有可能呈中性，也可能呈酸性或碱性。

4.1.2　酸性废水的中和处理

4.1.2.1　碱性废水中和法

酸碱废水相互中和是一种既简单又经济的以废治废的处理方法。因此，当工厂有碱性废水或碱性渣时应优先考虑。酸碱废水相互中和一般是在混合反应池内进行，池内设有搅拌装置。两种废水相互中和时，由于水量和浓度难以保持稳定，会给操作带来一定的困难。在此情况下，一般在混合反应池前设有均质池。

酸性废水过滤
中和法

用碱性废水中和酸性废水时，应控制碱性废水的投加量，以确保处理后的废水呈中性或弱碱性。若碱性废水量不足，则应补加碱性药剂。

4.1.2.2　投药中和法

投药中和是应用广泛的一种中和方法，此法可处理各种酸性废水。中和时，常用的碱性药剂有石灰（CaO）、石灰石或白云石等，有时采用氢氧化钠、碳酸钠等。中和药剂的投加量可按化学反应方程式估算。采用生石灰，可中和任何浓度的酸。采用石灰乳，由于$Ca(OH)_2$对废水中的杂质具有凝聚作用，因此适用于中和含杂质多的酸性废水。当采用石灰石中和硫酸时，会产生石膏。由于生成的石膏溶解度很低，20℃时只有1.6g/L，因此，为了避免石灰石表面被石膏及CO_2所覆盖，硫酸浓度理论上应低于1.15g/L，实际上允许低于2～2.3g/L，使中和产物硫酸钙不致饱和析出。如硫酸浓度较大，为了达到更好的中和效果，应将石灰石预先粉碎成0.5mm以下的颗粒后使用。

当酸性废水中含有重金属盐类，如铅、锌、铜等，计算时应增加和重金属化合产生沉淀的药剂量。或直接通过实验，根据中和曲线确定。

投药中和法的工艺过程主要包括中和药剂的制备与投配、混合与反应、中和产物的分离、泥渣的处理与利用。酸性废水投药中和流程如图 4-1 所示。

图 4-1　酸性废水投药中和流程

酸性废水投药中和之前，有时需要进行预处理。预处理包括悬浮杂质的澄清、水质及水量的均和。前者可以减少投药量，后者可以创造稳定的处理条件。

投加石灰有干投法和湿投法两种方式。干投法首先将生石灰或石灰石粉碎，使其达到技术上要求的粒径（0.5mm）。投加时，为了保证石灰能均匀地加到废水中，可用具有电磁振荡装置的石灰投配器。石灰投入废水渠，经混合槽折流混合 0.5～1min，然后进入沉淀池将沉渣进行分离。干投法的优点是设备简单；缺点是反应不彻底，反应速度慢，投药量大，投药量为理论值的 1.4～1.5 倍，要求石灰洁净、干燥、呈粒状，石灰破碎、筛分等劳动强度大。

湿投法是目前使用较多的方法。首先将石灰投入消解槽，消解到 40%～50% 的浓度后投放到石灰乳贮槽，经搅拌配制成 5%～10% 浓度的石灰乳，再用泵送到投配器，经投加器投入混合反应池。送到投配器的石灰乳量大于投加量时，多余部分回流，以保持投配器液面不变，投加量由投加器孔口的开启度来控制。当短时间停止投加石灰乳时，石灰乳可在系统内循环，避免堵塞设备。石灰消解槽不宜采用压缩空气搅拌，因为石灰乳与空气中的 CO_2 会生成 $CaCO_3$ 沉淀，既浪费中和剂，又易引起堵塞。一般采用机械搅拌。

投到混合反应池中的石灰乳与加到池内的酸性废水在搅拌（必须搅拌，否则石灰渣在池内沉淀）下进行混合反应，废水在反应池的停留时间一般为 5～20min。与干投法相比，湿投法反应迅速、彻底，投药量较少，仅为理论量的 1.05～1.10 倍，但所用的设备较多。

碱性药剂中和法的缺点是劳动卫生条件差，操作管理复杂，制备溶液、投配药剂需要较多的机械设备。采用石灰质药剂时，其明显的缺点是质量难以保证，灰渣较多，沉渣体积大（占处理水量的 2%），且不易脱水。

4.1.2.3　过滤中和法

过滤中和法是指用碱性滤料形成的滤床来处理酸性废水，当酸性废水流过碱性滤料时，酸性废水即被中和。这种方法适用于含酸浓度不大于 3mg/L 且能生成易溶盐的酸性废水。当废水中含有大量悬浮物、油脂、重金属盐和其他毒物时，不宜采用过滤中和法。

具有中和能力的滤料有石灰石、白云石、大理石等，最常用的是石灰石。这种过滤床具有操作方便、运行费用低和劳动条件好等优点，缺点是被处理酸性废水的浓度受到限制。

（1）普通过滤中和滤池。普通过滤中和滤池中水的流向有平流和竖流两种，竖流又分升流式和降流式两种，如图 4-2 所示。

普通中和滤池为固定床，滤床厚度一般为 1～1.5m，过滤速度不大于 5m/h，粒径为 30～50mm。当废水中含有堵塞滤料的物质时，应进行预处理。

图 4-2 普通过滤中和滤池（竖流）

（2）恒流速升流式膨胀中和滤池。恒流速升流式膨胀中和滤池如图 4-3 所示。该滤池由底部大阻力穿孔管进水装置、卵石垫层、滤料层（石灰石滤料）、清水层和出水槽等组成。水由下向上流动，整个筒体过水断面不变，故上升流速恒定。在中和反应过程中产生 CO_2 气体，使滤料互相碰撞摩擦，所以滤料面不断更新，滤料利用率较高，中和效果较好。这种滤池的构造分四部分：底部为进水设备，采用大阻力穿孔管布水；进水设备上面是卵石垫层；垫层上面为滤料层，滤料膨胀率为 50%，滤料的分布状态是由下往上，粒径逐渐减小；滤料上面是缓冲层，使水流和滤料分离，在此区内水流速逐渐减慢，最后由出水槽均匀汇集流出。

图 4-3 恒流速升流式膨胀中和滤池
1—环形集水槽；2—清水渠；3—石灰石滤料；
4—卵石垫层；5—大阻力配水系统；6—放空管

（3）变流速升流式膨胀滤池。该滤池是把上述恒流速升流式膨胀滤池的直筒形设计成倒圆锥状，使其下部滤速为 130～150m/h，上部滤速为 40～60m/h，水流上升速度逐渐减小，这样可防止小滤料被出水带走，滤料与废水反应更加完全。目前，该滤池得到了广泛的应用，并有定型产品可供选用。

过滤中和的出水由于含有大量中和反应产生的 CO_2，故其出水 pH 值为 5 左右，因此需设 CO_2 吹脱塔，其形式一般有填料塔、筛板塔等，但最简单的为板条式脱气塔。经中和脱气后的废水应进入沉淀池以分离其沉渣。

（4）过滤中和时应注意的事项。过滤中和时，废水中不宜有重金属离子或惰性物质，要求重金属离子含量小于 50mg/L，以免在滤料表面生成覆盖物，使滤料失效。含 HF 的废水中和过滤时，因 CaF_2 溶解度很小，要求 HF 浓度小于 300mg/L。若 HF 浓度超过此限值，宜采用石灰乳进行中和。

过滤中和法的优点是操作管理简单，出水 pH 较稳定，不影响环境卫生，沉渣少（只有废水体积的 0.1%）；缺点是进水硫酸浓度受到限制。

处理酸性废水的构筑物的防腐问题十分重要，应根据废水的酸度及当地的技术条件正确采取防腐措施。耐腐蚀性能较好的是玻璃钢，根据防腐蚀程度在构筑物表面贴 3～7 层玻璃布，每层都涂环氧树脂。对于小型构筑物，可用硬聚乙烯板制造，或在耐腐混凝土（砖）的表面覆以保护面层。

4.1.3 碱性废水的中和处理

4.1.3.1 酸性废物中和法

碱性废水的中和处理

碱性废水来源于造纸、皮革、化工、印染等工业的生产过程，碱性废水中含有碱性物质，如氢氧化钠、碳酸钠、硫化钠及胺类等。碱性废水的中和一般要用酸性物质，通常采用的方法有利用废酸进行中和或利用烟道气进行中和。

烟道气中 CO_2 含量可高达 24%，还含有 SO_2、H_2S，所以可以用于碱性废水的中和处理。烟道气和碱性废水的中和处理一般在喷淋塔内进行。

碱性废水从喷淋塔的塔顶布水器均匀喷出，烟道气则从塔底鼓入，两者在填料层中进行逆流接触，碱性废水与烟道气中酸性气体完成中和过程。出水的 pH 值可由 10～12 降至中性。反应式如下：

$$CO_2+2NaOH \longrightarrow Na_2CO_3+H_2O$$
$$SO_2+2NaOH \longrightarrow Na_2SO_3+H_2O$$
$$H_2S+2NaOH \longrightarrow Na_2S+2H_2O$$

该法的优点是以污治污、投资省、运行费用低；缺点是出水含硫化物，耗氧量和色度都明显增加。

4.1.3.2 投药中和法

通过向废水中投加化学药剂，使其与污染物发生化学反应。碱性废水的中和剂有硫酸、盐酸、硝酸，常用的为工业硫酸，因为硫酸价格较低。使用盐酸的最大优点是反应物溶解度大，泥渣量少，但出水中溶解固体浓度高，投加化学药剂的价格偏高。

4.1.4 废水中和处理方法比较

（1）酸性废水中和处理方法比较见表 4-1。

表 4-1 酸性废水中和处理方法比较

中和方法	适用条件	主要优点	主要缺点	备注
碱性废水中和	① 适用于各种酸性废水；② 酸碱废水中酸与碱的物质的量基本平衡	① 节省中和药剂；② 当酸碱基本平衡且废水缓冲作用大时，设备简单，管理容易	① 废水流量、浓度波动大，须先均化；② 酸碱物质的量不平衡时须另加中和剂作补充处理	需注意二次污染，如碱性废水中含硫化物时产生 H_2S 等有害气体
投药中和	① 各种酸性废水；② 酸性废水中重金属与杂质较多	① 适应性强，兼可去除杂质及重金属离子；② 出水 pH 可以保证达到预定值	① 设备及管理复杂；② 投石灰或电石渣泥量大；③ 运行费用高	① 除重金属时，pH 值应为 8～9；② 投加的 $NaOH$、Na_2CO_3 须是副产品才经济
普通过滤中和	适用于含盐酸或硝酸的废水，而且水质较清洁，不含大量悬浮物、油脂及重金属	① 设备简单；② 平时维护量不大；③ 产渣量少	① 废水中含大量悬浮物及油脂时须预处理；② 对于硫酸废水浓度有限制；③ 出水 pH 值偏低，重金属离子难以沉淀	

续表

中和方法	适用条件	主要优点	主要缺点	备注
恒流速升流式膨胀过滤中和	同普通过滤中和法，也可用于浓度在 2g/L 以下的硫酸废水	同普通过滤中和法	① 同普通过滤中和法，且对滤料粒径要求较高；② 由于滤速大，设备较小，处理硫酸废水时易堵塞	
变流速升流式膨胀过滤中和	同普通过滤中和法，硫酸浓度可达到 3.5g/L	① 滤料不易堵塞；② 小滤料不易流失	① 对硫酸废水仍有限制；② 设备加工较困难	

（2）碱性废水中和处理方法比较见表 4-2。

表 4-2　碱性废水中和处理方法比较

中和方法	适用条件	主要优点	主要缺点	备注
利用酸性废水中和	① 适用于各种碱性废水；② 酸碱废水物质的量最好基本相等	① 节省中和药剂；② 当酸碱基本平衡且废水缓冲作用大时，设备简单，管理容易	① 废水流量、浓度大时，须先均化；② 酸碱物质的量不平衡时另加药剂做补充处理	注意二次污染产生有害气体
加酸中和	工业酸或废酸	酸为副产品时较经济	成本高	
烟道气中和	① 要求有大量能连续供给、满足处理水量的烟气；② 当碱性废水间断而烟气不间断时，应有备用除尘水源	① 废水起烟气除尘作用，烟气用作中和剂使废水 pH 值降至 6～7；② 节省除尘用水及中和药剂	废水经烟气中和后，水温、色度、耗氧量、硫化物含量均上升	① 出水其他指标上升，有待进一步处理，使之达到排放标准；② 可用压缩 CO_2 处理，操作简单，出水水质不致变坏，但费用较高

任务 2　混凝处理

　　天然水及各种废水中的悬浮物质大都可以通过自然沉淀的方法去除，而粒径在 1nm～100μm 的细小颗粒及胶体颗粒则难以用自然沉淀方法去除，它们能在水中长期保持分散悬浮状态，这是由于胶体微粒及细微悬浮颗粒具有稳定性。这些颗粒能引起水的浑浊，有时还有颜色和臭味。这些污染物质可以通过混凝方法加以去除。混凝就是通过向水中投加一些药剂（常称混凝剂），使水中难以沉淀的细小颗粒及胶体颗粒脱稳并互相聚集成大的絮状颗粒而沉淀，从而实现与水的分离，达到净化水质的目的。

　　混凝可以用来降低废水的浊度和色度，去除多种高分子有机物、某些重金属物质和放射性物质。此外，混凝法还能改善污泥的脱水性能。因此，混凝法是工业废水处理中常采用的方法。它既可以作为独立的处理法，也可以和其他处理法配合，作为预处理方法、中间处理方法或最终处理方法。近年来，在污水深度处理中混凝法也常被采用。污水混凝处理可参考 HJ 2006。

　　混凝法与废水的其他处理法比较，优点是设备简单，维护操作易于掌握，处理效果好，间歇或连续运行均可以；缺点是由于不断向废水中投加药剂，运行费用较高，沉渣量大，且脱水较困难。

4.2.1 混凝的基本原理

4.2.1.1 胶体的基本知识

扫 视
一 频
扫
混凝认识

（1）胶体结构。胶体的结构很复杂，它由胶核、吸附层及扩散层三部分组成。胶核是胶体粒子的核心，由数百乃至数千个分散固体物质分子组成。在胶核表面有一层离子，称为电位形成离子或电位离子，胶核因电位离子而带有电荷，为维持胶体离子的电中性，胶核表面的电位离子层通过静电作用，从溶液中吸引了电量与电位离子层总电量相等而电性相反的离子，这些离子称为反离子，并形成反离子层。这样，胶核固相的电位离子层与液相中的反离子层就构成了胶体粒子的双电层结构，如图4-4所示。被吸引的反离子中有一部分被胶核牢固吸引并随胶核一起运动，这部分反离子称为束缚反离子，组成吸附层；另一部分反离子距胶核稍远，胶核对其吸引力较小，不随胶核一起运动，称为自由反离子，组成扩散层。胶核、电位离子层和吸附层共同组成运动单元，称为胶体颗粒，简称胶粒。把扩散层包括在内合起来总称为胶团。

（2）胶体颗粒的稳定性与脱稳。胶体颗粒在水中能长期保持分散状态而不下沉的特性称为胶体的稳定性。胶体颗粒在水中之所以具有稳定性，原因有3个：①废水中的细小悬浮颗粒和胶体微粒质量很轻，胶体微粒直径为$10^{-8}\sim10^{-2}$mm，这些颗粒在废水中受水分子热运动的碰撞而做无规则的布朗运动；②胶体颗粒本身带电，同类胶体颗粒带有同性电荷，彼此之间存在静电排斥力，从而不能相互靠近以结成较大颗粒而下沉；③许多水分子被吸引在胶体颗粒周围形成水化膜，阻止胶体颗粒与带相反电荷的离子中和，妨碍颗粒之间接触并凝聚下沉。因此，废水中的细小悬浮颗粒和胶体微粒不易沉降，总保持着分散和稳定状态。

一般认为胶粒所带电量越大，胶粒的稳定性越好。而胶粒带电是由于胶核表面所吸附的电位离子比吸附层里的反离子多，当胶粒与液体做相对运动时，吸附层和扩散层之间便产生了电位差。该电位差称为界面动电位，又称ζ电位。ζ电位越高，胶粒带电量越大，

图 4-4 胶体粒子的结构及其电位分布

注：A—B 为吸附层；B—C 为扩散层。

胶粒间产生的静电斥力也越大；同时，扩散层中反离子越多，水化作用也越大，水化壳也越厚，胶粒也就越稳定而不易沉降。

因此，要使胶体颗粒沉降，就需破坏胶体的稳定性。促使胶体颗粒相互接触，成为较大的颗粒，关键在于减少胶粒的带电量，这可以通过压缩扩散层厚度，降低ζ电位来达到。这个过程称作胶体颗粒的脱稳。

4.2.1.2 混凝的机理

废水中投入某些混凝剂后，胶体因 ζ 电位降低或消除而脱稳。脱稳的颗粒便相互聚集为较大颗粒而下沉，此过程称为凝聚，此类混凝剂称为凝聚剂。但有些混凝剂可使未经脱稳的胶体也形成大的絮状物而下沉，这种现象称为絮凝，此类混凝剂称为絮凝剂。不同的混凝剂能使胶体以不同的方式脱稳、凝聚或絮凝。按机理不同，混凝可分为压缩双电层、吸附电中和、吸附架桥、沉淀物网捕 4 种。

扫视
频一
扫

混凝机理

（1）压缩双电层。当向溶液中投加电解质后，溶液中与胶体反离子相同电荷的离子浓度增高，这些离子与扩散层原有反离子之间的静电斥力把原有部分反离子挤压到吸附层中，从而使扩散层厚度减小，胶粒所带电荷数减少，ζ 电位相应降低。因此，胶粒间的相互排斥力也减小。当排斥力降至一定值，分子间以吸引力为主时，胶粒就相互聚合与凝聚。

（2）吸附电中和。当向溶液中投加电解质作混凝剂时，混凝剂水解后在水中形成胶体微粒，其所带电荷与水中原有胶粒所带电荷相反，由于异性电荷之间有强烈的吸附作用，这种吸附作用中和了电位离子所带电荷，减少了静电斥力，降低了 ζ 电位，使胶体脱稳并发生凝聚。但若混凝剂投加过多，混凝效果反而下降。因为胶粒吸附了过多的反离子，使原来的电荷变性，排斥力变大，从而发生了再稳现象。

（3）吸附架桥。吸附架桥作用主要是指高分子聚合物与胶粒和细微悬浮物等发生吸附、桥联的过程。高分子絮凝剂具有线性结构，含有某些化学活性基团，能与胶粒表面产生特殊反应从而互相吸附，在相距较远的两胶粒间进行吸附架桥，使颗粒逐渐变大，从而形成较大的絮凝体。

（4）沉淀物网捕。若采用硫酸铝、石灰或氯化铁等高价金属盐类作混凝剂，当投加量大得足以迅速沉淀金属氢氧化物[如 $Al(OH)_3$、$Fe(OH)_3$]或金属碳酸盐（如 $CaCO_3$）时，水中的胶粒和细微悬浮物在这些沉淀物形成时可被作为晶核或吸附质而网捕。

以上 4 种机理在废水处理中往往是同时或交叉发挥作用的，只是在一定情况下以某种作用为主。低分子电解质混凝剂以双电层作用产生凝聚为主；高分子聚合物则以架桥联结产生絮凝为主。所以，通常将低分子电解质称为凝聚剂，而把高分子聚合物称为絮凝剂。向废水中投加药剂，进行水和药剂的混合，从而使水中的胶体物质产生凝聚和絮凝，这一综合过程称为混凝。

污水处理方面的混凝原理，既与给水处理中有相同之处，又有所区别，特别是加药混凝与生物处理相结合时，投加混凝剂不仅会对污水中的悬浮固体和胶体杂质起吸附、絮凝作用，还使后续生物处理中的活性污泥或生物膜的性质得到改善，尤其是投加铁盐作为混凝剂时，由于铁盐是生物的营养剂，即使是投加较少的铁盐（例如几十毫克每升），就能明显改善活性污泥的结构和沉降性能以及生物膜的附着性能（如作为生物处理的前处理）。由于二价铁的还原作用，投加二价铁盐对某些有色废水有一定的脱色作用，对某些难生物降解的污染物可改变其分子结构，从而改善其可生物降解性，与后续的活性污泥法处理相结合能产生良好的效果。

4.2.2 混凝剂与助凝剂

4.2.2.1 混凝剂

混凝剂指使胶体失去稳定性和脱稳胶体相互聚集所投加的药剂。混凝剂具有破坏胶体稳定性和促进胶体絮凝的功能。其品种很多，按其化学成分可分为无机混凝剂和有机混凝剂两大类，见表 4-3。

扫视
频一
扫

混凝药剂

表 4-3　混凝剂分类

分类			混凝剂
无机类	低分子	无机盐类	硫酸铝、硫酸亚铁、硫酸铁、铝酸钠、氯化亚铁、氯化铁、氯化锌、四氯化钛
		碱类	碳酸钠、氢氧化钠、石灰
		金属电解产物	氢氧化铝、氢氧化铁
	高分子	阴离子型	聚合氯化铝、聚合硫酸铝、聚合硫酸铁
		阳离子型	活性硅酸
有机类	表面活性剂	阴离子型	月桂酸钠、硬脂酸钠、油酸钠、十二烷基苯磺酸钠、松香酸钠
		阳离子型	十二烷胺醋酸、十八烷胺醋酸、松香胺醋酸、烷基三甲基氯化铵
	低聚合度高分子	阴离子型	藻朊酸钠、羧甲基纤维素钠盐
		阳离子型	水溶性苯胺树脂盐酸盐、聚乙烯亚胺
		非离子型	淀粉、水溶性脲醛树脂
		两性型	动物胶、蛋白质
	高聚合度高分子	阴离子型	聚丙烯酸钠、水解聚丙烯酰胺、磺化聚丙烯酰胺
		阳离子型	聚乙烯吡啶盐、乙烯吡啶共聚物
		非离子型	聚丙烯酰胺、聚氯乙烯

（1）无机混凝剂。目前，广泛使用的无机混凝剂是铝盐混凝剂和铁盐混凝剂。

铝盐主要有硫酸铝、明矾、铝酸钠、三氯化铝及碱式氯化铝。硫酸铝无毒，价格便宜，使用方便，混凝效果较好，用它处理后的水不带色，但絮凝体较轻，适用于 pH 值高、碱度大的污水，适宜的水温为 20~40℃，适宜的 pH 值为 6.5~8.0。聚合氯化铝（PAC，即碱式氯化铝）是一种多价电解质，能显著降低水中黏土类杂质（多带负电荷）的胶体电荷。由于其分子量大，吸附能力强，具有优良的凝聚能力，形成的矾花（即絮凝体）较大，凝聚沉淀性能优于其他混凝剂，原水高浊度时尤为显著。PAC 聚合度较高，投加后快速搅拌，可以大大缩短絮凝体形成的时间。PAC 受水温影响较小，低水温时凝聚效果也很好。PAC 对水的 pH 值降低较少，适宜的 pH 值为 6~9，结晶析出温度在 –20℃ 以下。PAC 是目前国内外使用较广泛的无机高分子混凝剂。

铁盐主要有硫酸亚铁、硫酸铁、三氯化铁及聚合硫酸铁。硫酸亚铁作混凝剂形成的絮凝体较重，形成较快而且稳定，沉淀时间短，能去除臭味和一定的色度，适用于碱度高、浊度大的废水。废水中若有硫化物，可生成难溶于水的硫化亚铁，便于去除。缺点是腐蚀性比较强，废水色度高时，色度不易除净。三氯化铁是一种常用的混凝剂，形成的絮凝体易沉淀，处理低温水或低浊度水效果比铝盐好，适宜的 pH 值为 7.0~8.5；缺点是腐蚀性强，易吸水潮解，处理后水的色度比用铝盐高。聚合硫酸铁也是具有一定碱度的无机高分子物质，其混凝作用机理与聚合氯化铝颇为相似。适宜水温为 10~20℃，适宜的 pH 值为 6.0~9.0，但在 pH 值为 4.0~11 时仍可使用。与普通铁、铝盐相比，它具有投加剂量少，絮体生成快，对水质的适应范围广及水解时消耗水中碱度少等优点，因而在废水处理中的应用越来越广泛。

（2）有机混凝剂。目前应用较为广泛的有机混凝剂主要是人工合成的有机高分子混凝剂。其分子结构一般为链状，分子量都很高（分子量为 10^3~10^6 数量级），絮凝能力很强。常用的有聚丙烯酸钠（阴离子型）、聚乙烯吡啶盐（阳离子型）和聚丙烯酰胺（PAM）等。聚丙烯酰胺（PAM）是我国目前使用最多的一种高分子混凝剂。在处理废水时，具有凝聚速度快、用量少、絮凝体粗大强韧等特点，应用于铝盐、铁盐混凝反应完成后的絮凝，可得到满意的处理效果。随着有机合成工业的发展，合成高分子混凝剂的种类日益增多，尤其是离子型高分子混凝剂，由于其优异的性能将成为今后的发展重点。

4.2.2.2 助凝剂

当单用某种絮凝剂不能取得良好效果时，还需投加助凝剂。助凝剂是指与混凝剂配合使用，在水的沉淀、澄清过程中，为改善絮凝效果，另投加的辅助药剂。助凝剂可用于调节或改善混凝条件，也可用于改善絮凝体的结构，有时，有机类絮凝剂与其他无机类混凝剂合用，絮凝的效果更佳，经济上也更节约。某些天然的高分子物质，如淀粉、纤维素、蛋白质以及胶和藻类等，本身就具有混凝或助凝的作用。

助凝剂本身可以起混凝作用，也可不起混凝作用。按功能的不同助凝剂可分为以下 3 类：①调整剂。在废水 pH 不符合工艺要求，或在投加混凝剂后 pH 有较大变化时，需投加 pH 调整剂。常用的 pH 调整剂包括石灰、硫酸、氢氧化钠等。②絮体结构改良剂。当生成絮体小、松散且易碎时，可投加絮体结构改良剂以改善絮体的结构，增加其粒径、密度和强度，如活性硅酸、聚丙烯酰胺、各种黏土等。③氧化剂。当废水中有机物含量高时易起泡沫，使絮凝体不易沉降。此时可投加氯、次氯酸钠、臭氧等氧化剂来破坏有机物，以提高混凝效果。

值得注意的是，有些高分子物质，如淀粉、活性硅酸、PAM 等本身就具有混凝及助凝作用；混凝剂和助凝剂的选择和用量要根据不同废水的实验数据加以确定，选择的原则是价格低、来源广、用量少、效率高，生成的絮凝体密实、沉淀快、容易与水分离等。

4.2.3 影响混凝效果的因素

扫 视
一 频
扫 扫

混凝影响因素

在污水的混凝沉淀处理过程中，影响混凝效果的因素比较多。其中重要的有以下几个方面。

4.2.3.1 污水水质的影响

（1）浊度。浊度过高或过低都不利于混凝，浊度不同所需的混凝剂用量也不同。

（2）pH。在混凝过程中，都有一个相对最佳的 pH 的存在，使混凝反应速度最快，絮体溶解度最小。水的 pH 对混凝的影响程度视混凝剂的品种而异，此 pH 可通过实验确定。以铁盐和铝盐混凝剂为例，pH 不同，生成水解的产物不同，混凝效果亦不同，且由于水解过程中不断产生 H^+，因此常常需要添加碱来使中和反应充分进行。

（3）水温。水温会影响无机盐类的水解。水温低，水解反应慢。另外，水温低，水的黏度增大，布朗运动减弱，混凝效果下降。这也是冬天混凝剂用量比夏天多的缘故。但温度也不是越高越好，当温度超过 90℃时，易使高分子絮凝剂老化或分解生成不溶性物质，反而使混凝效果变差。

（4）杂质。有些杂质的存在能促进混凝过程，如除硫、磷化合物以外的其他各种无机金属盐，均能压缩胶体粒子的扩散层厚度，促进胶体凝聚，且浓度越高，促进能力越强，并可使混凝范围扩大。而有些物质不利于混凝的进行，如磷酸根离子、亚硫酸根离子、高级有机酸离子会阻碍高分子絮凝作用。另外，氯、螯合物、水溶性高分子物质和表面活性物质都不利于混凝。

4.2.3.2 混凝剂的影响

（1）混凝剂种类。混凝剂的选择主要取决于胶体和细微悬浮物的性质、浓度。如水中污染物主要呈胶体状态，且 ζ 电位较高，则应先投加无机混凝剂使其脱稳凝聚，如絮体细小，还需投加高分子混凝剂或配合使用活性硅酸等助凝剂。很多情况下，将无机混凝剂与高分子混凝剂并用，可明显提高混凝效果，扩大应用范围。对于高分子混凝剂而言，链状分子上所带电荷量越大，电荷密度越高，链状分子越能充分延伸，吸附架桥的空间范围也就越大，絮凝作用就越好。

（2）混凝剂投加量。对任何污水的混凝处理，因为涉及的因素很多，如杂质的成分和浓度、水温、水的 pH 和碱度，以及混凝剂的性质和混凝条件等，都存在最佳混凝剂和最佳投药量的问题，应通过实验确定。

（3）混凝剂投加顺序。当无机混凝剂与有机混凝剂并用时，先投加无机混凝剂，再投加有机混凝剂。但当处理的胶粒在 50μm 以上时，常先投加有机混凝剂吸附架桥，再加无机混凝剂压缩扩散层而使胶体脱稳。

4.2.3.3 水力条件（搅拌）的影响

搅拌的目的是帮助混合反应、凝聚和絮凝，过于激烈地搅拌会打碎已经凝聚和絮凝的絮状沉淀物，反而不利于混凝沉淀，因此搅拌一定要适当，即要控制搅拌强度和搅拌时间。

整个混凝过程可以分为两个阶段：混合和反应。这两个阶段在水力条件上的配合非常重要。混合阶段的要求是使药剂迅速均匀地扩散到全部水中，以创造良好的水解和聚合条件，使胶体脱稳并借颗粒的布朗运动和紊动水流进行凝聚。在此阶段并不要求形成大的絮凝体。混合要求快速和剧烈搅拌，在几秒钟或 1min 内完成。对于高分子混凝剂，由于它们在水中的形态不像无机盐混凝剂那样受时间的影响，混合的作用主要是使药剂在水中均匀分散，混合反应可以在很短的时间内完成，而且不宜进行过剧烈的搅拌。反应阶段的要求是使混凝剂的微粒通过絮凝形成大的具有良好沉淀性能的絮凝体。反应阶段的搅拌强度或水流速度应随着絮凝体的结大而逐渐降低，以免结大的絮凝体被打碎。

为确定最佳的工艺条件，一般情况下，可以用烧杯搅拌法进行混凝的模拟实验。如果在化学混凝以后不经沉淀处理而直接进行接触过滤或是进行气浮处理，反应阶段可以省略。

4.2.4 混凝过程及设备

整个混凝沉淀处理工艺过程包括混凝剂的配制与投加、混合、反应及沉淀（也可气浮）分离几个部分。化学混凝设备包括混凝剂的配制与投加设备、混合设备、反应设备及沉淀设备。

4.2.4.1 混凝剂的配制与投加

扫视
一扫

混凝剂的配制与
投加

混凝剂的投配方法有干投法和湿投法。干投法就是将固体混凝剂（如硫酸铝）破碎成粉末后定量地投入待处理水中。此法对混凝剂的粒度要求较严，投量控制较难，对机械设备的要求较高，劳动条件也较差，目前国内使用较少。湿投法是将混凝剂和助凝剂先溶解配成一定浓度的溶液，然后按处理水量大小定量投加。此法在国内应用较多。

（1）混凝剂溶液的配制。混凝剂溶液的配制过程包括溶解与调制两步。溶解一般在溶解池（溶药池）中进行，其作用是把块状或粒状的药剂溶解成浓溶液。调制则在溶液池中进行，其作用是把浓溶液配成一定浓度的溶液。

配制时需要搅拌，通常采用水力搅拌、机械搅拌或压缩空气搅拌等。药剂量小时采用水力搅拌，如图 4-5 所示，也可以在溶药桶、溶药池内直接进行人工配制。药剂量大时采用机械搅拌，如图 4-6 所示，或采用压缩空气搅拌。从药剂的溶解性看，对易溶解药剂可采用水力搅拌和人工直接配制，而机械搅拌和压缩空气搅拌适用于各种药剂的配制。但压缩空气搅拌不宜用于长时间的石灰乳液连续搅拌。无机盐类混凝剂的溶解池、溶液池、搅拌装置和管配件等都应考虑防腐措施或用防腐材料，尤其在使用 $FeCl_3$ 时，必须采用防腐材料。

图 4-5　水力搅拌溶解池

1—溶药池；2—溶液池 3—进水管

图 4-6　机械搅拌溶药池

1，2—轴承；3—异径管箍；4—出液管；

5—桨叶；6—锯齿角钢桨叶；7—立轴；8—底板

（2）混凝剂的投加。混凝剂的投加有两种方式，即重力投加和压力投加。

① 重力投加。当采用水泵进行混合时，药剂加在泵前吸水井或吸水管处，一般采用重力投加，即所谓的泵前重力投加，如图 4-7 所示。为了防止空气进入水泵吸水管内，须设一个装有浮球阀的水封箱。当采用混合设备或管道混合时，若允许提高溶液池位置，也可采用重力投加，如图 4-8 所示。

图 4-7　泵前重力投加

1—吸水管；2—出水管；3—水泵；4—水封箱；

5—浮球阀；6—溶液池；7—漏斗

图 4-8　高架溶液池重力投加

1—溶液池；2—投药箱；3—提升泵；

4—溶液池；5—原进水管；6—澄清池

② 压力投加。压力投加又分为两种形式：一是泵投加，采用耐酸泵配以转子或电磁流量计，这是广泛采用的方法，或者直接用计量泵将药液送到投药点；二是水射器投加，水射器利用高压水通过喷嘴和喉管之间的真空抽吸作用将药液吸入，同时随水的余压注入原水管中，如图 4-9 所示。各种投加方式的比较见表 4-4。混凝剂投加时，要求计量准确，而且能随时调节。计量方法多种多样，常用的计量设备有浮杯计量设备、孔口计量设备及转子计量设备，其中转子流量计是计量设备中应用最多的一种。混凝剂也可直接用计量泵投加。

图 4-9　水射器投加

1—溶液池；2—阀门；3—投药箱；4—阀门；5—漏斗；6—高压水管；7—水射器；8—原水管

表 4-4　投加方式的比较

投加方式		设备	适用范围	特点
重力投加	重力投加	溶液槽、提升泵、高位溶液槽、投药箱、计量设备	① 投入水池、水井或水泵出水管路； ② 适用于中小型水厂	操作简单，投加安全可靠
	泵前重力投加	投配设备同上，浮球阀水封箱	① 投入废水泵前管路中； ② 适用于中小型水厂	① 操作简单； ② 借助水泵叶轮使药剂与水均匀混合
压力投加	泵投加	计量加药泵、溶液槽	① 药液投入压力管路中； ② 适用于大中型水厂	不用计量设备
		耐酸水泵、溶液槽、转子流量计	① 药液投入压力管路中； ② 适用于大中型水厂	设备易得，使用方便，工作可靠
	水射器投加	溶液槽、投药箱、水射器、高压水管	① 药液投入压力管路中； ② 各种水厂规模均可适用	设备简单，使用方便，工作可靠，效率低

4.2.4.2　混合

扫视一扫

混凝药剂与污水混合

　　混合的作用是将药剂迅速、均匀地扩散到废水中，充分混合，以确保混凝剂的水解与聚合，使胶体颗粒脱稳，并互相聚集成细小的矾花。混合阶段需要剧烈短促的搅拌，混合时间要短，搅拌速度梯度 G 一般为 $600\sim 1000s^{-1}$，在 $10\sim 30s$ 内完成，一般不得超过 $2min$。混合有两种基本形式：一种是借助水泵的吸水管或压水管混合；另一种是在混合设备内进行混合。

　　（1）借助水泵的吸水管或压力管混合。当泵站与絮凝反应设备距离很近时，将药液加入泵吸水管或吸水井，通过水泵叶轮高速转动达到快速且剧烈地混合的目的。其优点是混凝效果好，设备简单，节省投资，不另外消耗动力；缺点是当吸水管多时，投资设备要增多，安装管理复杂，对水泵叶轮有轻微腐蚀，同时应避免空气进入水泵。

　　当泵站距离反应池较远时，可将药液投入距离反应池前一定距离（应不小于 50 倍管道直径）的进水管中，使药剂与水在管道内混合，也有较好的凝聚效果。管道混合的优点是设备简单，不占地，节省投资，压头损失小；缺点是当流量减小时，可能在管中反应沉淀，堵塞管道。

　　（2）在混合设备中进行混合。在专用混合设备中进行混合，有机械混合和水力混合两种方式。

　　① 机械混合。这是用电动机带动桨板或螺旋桨进行强烈搅拌的一种有效的混合方法。机械混合池构造如图 4-10 所示。桨板外缘的线速度一般为 $2m/s$ 左右，混合时间为 $10\sim 30s$。其优点是机械搅拌的强度可以调节，比较机动，混合效果较好；缺点是增加了机械设备，增加了

维修保养工作和动力消耗。机械混合池适用于各种规模的水厂。机械混合池的桨板有多种形式，如桨式、推进式、涡流式等，采用较多的为桨式。

② 水力混合。这种方法是通过水的流动达到药剂与水混合的目的。水力混合槽有多种形式，常见的有隔板混合池、穿孔板式混合池、涡流式混合池等。图 4-11 所示为隔板混合池构造。池为钢筋混凝土制或钢制，池内设隔板，药剂于隔板前投入，水在隔板通道间流动过程中与药剂充分混合。混合时间一般为 10～30s。水力混合池的主要优点是混合效果较好，某些池型能调节水头高低、适应流量变化，操作简单，广泛用于大中型水处理厂；缺点是占地面积较大，某些进水方式会带进大量气体，对后续处理带来一些不利影响。

图 4-10　机械混合池构造　　　　图 4-11　隔板混合池构造

1—溢流管；2—溢流堰

4.2.4.3　反应

水与药剂混合后即进入反应池进行反应。反应阶段的作用是促使小混合阶段所形成的细小矾花在一定时间内继续形成大的、具有良好沉淀性能的絮凝体（可见的矾花），以使其在后续的沉淀池内下沉。所以反应阶段需要有适当的紊流程度及较长的时间，通常反应时间（T）需 15～30min，反应池的平均速度梯度（G）一般取 70～20s^{-1}，GT 值应为 10^4～10^5，速度梯度 G 及反应流速应逐渐由大到小。

反应池的类型也有机械搅拌和水力搅拌两类。水力搅拌反应池在我国应用广泛，类型也较多，主要有隔板反应池、涡流式反应池等，其中比较常用的是隔板反应池。

（1）隔板反应池。隔板反应池有平流式、竖流式和回转式三种。

① 平流式隔板反应池。其结构见图 4-12。多为矩形钢筋混凝土池子，池内设木质或水泥隔板，水流沿廊道回转流动，可形成很好的絮凝体。一般进口流速 0.5～0.6m/s，出口流速 0.15～0.2m/s，反应时间一般为 20～30min。其优点是反应效果好，构造简单，施工方便。但池容大，水头损失大。

② 竖流式隔板反应池。此类反应池的原理与平流式隔板反应池相同，如图 4-13 所示。

③ 回转式隔板反应池。它是平流式隔板反应池的一种改进形式，常与平流式沉淀池合建，如图 4-14 所示。其优点是反应效果好，压头损失小。隔板反应池适用于处理水量大且水量变化小的情况。

（2）涡流式反应池。涡流式反应池的结构如图 4-15 所示。涡流式反应池的结构，下半部为圆锥形，水从锥底部流入，形成涡流扩散后缓慢上升，随锥体面积变大，反应液流速由大变小，流速变化的结果有利于絮凝体形成。涡流式反应池的优点是反应时间短，容积小，好布置。

图 4-12　平流式隔板反应池结构　　　　图 4-13　竖流式隔板反应池结构

图 4-14　带回转式隔板反应池的平流沉淀池　　　　图 4-15　涡流式反应池

1—进水管；2—回转式隔板反应池；3—穿孔配水墙；　　　　1—进水管；2—圆周集水槽；

4—导流墙；5—隔墙；6—吸泥机；7—出水堰；8—出水槽　　　　3—出水管；4—放水阀；5—格栅

（3）机械搅拌式反应池。机械搅拌式反应池的结构如图 4-16 所示。反应池用隔板分为 3 格以上，每格装一搅拌叶轮，叶轮有水平轴和垂直轴两种。水力停留时间一般采用 15～30min，叶轮半径中点线速度由进水格的 0.5～0.6m/s 依次减到出水格的 0.1～0.2m/s。

图 4-16　机械搅拌式反应池的结构

1—桨板；2—叶轮；3—转轴；4—隔板

4.2.4.4　沉淀

进行混凝处理的污水经过投药混合反应生成絮凝体后，要进入沉淀池（详见项目三）使生成的絮凝体沉淀，与水分离，最终达到净化的目的。也可采用气浮方式进行分离。

任务 3 化学沉淀处理

化学沉淀法是向水中投加某些化学药剂，使之与水中的溶解性物质发生化学反应，生成难溶化合物，然后进行固液分离，从而除去废水中污染物的方法。利用此法可在给水处理中去除钙、镁硬度，废水处理中去除重金属（如 Hg、Zn、Cd、Cr、Pb、Cu 等）和某些非金属（如 As、F 等）离子态污染物。

化学沉淀法的工艺流程和设备与混凝法类似，主要步骤包括：①化学沉淀剂的配制与投加；②沉淀剂与原水混合、反应；③固液分离；④泥渣处理与利用。

根据采用的沉淀剂及反应中所生成的生成物不同，可将化学沉淀法分为氢氧化物沉淀法、硫化物沉淀法、钡盐沉淀法、碳酸盐沉淀法和铁氧体沉淀法等。此处仅简要讨论前两种方法。

4.3.1 氢氧化物沉淀法

工业废水中某些金属的氢氧化物是难溶于水的，它们与沉淀剂作用后，可生成氢氧化物沉淀从水中分离出去。常用的沉淀剂有石灰、碳酸钠、氢氧化钠等。此法适用于不准备回收的低浓度金属废水（如 Cd^{2+}、Zn^{2+}）的处理：

$$Zn^{2+}+2OH^- \longrightarrow Zn(HO)_2 \downarrow$$

4.3.2 硫化物沉淀法

金属硫化物是比氢氧化物更难溶的沉淀物，对除去水中重金属离子（如 Hg^{2+}、Ag^+、Cu^{2+} 等）有更好的效果。常用的沉淀剂有 H_2S、$NaHS$、Na_2S、$(NH_4)_2S$、FeS 等。由于沉淀反应生成的硫化物颗粒细，沉淀困难，一般需投加凝聚剂以加强去除效果，所以处理费用较高。

任务 4 化学氧化还原处理

4.4.1 概述

废水中的溶解性无机或有机污染物，可以通过化学反应将其氧化或还原，转化成无毒或微毒的新物质，从而达到处理目的。这类处理废水的方法称为氧化还原法。废水的氧化还原法可根据有毒、有害物质在氧化还原反应中是被氧化还是被还原分为氧化法和还原法两大类。

在氧化还原反应中，反应的实质是参加化学反应的原子或离子失去或得到电子，引起化合价的升高或降低。失去电子的过程称为氧化，得到电子的过程称为还原。反应中得到电子的物质称为氧化剂，失去电子的物质称为还原剂。氧化剂使还原剂失去电子而受到氧化，其本身则被还原。相反，还原剂使氧化剂得到电子而受到还原，其本身则被氧化。如在下述反应中，铁失去电子，成为 Fe^{2+}，铁被氧化，为还原剂；而 Hg^{2+} 得到电子，成为金属汞，从水中沉淀分离，Hg^{2+} 被还原，为氧化剂。

$$Fe+Hg^{2+} \longrightarrow Fe^{2+}+Hg \downarrow$$

对于有机物的氧化还原过程，难以用电子的得失来分析，常根据加氧或加氢反应来判断。把加氧或去氢的反应称为氧化反应，把加氢或去氧的反应称为还原反应，例如：

$$CH_4+2O_2 \longrightarrow CO_2+2H_2O$$

$$CH_4+Cl_2 \longrightarrow CH_3Cl+HCl$$

在上述反应中，CH_4 被氧化，是还原剂；O_2、Cl_2 被还原，是氧化剂。

对无机物而言，其越易放出电子，还原能力就越强，即为强还原剂；若其越易得到电子，氧化能力就越强，即为强氧化剂。

各类有机物的可氧化性是不同的。经验表明，酚类、醛类、芳胺类和某些有机硫化物（如硫酚、硫醚）等易于氧化；醇类、酸类、酯类、烷基取代的芳烃化合物（如甲苯）、硝基取代的芳烃化合物（如硝基苯）、不饱和烃类、碳水化合物等在一定条件（如强酸、强碱或催化剂）下可以氧化；而饱和烃类、卤代烃类、合成高聚物等难以氧化。

在进行废水处理时，对氧化剂或还原剂的选择应当考虑下列因素：①对水中特定的杂质有良好的氧化还原作用；②反应后生成物应当无害，不需二次处理；③价格合理，易得；④常温下反应迅速，不需加热；⑤反应时所需 pH 不宜太高或太低；⑥操作简便。

事实上，很难找到满足上述所有要求的氧化剂或还原剂，因此实际操作时应因地制宜并进行技术经济比较后选定。

4.4.2 氧化

氧化法就是向废水中投加氧化剂，将废水中的有毒、有害物质氧化成无毒或毒性小的新物质的方法。废水中的有机物产生的色、臭、味、COD 以及还原性无机离子（如 CN^-、S^{2-}、Fe^{2+}、Mn^{2+} 等）都可通过氧化法消除其危害。氧化处理法的实质是在强氧化剂的作用下，水中的有机物被降解成简单的无机物；溶解的污染物被氧化为不溶于水且易于从水中分离的物质。此法特别适用于废水中含有难以生物降解的有机物以及能引起色度、臭味的物质的处理，如农药、酚、氰化物、单宁、木质素等。

常用的氧化剂有氧类和氯类两种。前者中有氧、臭氧、过氧化氢、高锰酸钾等。后者包括气态氯、液氯、次氯酸钠、次氯酸钙（漂白粉）、二氧化氯等。

4.4.2.1 空气氧化

扫视频一扫
空气氧化法

空气氧化是将空气通入废水中，利用空气中的氧气氧化废水中可被氧化的有害物质。空气因氧化能力较弱，主要用于含有还原性较强的物质的废水处理。例如，用于地下水除铁锰。在缺氧的地下水中常出现二价铁和锰，通过曝气处理，可以将它们分别氧化为 $Fe(OH)_3$ 和 MnO_2 沉淀物。当原水含铁、锰量更大时，可采用多级曝气和多级过滤组合流程处理。

空气氧化用得较多的是工业废水脱硫。石油化工厂、皮革厂、制药厂等都排出大量含硫废水。废水中的硫化物一般都是以钠盐或铵盐形式存在于废水中，如 Na_2S、$NaHS$、$(NH_4)_2S$、NH_4HS。当废水中含硫量不是很大，无回收价值时，可采用空气氧化脱硫。向废水中注入空气和蒸汽，硫化物转化为无毒的硫代硫酸盐或硫酸盐。

空气氧化脱硫在密闭的塔器（空塔、板式塔、填料塔）中进行。含硫废水经隔油沉渣后与压缩空气及水蒸气混合，升温至 $80\sim90℃$，进入氧化塔，经喷嘴雾化，分四段进行氧化反应。

焚烧也是利用空气中的氧来氧化废水的一种方法，与湿式氧化不同，焚烧是在高温下用空气氧化处理废水的一种比较有效的方法。有机废水不能用其他方法有效处理时，常采用焚烧的方法。

焚烧就是使废水呈雾状喷入 800℃的高温燃烧炉中，使水雾完全汽化，让废水中的有机物在炉内氧化、分解成完全燃烧产物 CO_2、H_2O，而废水中矿物质、无机盐则生成固体或熔融的粒子，可收集。因此，焚烧的实质是对废水进行高温空气氧化。

废水焚烧处理使用的设备是焚烧炉，焚烧炉形式很多，一般分立式和卧式两种。焚烧的缺点是燃料消耗大。如废水中可燃物浓度很高，则燃烧可自动进行，燃料消耗量较少，只需消耗少量燃料来预热焚烧室和点火；如废水中的可燃物浓度较低，燃料消耗量则较大。对于低热值废水，可以用蒸发、蒸馏等方法进行预处理后再焚烧，也可借助于催化剂进行有效的焚烧处理。

4.4.2.2　湿式氧化和催化湿式氧化

湿式氧化（WAO）是在较高温度和压力下，用空气中的氧来氧化废水中溶解或悬浮的有机物和还原性无机物。因氧化过程在液相中进行，故称湿式氧化。湿式氧化和催化湿式氧化通常用于不可降解的废水处理。湿式氧化工艺最初由美国的 Zimmerman 研究提出，20 世纪 70 年代以前主要用于城市废水处理后的污泥和造纸黑液的处理。此后，湿式氧化技术发展很快，应用范围扩大，装置数目和规模增大，并开始了催化湿式氧化的研究与应用。20 世纪 80 年代中期以后，湿式氧化技术向 3 个方向发展：①继续开发适用于湿式氧化的高效催化剂，使反应能在比较温和的条件下和在更短的时间内完成；②将反应温度和压力进一步提高至水的临界点以上，进行超临界湿式氧化；③回收系统的能量和物料。

湿式氧化与一般方法相比，具有适用范围广（包括对污染物种类和浓度的适应性）、处理效率高、二次污染低、氧化速度快、装置小、可回收能量和有用物料等优点。

湿式氧化中，一般形成的最终产物是小分子的羧酸，其中乙酸和丙酸对湿式氧化有抗性，因此它们的氧化需要借助催化剂。在湿式氧化工艺基础上添加适当的催化剂即成为催化湿式氧化工艺，通过催化剂，催化湿式氧化可实现有机污染物的高效氧化降解，并大大降低反应所需的温度和压力，提高反应速度，缩短反应时间，提高氧化效率，节省能耗和设备投资，降低成本。催化湿式氧化工艺中的催化剂主要包括过渡金属及其氧化物、复合氧化物和盐类，根据催化状态可分为均相催化剂和非均相催化剂。均相催化剂具有活性高、反应速度快等优点，但需进行后续处理，流程较复杂，易引起二次污染。非均相催化剂是以固态形式存在，具有活性高、易分离、稳定性好等优点，因而受到普遍关注。

4.4.2.3　臭氧氧化

臭氧是一种强氧化剂，氧化能力在天然元素中仅次于氟，位居第二。它可用于水的消毒杀菌；除去水中的酚、氰等污染物质；除去水中铁、锰等金属离子；废水的脱色。

臭氧氧化法

扫视一频扫

臭氧氧化在消除异味和降低 COD、BOD 等方面具有较好的效果。臭氧氧化处理废水具有很多优点，其氧化能力强，使一些比较复杂的氧化反应能够进行，反应速率快。因此，臭氧氧化反应时间短、反应设备尺寸小、设备费用低，而且剩余的臭氧很容易分解为氧，既不产生二次污染又能增加水中的溶解氧。臭氧用电和空气采用无声放电法就地制取，不用储存，管理操作方便。由于具备这些特点，所以用臭氧净化和消毒工业废水已得到了广泛的重视和应用。

（1）臭氧的性质与制备。臭氧是氧的同素异构体，在常温常压下是一种有特殊气味的淡紫色气体。它的密度是氧气的 1.5 倍，在水中的溶解度比氧气大十几倍。臭氧在常温下不稳定，易于自行分解为氧气并放出热量，在水溶液中的分解速度比在气相中的分解速度快得多，而且受 OH^- 的催化，pH 越高，分解速度越快。臭氧的氧化性很强，在理想条件下，臭氧可把水溶液中大多数单质和化合物氧化到它们的最高氧化态；对水中有机物有强烈的氧化降解作用，还有强烈的消毒杀菌作用。

由于臭氧的不稳定性，因此一般多在现场制备臭氧。制备臭氧的方法很多，有电解法、化学法、高能射线辐射法和无声放电法等。目前，工业上几乎都用干燥空气或氧气经无声放电来制取臭氧。

（2）臭氧氧化法的特点与应用范围。臭氧氧化法的优点是：①为强氧化剂，能使有机物、无机物迅速反应，氧化能力强；②不产生污泥；③不产生氯酚臭味；④用空气与电在现场制取，现场使用，没有原料的运输与贮存问题；⑤受水温与 pH 的影响不像氯那么大。其缺点是：①整个设备需防腐，设备费用高；②发生臭氧的设备效率低和耗电量高；③臭氧对人体有害，因此，在臭氧处理的工作环境中需要有通风与安全措施。

臭氧氧化法主要是用于有机废水的消毒杀菌，还用于废水的脱色、除臭、除氰、除铁、除洗涤剂、除酚及其他有机物和深度处理。例如，印染废水色度较高，用臭氧处理效果较好；用臭氧处理人造丝染色废水，脱色率可达 90%，如臭氧与絮凝过滤联合使用，脱色率可达 99%～100%。对一般印染废水，臭氧投量 40mg/L，脱色率达 90% 以上；对混凝法难以去除的水溶性染料，用臭氧接触 3～10min，水就会变得无色。

（3）臭氧处理工艺系统。废水的臭氧处理工艺主要有两类：①以空气或富氧空气为原料气的开路系统。把废水与臭氧送入接触反应器进行氧化，在处理过程中产生的废气直接予以释放。这种系统的流程简单。②以纯氧或富氧空气为原料气的闭路系统。在闭路系统中，把接触反应器产生的废气又返回到臭氧制取设备，这样可提高原料气的含氧率，降低生产成本。但是废气在循环回用过程中，其氮含量将越来越高，因此可采取氮分离器来降低含氮量。

废水的臭氧处理在接触反应器内进行，为了使臭氧与水中杂质充分反应，应尽可能使臭氧化空气在水中形成微细气泡，并采用两相逆流操作，以强化传质过程。臭氧处理系统中最主要的是接触反应器，其作用是促进气、水扩散混合并且使气、水充分接触，迅速反应。

图 4-17　部分流量喷射接触池

常用的接触反应器有微孔扩散板式鼓泡塔和喷射器。微孔扩散板式鼓泡塔中臭氧从塔底的微孔扩散板喷出，呈微小气泡态上升，与废水逆流接触。其特点是接触时间长，水力阻力小，废水无须提升，气量容易调节，适用于处理含有烷基苯磺酸钠、焦油、COD、BOD_5、污泥、氨氮等污染物的废水。喷射器式接触反应器中高压废水通过水射器将臭氧化气吸入水中，如图 4-17 所示。其特点是混合充分，但接触时间较短，适用于处理含有铁（Ⅱ）、锰（Ⅱ）、氰、酚、亲水性染料、细菌等污染物的废水。

4.4.2.4　氯氧化

氯氧化广泛用于废水处理，如医院污水处理、无机污染物质与有机污染物质氧化、废水脱色除臭、消毒等。在氧化过程中，pH 的影响与在消毒过程中有所不同。加氯量需根据实验确定。氯气是普遍使用的氧化剂，既用于给水消毒，又用于废水氧化。常用的含氯药剂有液氯、漂白粉、次氯酸钠、二氧化氯等。各药剂的氧化能力用有效氯含量表示。氧化价大于 -1 的那部分氯具有氧化能力，称之为有效氯。作为比较基准，取液氯的有效氯含量为 100%。表 4-5 给出了几

扫视频一扫

氯氧化法

种含氯药剂的有效氯含量。

表 4-5　纯的含氯化合物的有效氯含量

化合物	分子量	含氯量/%	有效氯含量/%	化合物	分子量	含氯量/%	有效氯含量/%
液氯（Cl_2）	71	100	100	亚氯酸钠（$NaClO_2$）	90.5	39.2	156.8
漂白粉[$CaCl(OCl)$]	127	56	56	氧化二氯（Cl_2O）	87	81.7	163.4
次氯酸钠（$NaOCl$）	74.5	47.7	95.4	二氯胺（$NHCl_2$）	86	82.5	165
次氯酸钙[$Ca(OCl)_2$]	143	49.6	99.2	三氯胺（NCl_3）	120.5	88.5	177
一氯胺（NH_2Cl）	51.5	69	138	二氧化氯（ClO_2）	67.5	52.5	262.5

氯气与水接触，发生歧化反应，生成次氯酸和盐酸：

$$Cl_2 + H_2O \Longleftrightarrow HOCl + HCl$$

次氯酸是弱酸，能在水中发生离解：

$$HOCl \Longleftrightarrow H^+ + OCl^-$$

漂白粉和漂粉精等在水溶液中生成次氯酸根离子：

$$CaCl(OCl) \longrightarrow OCl^- + Ca^{2+} + Cl^-$$
$$Ca(OCl)_2 \longrightarrow 2OCl^- + Ca^{2+}$$

应用中，$HOCl$ 比 OCl^- 的氧化能力强得多。氯氧化法在酸性溶液中应用效果较好。

（1）含氰废水的处理。含氰废水氧化反应分两个阶段进行：第一阶段，$CN^- \longrightarrow CNO^-$，在 pH 值为 10～11 时，此反应只需 5min，通常控制在 10～15min。当用 Cl_2 作氧化剂时，要不断加碱，以维持适当的碱度；若采用 $NaOCl$，由于其水解呈碱性，只要反应开始时调整好 pH，以后可不再加碱。虽然 CNO^- 的毒性只有 CN^- 的 1/1000 左右，但从保证水体安全的角度出发，应进行第二阶段处理。第二阶段，将 CNO^- 氧化为 NH_3（酸性条件）或 N_2（pH 值为 8～8.5），反应可在 1h 之内完成。处理设备主要是反应池及沉淀池。反应池常采用压缩空气搅拌或用水泵循环搅拌。小水量时，可采用间歇操作，设两个池子，交替反应与沉淀。

（2）含酚废水的处理。采用氯氧化除酚，理论投氯量与酚量之比为 6:1 时，即可将酚完全破坏，但由于废水中存在的其他化合物也与氯作用，实际投氯量必须过量数倍，一般要超出 10 倍左右。如果投氯量不够，酚氧化不充分，会生成具有强烈臭味的氯酚。当氯化过程在碱性条件下进行时，也会产生氯酚。

（3）废水脱色。氯有较好的脱色效果，可用于印染废水脱色。脱色效果与 pH 以及投氯方式有关，在碱性条件下效果更好。若辅助加以紫外线照射，可大大提高氯氧化效果，从而降低氯用量。

（4）加氯设备。氯气是一种有毒的刺激性气体，当空气中氯气浓度达 40～60mg/L 时，呼吸 0.5～1h 即有危险。因此，氯的运输、贮存及使用应特别谨慎小心，确保安全。加氯设备的安装位置应尽量靠近加氯点。加氯设备应结构坚固，防冻保温，通风良好，并备有检修及抢救设备。氯气一般加压成液氯用钢瓶装运，干燥的氯气或液氯对铁、钢、铅、铜都没有腐蚀性，但氯溶液对一般金属腐蚀性很大，因此使用液氯瓶时，要严防水通过加氯设备进入氯瓶。当氯瓶出现泄漏不能制止时，应将氯瓶投入水或碱液中。

由液氯蒸发生产的氯气，可通过扩散器直接投加（压力投加法）或真空投加。在真空下投加，可以减少泄氯危险。国产的加氯机种类很多，使用前应仔细阅读说明书。

对漂白粉等固体药剂需先制成溶液（浓度 1%～2%）再投加，投加方法与混凝剂的投加相同。

4.4.2.5　高级氧化

随着水污染问题的日益突出以及人们对水质要求的提高，对于那些难以生物降解或对生物有毒害作用的有机污染物的处理问题引起人们极大的重视。但是，这些污染物不仅难以生物降解，也很难用一般的氧化剂加以氧化去除。1987 年，Glaze 等提出了以自由羟基作为主要氧化剂的高级氧化工艺（AOPs）。这类工艺采用两种或多种氧化剂联用发生协同效应，或者与催化剂联用，提高自由羟基的生成量和生成速率，加速反应过程，提高处理效率和出水水质。高级氧化具有氧化性高、反应速率快和提高可生物降解性的特点。

4.4.2.6　其他氧化剂氧化

（1）高锰酸盐氧化。高锰酸盐是一种强氧化剂，能与废水中的有机物反应，杀死废水中的藻类和微生物。与臭氧处理一样，高锰酸盐处理后出水无异味，其投加与监测也很方便。国内研究用高锰酸钾去除地面水中的有机物，实验发现，在中性 pH 条件下，高锰酸钾对有机物和致突变物质的去除率很高，明显优于在酸性和碱性条件下的处理效果。反应过程中产生的水合 MnO_2 具有催化氧化和吸附作用。用高锰酸钾作为氯氧化的预处理，可以有效地控制氯酚与氯仿的形成。高锰酸盐对无机物的氧化比对一般有机物的氧化快得多，铜离子对氧化反应有明显的催化作用。

（2）Fenton 试剂法。过氧化氢与催化剂 Fe^{2+} 构成的氧化体系通常被称为 Fenton 试剂。在 Fe^{2+} 的催化下，H_2O_2 能产生两种活泼的氢氧自由基，从而引发和传播自由基链反应，加快有机物和还原性物质的氧化。

Fenton 试剂氧化一般在 pH 值为 3.5 时进行，在该 pH 下其自由基生成速率最大。在 H_2O_2 过量，Fe^{2+} 浓度为 50mg/L，接触 24h 的条件下，部分有机物的氧化效果见表 4-6。

表 4-6　部分有机物的 H_2O_2 氧化效果

化合物	初始浓度/(mg/L)	出水浓度/(mg/L)	COD 去除率/%	TOC 去除率/%
硝基苯	615.50	<2	72.4	37.25
苯甲酸	610.5	<1	75.77	48.36
苯胺	465.5	<1	76.49	43.37
酚	470.55	<2	76.06	44.14
甲酚	540.50	<2	71.82～74.96	38.24～55.64
氯酚	624.8	<2	75～75.69	21.74～47.87
二氯酚	815.5	<1	61.07～74.24	32.51～52.63
二硝基酚	920.55	<1	72.52～80.07	50.65～51.0

（3）类 Fenton 试剂法。在常规 Fenton 试剂法中引入紫外线（UV）、光能、超声（US）、微波（MW）、电能和氧气时可以提高 H_2O_2 催化分解产生羟基自由基的效率，显著增强 Fenton 试剂的氧化能力，节省 H_2O_2 的用量，因此提出了类 Fenton 法。

例如 $UV/H_2O_2/Fe^{2+}$ 工艺，此工艺实际上是 H_2O_2/Fe^{2+} 法和 H_2O_2/UV 法的结合。其优点是可降低 H_2O_2 的用量。紫外线和 Fe^{2+} 对 H_2O_2 的分解具有协同作用。除 Fe^{2+} 外，Fe^{3+}、钴、镍、铜盐等也可催化 H_2O_2 生成羟基自由基。某些非金属如石墨、活性炭都可催化 H_2O_2 的分解。但从 H_2O_2 的分解来看，Fe^{2+} 效果好。大量研究表明，$UV/H_2O_2/Fe^{2+}$ 工艺对氯酚混合液、硝基苯、十二烷基苯磺酸、苯、氯苯的降解都十分有效。

（4）以 O_3 为主体的高级氧化。以 O_3 为主体的高级氧化工艺有 O_3/UV 工艺、O_3/H_2O_2 工艺、$O_3/H_2O_2/UV$ 工艺、$O_3/$金属催化剂工艺等。

O_3/UV 工艺在饮用水深度处理和难降解有机废水处理方面的应用具有广阔的发展前景，美国国家环境保护署将其定为处理多氯联苯最有效的技术。但由于建设投资大，运行费用高，应用受到一定的限制。O_3/H_2O_2 只需对常规氧化处理技术进行简单改造，向 O_3 反应器中加入过氧化氢即可，因此 O_3/H_2O_2 工艺是饮用水处理中应用最广的高级氧化技术。$O_3/H_2O_2/UV$ 工艺，高能量（紫外线辐射）的输入强化了羟基自由基的产生，诱发自由基反应。$O_3/H_2O_2/UV$ 工艺可使挥发性有机氯化合物的去除率达到 98%，几乎可使芳香族化合物完全矿化。$O_3/$金属催化剂工艺以固体金属、金属盐及其氧化物为催化剂，加强臭氧反应。

（5）电化学高级氧化。电化学高级氧化法通过有催化活性的电极反应直接或间接产生羟基自由基，有效降解难生化处理的污染物。

① 阳极催化氧化工艺。利用有催化活性的阳极电极反应产生羟基自由基，阳极工艺分为直接氧化和间接氧化。直接氧化主要靠阳极的氧化作用直接氧化有机物，电极的选择很重要。间接氧化是通过阳极氧化溶液中的一些基团生成强氧化剂，间接氧化废水中的有机物，达到强化降解的目的。由于间接氧化既在一定程度上发挥了阳极直接氧化的作用，又利用了产生的氧化剂，因此处理效率大为提高。阳极催化氧化工艺在工业废水（含酚废水、印染废水、化工废水）中得到了较广泛的应用。

② 阴极还原工艺。阴极还原工艺是在适当电极电位下，通过合适阴极的还原作用产生 H_2O_2 或 Fe^{2+}，再外加合适的试剂发生类 Fenton 试剂的氧化反应，从而间接降解有机物。按照阴极还原产物的不同，分为阴极产生 H_2O_2 和阴极电解还原 Fe^{3+} 产生 Fe^{2+}。H_2O_2 的氧化电位不是很高，氧化能力受到限制。而加入 Fe^{2+} 等金属催化剂，催化 H_2O_2 产生羟基自由基，形成所谓的"电Fenton 工艺"。与 Fenton 试剂法相比，无须投加 H_2O_2，通过控制电催化条件能精确控制 H_2O_2 的产量及有机物降解的速率，避免了 H_2O_2 运输转移过程可能产生的危害。而且新产生的 H_2O_2 的氧化能力更强，反应速率高。但 H_2O_2 的产生量受氧气溶解量的限制，在酸性条件下电流效率较低。H_2O_2 发生的工艺中目前使用的阴极材料大多为石墨、网状多孔碳电极、碳-聚四氟乙烯充氧阴极。这些阴极产生 H_2O_2 的电流效率在 50%～95%，对苯酚、苯胺、氯苯、氯酚等污染物都能彻底去除，染料脱色也很明显。

③ 阴阳两极协同催化降解工艺。通过合理的电催化反应器设计，同时利用上述阳极催化氧化工艺和阴极还原工艺中阴阳两极的作用，使得处理效率较单电极催化大大增强。

（6）超声氧化法。超声降解有机污染物的机理是在超声波（频率一般在 2×10^4～5×10^8Hz）作用下液体发生声空化，产生空化泡，空化泡崩溃的瞬间，在空化泡内及周围极小空间范围内产生高温（1900～5200K）和高压（5×10^7Pa），并伴有强烈的冲击波和时速高达 400km/s 的射流，这使泡内水蒸气发生热分解反应，产生具有强氧化能力的自由基，易挥发有机物形成蒸气直接热分解，而难挥发的有机物在空化泡气液界面上或在本体溶液中与空化产生的自由基发生氧化反应得到降解。

超声氧化法具有设备简单、易操作、无二次污染等优点，但超声氧化法存在降解效果差、超声能量转换率及利用率低、处理量小、处理费用高和处理时间长等问题。目前，超声常常作为其他氧化剂或处理技术的辅助和强化技术，从而形成了多种组合工艺。

（7）超临界水氧化。超临界水氧化技术（SCWO）是 20 世纪 80 年代中期美国学者 Modell 提出的一种能完全破坏有机物结构的深度氧化技术，是美国环保界认为最有发展前途的新型废水处理技术。

临界水的温度和压力达到临界点，水的许多性质（如密度、黏度、电导率等）会发生很大的变化。超临界水几乎不存在（或只有少量残存的）氢键，具有很低的密度、很高的扩散性和很快的传输能力，具有很好的溶剂化特征，可与戊烷、苯、甲苯等有机物以任意比例相溶，而且氧、空气、氢、氨等气体可完全溶于超临界水中。

超临界水氧化的原理是利用超临界水为介质来氧化分解有机物。超临界水对有机物和氧都是极好的溶剂，有机物氧化是在超临界水富氧均一相中进行的。在高的反应温度（一般为400～600℃）下，氧化反应速率很高，在很短时间内能够有效破坏有机物结构，反应完全、彻底，有机碳、氢转化为二氧化碳和水。Thoronton等研究认为，酚在超临界水氧化过程中，在低温下较短时间内可能形成具有危害性的中间产物，但在高温下经过较长时间反应，中间产物全部氧化，故SCWO法的工艺参数必须满足完全破坏初始污染物及其中间产物的需要。

4.4.3　化学还原

还原法就是向废水中投加还原剂，将废水中的有毒、有害物质还原成无毒或毒性小的新物质的方法。废水中的Cr^{6+}、Hg^{2+}等重金属离子均可通过还原法进行处理。常用的还原剂有硫酸亚铁、氯化亚铁、铁屑、锌粉、二氧化硫、硼氢化钠等。

化学还原法　扫一扫　视频

4.4.3.1　还原法除铬

电镀、冶炼、制革、化工等工业废水中常含有剧毒的Cr^{6+}，以CrO_4^{2-}或CrO_7^{2-}形式存在。在酸性条件（pH<4.2）下只有CrO_7^{2-}存在，在碱性条件（pH>7.6）下只有CrO_4^{2-}存在。利用还原剂将Cr^{6+}还原成毒性较低的Cr^{3+}，是最早采用的一种处理方法。采用的还原剂有SO_2、$NaHSO_3$、Na_2SO_3、$FeSO_4$等。

采用硫酸亚铁-石灰流程除铬，适用于铬浓度变化大的场合，且处理效果好，费用较低。当$FeSO_4$投加量较高时，可不加硫酸，因$FeSO_4$水解呈酸性，能降低溶液的pH。还原除铬反应器一般采用耐酸陶瓷或塑料制造，当用SO_2还原时，要求设备的密封性要好。

4.4.3.2　还原法除汞

氯碱、炸药、制药、仪表等工业废水中常有剧毒的汞，处理方法是将汞还原后加以分离和回收。采用的还原剂为比汞活泼的金属（铁屑、锌粒、铝粉、钢屑等）、硼氢化钠和醛类等。废水中的有机汞先氧化为无机汞，再进行还原。采用金属还原除汞，通常在滤柱内进行。反应速度与接触面积、温度、pH、金属纯净度等有关。通常将金属破碎成2～4mm的碎屑，并去掉表面污物，控制反应温度在20～80℃。若温度太高，虽反应速率较快，但会有汞蒸气逸出。

👥 思考与练习

1. 什么是废水的中和处理？
2. 中和处理适用于废水处理中的哪些情况？
3. 什么叫过滤中和法？
4. 常用的过滤中和法有哪几种形式？

5. 碱性废水的中和法处理通常采用哪几种形式？

6. 混凝的主要对象是什么？

7. 水的混凝机理有哪些？

8. 混凝剂的种类有哪些？

9. 什么叫助凝剂？

10. 影响混凝的因素有哪些？

11. 整个混凝沉淀过程包括哪几个部分？

12. 混凝设备有哪些？

13. 什么是化学沉淀法？

14. 什么是化学氧化还原法？

15. 有哪些氧化技术？

项目五
生物法处理污水

 项目导读

为什么要学习水处理微生物的基础知识？如何选择污水生物处理设施的设计参数？怎样解决污水生物处理过程中出现的问题？

 学习目标

知识目标：熟知水处理微生物的基础知识；掌握活性污泥法、生物膜法、生物脱氮除磷、厌氧生物处理和自然净化处理知识。

能力目标：学会选择、设计和运行污水生物处理设施；能测定活性污泥的性质。

素质目标：培养科学探究习惯；提升正确分析问题的能力。

 项目实施

项目共有 5 个任务，通过该项目的学习，达到会设计、选择和应用污水生物处理设施的目的。

任务 1　水处理微生物基础知识分析

5.1.1　水处理中的微生物

5.1.1.1　水处理中微生物的分类和特点

微生物是一个统称，包括所有形体微小、借助显微镜才可以看见的微小生物。

（1）微生物的分类。为了识别和研究微生物，按其客观存在的生物属性及它们的亲缘关系，有次序地分门别类排列成一个系统，从大到小，按界、门、纲、目、科、属、种等分类。把属性类似的微生物列为门，依此类推，一直分到种。"种"是分类的最小单位。种内微生物之间的差别很小，有时为了区分小差别可用株表示，但"株"不是分类单位。在两个分类单位之间可加亚门、亚纲、亚科、亚属、亚种及变种等次要分类单位。最后对每一属或种给予严格的科学的名称。

① 病毒和类病毒。病毒没有细胞结构，是明显区别于原核微生物与真核微生物的一类特殊的超微生物。类病毒是比病毒小的超微小生物。

② 原核微生物。原核微生物的核很原始，发育不全，只是 DNA（脱氧核糖核酸）链高度折叠形成的一个核区，没有核膜，核质裸露，与细胞质没有明显界限，叫作拟核或似核。原核微生物没有细胞器，只有由细胞质膜内陷形成的不规则的泡沫结构体系，也不进行有丝分裂。原核微生物包括古菌（即古细菌）、真细菌、放线菌、蓝细菌、黏细菌、立克次氏体、支原体、衣原体和螺旋体。

③ 真核微生物。真核微生物有发育完好的细胞核，核内有核仁和染色质。有核膜将细胞核和细胞质分开，使两者有明显的界线。有高度分化的细胞器，可进行有丝分裂。真核微生物包括除蓝藻以外的藻类、酵母菌、霉菌、原生动物、微型后生动物等。

（2）微生物的特点

① 个体极小。微生物的个体极小，由几纳米到几微米，要通过光学显微镜才能看见。病毒小于 $0.2\mu m$，在光学显微镜可视范围外，还需通过电子显微镜才可以看见。

② 分布广，种类繁多。因微生物极小，很轻，附着于尘土随风飞扬，栖息在世界各处。同一种微生物世界各地都有。自然界物质丰富，品种多样，为微生物提供了丰富的食物。微生物的营养类型和代谢途径也具有多样性，从无机营养到有机营养，能充分利用自然资源。呼吸类型呈多样性，在有氧环境、缺氧环境，甚至是无氧环境均有能生活的种类。环境的多样性如极端高温、高盐度和极端 pH 造就了种类繁多和数量庞大的微生物。

③ 繁殖快。大多数微生物以裂殖方式繁殖后代，在适宜的环境条件下，十几分钟至 20min 就可繁殖一代。在物种竞争中取得优势，这是生存竞争的保证。

④ 容易变异。多数微生物为单细胞，结构简单，整个细胞直接与环境接触，易受环境因素影响，引起遗传物质 DNA 的改变而发生变异，或者变异为优良菌种，或使菌种退化。

5.1.1.2　微生物的生理特征

（1）微生物的酶。微生物的营养和代谢须在酶的参与下才能正常进行。酶是动物、植物及微生物等生物体内合成的，催化生物化学反应，并传递电子、原子和化学基团的生物催化剂。微生物种类繁多，其酶的种类也多。

酶的组成有两类：①单成分酶，只含蛋白质；②全酶，由蛋白质和不含氮的小分子有机物组成，或由蛋白质和不含氮的小分子有机物加上金属离子组成。全酶中的各种成分缺一不可，否则全酶会丧失催化活性。

按照酶所催化的化学反应类型，把酶划分为 6 类，即催化大分子有机物水解成小分子的水解酶类、催化氧化还原反应的氧化还原酶类、催化同分异构分子内的基团重新排列的异构酶类、催化底物的基团转移到另一有机物上的转移酶类、催化有机物裂解为小分子有机物的裂解酶类和催化底物的合成反应的合成酶类。

按酶在细胞的不同部位，可把酶分为胞外酶、胞内酶和表面酶。

按酶作用底物的不同，可把酶分为淀粉酶、蛋白酶、脂肪酶、纤维素酶、核糖核酸酶。

以上三种分类和命名方法可有机地联系和统一起来，如淀粉酶、蛋白酶、脂肪酶和纤维素酶均催化水解反应，属于水解酶类，而它们均位于细胞外，又属胞外酶。除此之外的大多数酶类，如氧化还原酶、异构酶、转移酶、裂解酶和合成酶等，均位于细胞内，属胞内酶。

（2）微生物的营养。微生物从外界环境中不断地摄取营养物质，经过一系列的生物化学反应，转变成细胞的组分，同时产生废物并排泄到体外，这个过程称为新陈代谢（简称代谢）。新陈代谢包括同化作用和异化作用，两者是相辅相成的，异化作用为同化作用提供物质基础和能量，同化作用为异化作用提供基质。

了解微生物的营养及其所需营养物的种类和数量，首先要了解微生物的化学组成、元素组成及生理特性。

① 微生物的化学组成。微生物机体质量的 70%～90% 为水分，其余 10%～30% 为干物质。微生物机体的干物质由有机物和无机物组成。有机物占干物质质量的 90%～97%，包括蛋白质、核酸、糖类及脂类。无机物占干物质质量的 3%～10%，包括 P、S、K、Na、Ca、Mg、Fe、Cl 和微量的 Cu、Mn、Zn、B、Mo、Co、Ni 等。C、H、O、N 是所有生物体的有机元素。糖类和脂类由 C、H、O 组成，蛋白质由 C、H、O、N、S 组成，核酸由 C、H、O、N、P 组成。

根据微生物有机元素组成分析数据，可得出化学组成实验式。例如，细菌和酵母菌为 $C_5H_8O_2N$，霉菌为 $C_{12}H_{18}O_7N$。微生物的化学组成实验式不是分子式，它只是用来说明组成有机体的各种元素之间有一定的比例关系。例如，$C_5H_8O_2N$ 是表明细菌机体的 $n_C : n_H : n_O : n_N = 5 : 8 : 2 : 1$，在培养微生物时可按此比例供给营养。

② 微生物的营养物及营养类型。微生物需要的营养物质有水、碳源、氮源、无机盐及生长因子。

a. 水。水是微生物的组分，又是微生物代谢过程中必不可少的溶剂。它有助于营养物质的溶解和吸收，保证细胞内、外各种生物化学反应在溶液中正常进行。

b. 碳源和能源。能供给微生物碳素营养的物质称为碳源。碳源的主要作用是构成微生物细胞的含碳物质（碳架）和供给微生物生长、繁殖及运动所需要的能量。从简单的无机碳化合物到复杂的有机碳化合物，都可作为碳源。例如，糖类、脂肪、蛋白质、脂肪酸、丙酮酸、柠檬酸、淀粉、纤维素、半纤维素、果胶、木质素、醇类、醛类、烷烃类、芳香族化合物、氰化物、各种低浓度的染料等。少数微生物还能以 CO_2 或 CO_3^{2-} 中的碳素为唯一的或主要的碳源。微生物最好的碳源是糖类，尤其是葡萄糖和蔗糖，它们最易被微生物吸收和利用。许多碳源可同时作能源。微生物细胞中的碳素含量相当高，占干物质质量的 50% 左右。可见，微生物对碳素的需求量最大。根据微生物对各种碳素营养物的同化能力的不同，可把微生物分为无机营养微生物、有机营养微生物和混合营养微生物。凡是有光合色素的微生物，例如藻类、光合细菌及原生动物中的植物性鞭毛虫，均属于无机营养微生物。大部分细菌、放线菌、酵母菌、霉菌、病毒等属于有机营养微生物。

i. 无机营养微生物也称为无机自养微生物。这一类型的微生物具有完备的酶系统，合成有机物的能力较强，CO_2、CO 和 CO_3^{2-} 中的碳素为其唯一的碳源，能利用光能或化学能在细胞内合成复杂的有机物，以构成自身的细胞成分，而不需要外界供给现成的有机碳化合物。因此，这类微生物又称自养型微生物。根据能量来源不同，自养型微生物又分为光能自养微生物和化能自养微生物。光能自养微生物利用阳光（或灯光）作为能源，依靠体内的光合色素，利用 CO_2 和 H_2O 或 H_2S 合成有机物，构成自身细胞物质。化能自养微生物不具有光合色素，不能进行光合作用，合成有机物所需的能量来自它们氧化 S、H_2S、H_2、NH_3、Fe 等时通过氧化磷酸化产生的 ATP（三磷酸腺苷）。CO_2 是化能自养微生物的唯一碳源。化能自养微生物有亚硝化细菌、硝化细菌、好氧的硫细菌及铁细菌。自养微生物有严格自养微生物和兼性自养微生物两种。

ii. 有机营养微生物也称为异养微生物。这类微生物具有的酶系统不如自养微生物完备，它们只能利用有机碳化合物作为碳素营养和能量来源。糖类、脂肪、蛋白质、有机酸、醇、醛、酮及碳氢化合物、芳香族化合物等都可作为异养微生物的碳素营养。异养微生物有腐生性和寄生性两种，前者占大多数。异养微生物又分为光能异养微生物和化能异养微生物。光能异养微生物是以光为能源，以有机物为供氢体，还原 CO_2，合成有机物的一类厌氧微生物，也称为有机光合细菌。化能异养微生物是一群依靠氧化有机物产生化学能从而获得能量的微生物。它们包括绝大多数的细菌、放线菌及全部的真菌。

iii. 混合营养微生物既可以利用无机碳（CO_2、CO_3^{2-} 等）作为碳素营养，又可以利用有机碳化合物作为碳素营养，即为兼性自养微生物。

c. 氮源。凡是能够供给微生物氮素营养的物质均称为氮源，包括 N_2、NH_3、尿素、硫酸铵、硝酸铵、硝酸钾、硝酸钠和蛋白质等。氮源的作用是提供微生物合成蛋白质的原料。根据对氮源要求的不同，将微生物分为 4 类。

i. 固氮微生物能利用空气中的氮分子（N_2）合成自身的氨基酸和蛋白质，如固氮菌、根瘤菌和固氮蓝藻。

ii. 利用无机氮作为氮源的微生物。能利用氨（NH_3）、铵盐（NH_4^+）、亚硝酸盐（NO_2^-）、硝酸盐（NO_3^-）的微生物有亚硝化细菌、硝化细菌、大肠杆菌、产气杆菌、枯草杆菌、铜绿色假单胞菌、放线菌、霉菌、酵母菌及藻类等。

iii. 需要某种氨基酸作为氮源的微生物。这类微生物叫氨基酸异养微生物。如乳酸细菌、丙酸细菌等。它们不能利用简单的无机氮化物合成蛋白质，而必须供给某些现成的氨基酸才能生长繁殖。

iv. 从分解蛋白质中取得铵盐或氨基酸的微生物。这类微生物如氨化细菌、霉菌、酵母菌及一些腐败细菌，它们都有分解蛋白质的能力，产生 NH_3、氨基酸和肽，进而合成细胞蛋白质。

d. 无机盐。无机盐的生理功能包括：构成细胞组分；构成酶的组分和维持酶的活性；调节渗透压、氢离子浓度、氧化还原电位等；供给自养微生物能源。微生物需要的无机盐有磷酸盐、硫酸盐、氯化物、碳酸盐、碳酸氢盐。这些无机盐中含有钾、钠、钙、镁、铁等元素，其中，微生物对磷和硫的需求量最大。此外，微生物还需要锌、锰、钴、钼、铜、硼、钒、镍等微量元素。

e. 生长因子。微生物在具有上述各种营养物质后仍生长不好，则需供给生长因子。微生物需要的生长因子有 B 族维生素、维生素 C、氨基酸、嘌呤、嘧啶、生物素及烟酸等。多数异养微生物及自养微生物有合成生长因子的能力。

水、碳源、氮源、无机盐及生长因子为微生物共同需要的物质。不同的微生物对各营养元素比例的要求不同，这里主要指碳氮比（或碳氮磷比），根瘤菌要求碳氮比为 11.5∶1，固氮菌要求碳氮比为 27.6∶1，霉菌要求碳氮比为 9∶1，土壤中微生物混合群体要求碳氮比为 25∶1。污水生物处理中好氧微生物群体（活性污泥）要求碳氮磷比为 100∶5∶1，厌氧消化中的厌氧微生物群体对碳氮磷比的要求为 100∶6∶1。有机固体废物堆肥发酵要求的碳氮比为 30∶1，碳磷比为（75～100）∶1。为了保证污水生物处理和有机固体废物生物处理的效果，要按碳氮磷比配给营养。城市生活污水能满足活性污泥的营养要求，有的工业废水缺少某种营养或量不足时，应供给或补足，多用粪便污水、尿素、磷酸氢二钾及其他易分解的物质。如果工业废水不缺营养，切勿添加上述物质，否则会导致反驯化。

5.1.1.3　微生物的生长繁殖

微生物的生长可分为个体微生物生长和群体微生物生长。由于微生物个体很小，研究它们的生长很困难，所以，多通过培养研究其群体生长。培养方法有分批培养和连续培养两种，这两种方法既可用于纯种培养也可用于混合菌种的培养。在污水生物处理中，这两种方法均有应用。

（1）分批培养。分批培养是将一定量的微生物接种在一个封闭的盛有一定量液体培养基的容器内，保持一定的温度、pH 值和溶解氧量，微生物在其中生长繁殖，结果出现微生物数量由少变多，达到高峰后又由多变少甚至死亡的变化规律。

以细菌纯种培养为例，将少量细菌接种到一种新鲜的定量的液体培养基中进行分批培养，定时取样（如每 2h 取样 1 次）计数。以细菌个数或细菌数的对数或细菌的干重为纵坐标，以培养时间为横坐标，连接坐标系上各点成一条曲线，即细菌的生长曲线。一般来讲，细菌质量的变化比个数的变化更能在本质上反映生长的过程，因为细菌个数的变化只反映了细菌分裂的数目，质量则包括细菌个数的增加和每个菌体细胞物质的增长。各种细菌的生长速率不同，每种细菌都有各自的生长曲线，但曲线的形状基本相同。其他微生物也有形状类似的生长曲线。废水生物处理中混合生长的活性污泥微生物也有类似的生长曲线。细菌的生长繁殖期可细分为 6 个时期，即停滞期（适应期）、加速期、对数期、减速期、静止期及衰亡期。由于加速期和减速期历时都很短，可把加速期并入停滞期，把减速期并入静止期。因此，细菌的生长繁殖可粗分为 4 个时期，即停滞期（迟滞期或适应期）、对数期（又叫指数期）、静止期和衰亡期。

活性污泥中微生物的生长规律和纯菌种一致，它们的生长曲线相似。一般将其划分为三个阶段，即生长上升阶段、生长下降阶段和内源呼吸阶段。序批式活性污泥法（SBR）是将分批培养的原理应用到了污水的生物处理中。SBR 反应池中活性污泥的生长规律与纯菌种类似。

（2）连续培养。连续培养有恒浊连续培养和恒化连续培养两种。恒浊连续培养是一种使培养液中细菌的浓度恒定，以浊度为控制指标的培养方式。按实验目的，首先确定培养液的浊度保持在某一恒定值上。调节进水（含一定浓度的培养基）流速，使浊度达到恒定（用自动控制的浊度计测定）。当浊度较大时，加大进水流速，以降低浊度；当浊度较小时，降低流速，提高浊度。发酵工业采用此法可获得大量的菌体和有经济价值的代谢产物。恒化连续培养是维持进水中的营养成分恒定（其中对细菌生长有限制作用的成分要保持低浓度水平），以恒定流速进水，以相同流速流出代谢产物，使细菌处于最高生长速率状态的培养方式。

在连续培养中，微生物的生长状态和规律与分批培养不同。它们往往处于分批培养中生长曲线的某一个生长阶段。恒化连续培养法尤其适用于污水生物处理。除了序批式活性污泥法（SBR）外，其余的污（废）水生物处理法均采用恒化连续培养。在污（废）水生物处理的连续运行过程中，活性污泥中的微生物生长规律与分批培养时的规律不一样，它只能是分批培养生长曲线的某一生长阶段，或是对数期（生长上升阶段），或是静止期（生长下降阶段），或是衰亡期（内源呼吸阶段）。

5.1.1.4　微生物的呼吸

微生物呼吸作用的本质是氧化与还原的统一过程，这个过程中有能量的产生和能量的转移。微生物的呼吸类型有三种，即发酵、好氧呼吸及无氧呼吸。这三者都是氧化还原反应，即在化学反应中一种物质失去电子被氧化，另一种物质得到电子被还原。微生物的产能代谢是通过上述三种氧化还原反应来实现的，微生物从中获得生命活动所需要的能量。

（1）发酵。在无外在电子受体时，微生物氧化一些有机物。有机物仅发生部分氧化，以它的中间代谢产物为最终电子受体，释放少量能量，其余的能量保留在最终产物中。发酵的底物必须具备两点：①不能被过分氧化，也不能被过分还原。假如被过分氧化，就不能产生足以维持生长的能量；假如被过分还原，就不能作为电子受体，因为电子受体会进一步被还原。②必须能转变成一种可参与底物水平磷酸化的中间产物。据此，碳氢化合物及其他高度还原态的化合物不能作为发酵底物。

发酵在污水和污泥厌氧生物处理（或称厌氧消化）过程中起着重要作用，目前国内外研究表明，在厌氧生物处理中主要存在两种发酵类型：丙酸型发酵和丁酸型发酵。丙酸型发酵参与的细菌是丙酸杆菌属，丙酸型发酵的特点是气体（CO_2）产量很少，甚至无气体产生，主要发酵末端产物为丙酸和乙酸。丁酸型发酵参与的细菌是某些梭状芽孢杆菌，许多研究结果表明，含可溶性糖类（如葡萄糖、蔗糖、乳糖、淀粉等）污水的发酵常出现丁酸型发酵，发酵中主要末端产物为丁酸、乙酸、H_2、CO_2 及少量丙酸。

（2）好氧呼吸。当存在外在的最终电子受体——分子氧（O_2）时，底物可全部被氧化成 CO_2 和 H_2O，并产生 ATP。这种有外在最终电子受体（O_2）存在时对能源物质的氧化称为好氧呼吸（或呼吸作用）。在好氧呼吸过程中，电子传递体系最终将电子转移给最终电子受体——O_2。O_2 得到电子被还原，与底物脱下的 H 结合生成 H_2O。好氧呼吸能否进行，取决于 O_2 的体积分数能否达到 0.2%。若 O_2 的体积分数低于 0.2%，好氧呼吸不能发生。

（3）无氧呼吸。在电子传递体系中，最终电子受体不是氧气，而是氧气以外的无机化合物，如 NO_2^-、NO_3^-、SO_4^{2-}、CO_3^{2-} 及 CO_2 等。无氧呼吸的氧化底物一般为有机物，如葡萄糖、乙酸和乳酸等，它们被氧化为 CO_2，有 ATP 生成。

5.1.1.5 微生物的生存因子

微生物除了需要营养，还需要合适的环境因素，例如温度 pH、氧化还原电位、溶解氧等。

（1）温度。任何微生物只能在一定的温度范围内生存，在适宜的温度范围内微生物能大量生长繁殖。如细菌可分为低温性细菌、中温性细菌、高温性细菌。

原生动物的最适温度一般为 16~25℃，工业废水生物处理过程中的原生动物的最适温度为 30℃左右，其最高温度范围为 37~43℃，少数可在 60℃条件下生存。大多数放线菌的最适温度为 23~37℃，其高温类型在 50~65℃生长良好，有的放线菌在 20℃以下的温度中也可生长。霉菌与温度的关系和放线菌差不多。在实验室培养放线菌、霉菌和酵母菌多采用的温度为 28~32℃。藻类的最适温度多数在 28~30℃。

温度是微生物的重要环境因素，在适宜的温度范围内温度每提高 10℃，酶促反应速度提高 1~2 倍，因而微生物的代谢速率和生长速率均可相应提高。培养微生物时要将它们置于最适宜的温度条件下，使微生物以最快的生长速率生长。过低或过高的温度会使代谢速率缓慢，生长速率也变慢。过高的温度对微生物有致死作用。

（2）pH 值。微生物的生命活动、物质代谢与 pH 值有密切关系。不同的微生物要求不同的 pH 值。凡对 pH 值的变化适应性比较强的微生物，对 pH 值要求不甚严格；而对 pH 值变化适应性不强的微生物，则对 pH 值要求严格。各种工业废水的 pH 值不同，通常在 6~9，个别的偏低或偏高，可用本厂废酸性水或废碱性水加以调整，使曝气池 pH 值维持在 7 左右。事实上，净化污水的微生物适应 pH 值的能力比较强，曝气池中 pH 值维持在 6.5~8.5 即可。大多数细菌、藻类、放线菌和原生动物等在这种 pH 值下均能生长繁殖，尤其是形成菌胶团的细菌能互相凝聚形成良好的絮状物，取得良好的净化效果。

过高或过低的 pH 值对微生物是不利的，污水生物处理的 pH 值宜维持在 6.5~8.5，是因为

pH 值为 6.5 以下的酸性环境不利于细菌和原生动物生长，尤其对菌胶团细菌不利。相反，酸性环境对霉菌及酵母菌有利。如果活性污泥中有大量霉菌繁殖，由于霉菌不像细菌那样分泌黏性物质于细胞外，使活性污泥凝聚性能较差，其结构松散不易沉降，处理效果下降，甚至导致活性污泥丝状膨胀。

霉菌和酵母菌对有机物具有分解能力。pH 值较低的工业废水可用霉菌和酵母菌处理，无须用碱调节 pH 值，以节省费用。它们引起的活性污泥丝状膨胀可以通过改革工艺来解决，如采用生物滤池和生物转盘等。

（3）氧化还原电位。氧化还原电位简写为 ORP，其单位为 V 或 mV。氧化环境具有正电位，还原环境具有负电位。在自然界中，上限是 +820mV，此时环境中存在高浓度 O_2，而且没有利用 O_2 的系统存在；其下限是 -400mV，是充满 H_2 的环境。

各种微生物要求的 ORP 是不同的，一般好氧微生物要求 ORP 为 300～400mV，ORP 在 +100mV 以上好氧微生物可以生长。兼性厌氧微生物在 ORP 为 +100mV 以上时进行好氧呼吸，ORP 为 +100mV 以下时进行无氧呼吸。专性厌氧细菌要求 ORP 为 -250～-200mV，专性厌氧的产甲烷菌要求的 ORP 更低，为 -400～-300mV。好氧活性污泥法系统中 ORP 在 +200～+600mV 是正常的。

ORP 受氧分压的影响。氧分压高，ORP 高；氧分压低，ORP 低。在培养微生物的过程中，由于微生物生长繁殖消耗了大量 O_2，分解有机物产生 H_2，使 ORP 降低，并在微生物对数生长期中下降到最低点。

环境的 pH 值对 ORP 有影响。pH 值低时，ORP 高；pH 值高时，ORP 低。

ORP 可用一些还原剂加以控制，使生物学体系中的 ORP 维持在低水平上。还原剂有抗坏血酸（维生素 C）、二硫苏糖醇、硫化氢及金属铁等。铁可将 ORP 维持在 -400mV。微生物在代谢过程中产生 H_2S，可将 ORP 降至 -300mV。

（4）溶解氧。根据微生物的呼吸与分子氧的关系，微生物被分为好氧微生物、兼性厌氧（或兼性好氧）微生物及厌氧微生物。氧与这三种类型微生物的关系有所不同。

① 氧与好氧微生物的关系。必须在有氧存在的条件下才能生长的微生物叫好氧微生物。大多数细菌、放线菌、霉菌、原生动物、微型后生动物等都属于好氧性的微生物。蓝绿细菌和藻类等白天从阳光中获得能量，夜间和阴天则通过好氧呼吸获得能量。氧对好氧微生物有两个作用：在微生物好氧呼吸中，氧作为最终电子受体；在甾醇类和不饱和脂肪酸的生物合成中需要氧。只有溶于水的氧（称溶解氧）微生物才能利用。氧在水中的溶解度与水温、大气压有关。冬季水温低，污水好氧生物处理中溶解氧能保证供应；夏季水温高，氧不易溶于水，常造成供氧不足。好氧微生物中有一些是微量好氧的，它们在溶解氧 0.5mg/L 左右生长最好。微量好氧微生物有贝日阿托氏菌、发硫菌、游动性纤毛虫，如扭头虫、棘尾虫、草履虫及微型后生动物中的线虫等。

② 氧与兼性厌氧微生物的关系。兼性厌氧微生物具有脱氢酶和氧化酶，所以，既能在无氧条件下又能在有氧条件下生存。然而，在两种不同的条件下，所表现的生理状态是不同的。在好氧生长时，氧化酶活性强，细胞色素及电子传递体系的其他组分正常存在。在无氧条件下，细胞色素和电子传递体系的其他组分减少或全部丧失，氧化酶不活动，一旦通入氧气，这些组分的合成很快恢复。兼性厌氧微生物除酵母菌外，还有肠道细菌、硝酸盐还原菌、人和动物的致病菌、某些原生动物、微型后生动物及个别真菌等。兼性厌氧微生物在许多方面具有积极作用，在污水好氧生物处理中，在正常供氧条件下，好氧微生物和兼性厌氧微生物两者共同发挥积极作用；在供氧不足时，好氧微生物不起作用而兼性厌氧微生物仍起积极作用，只是不能彻

底分解有机物。兼性厌氧微生物在污水、污泥厌氧消化中也是起积极作用的，它将各种有机物转化为有机酸和醇等。

③ 氧与厌氧微生物的关系。只有在无氧条件下才能生存的微生物称作厌氧微生物。它们进行发酵或无氧呼吸。厌氧微生物又分为两种；一种是要在绝对无氧条件下才能生存，一遇氧就死亡的，称作专性厌氧微生物；另一种是氧的存在与否对它们均无影响，存在氧时它们产能代谢，不利用氧也不中毒。放线菌中有些种属于厌氧微生物。厌氧微生物的栖息处为湖泊、河流和海洋沉积处，泥炭、沼泽、积水的土壤、灭菌不彻底的罐头食品中，油矿凹处及污水、污泥厌氧处理系统中。

微生物的影响因子还有太阳辐射、水的活度与渗透压、有毒物质等。

5.1.2　生物处理的类型及特点

污水生物处理是利用自然界中广泛分布的个体微小、代谢营养类型多样、适应能力强的微生物的新陈代谢作用对污水进行净化的处理方法。污水生物处理方法是建立在环境自净作用基础上的人工强化技术，其意义在于创造出有利于微生物生长繁殖的良好环境，增强微生物的代谢功能，促进微生物的增殖，加速有机物的无机化，促进污水的净化进程。

污水生物处理

5.1.2.1　生物处理的类型

污水的生物处理可以从不同角度进行分类。根据微生物生长对氧环境的要求不同，生物处理方法主要可分为好氧生物处理和厌氧生物处理两种类型；按照微生物的生长方式可分为悬浮生长型（活性污泥法）和固着生长型（生物膜法）两类；按照系统的运行方式可分为连续式和间歇式；按照主体设备中的水流状态可分为推流式和完全混合式等类型。

5.1.2.2　生物处理的特点

优点：去除污水中溶解的和胶体的有机物质的效率较高；分解污水中有机物比用化学法经济；污泥的沉降性能较好，对进一步脱水有利；出水水质一般较好（除非原水中含难降解物质），能达到排放要求。

缺点：运行较复杂，有时会产生污泥膨胀和污泥上浮现象，影响处理效率，因此需要一定的运行经验；对原水水质有一定的要求，否则会影响微生物的生长；在气候寒冷地区如不采取特殊措施将难以适用；一般占地面积较大。

5.1.2.3　好氧生物处理

好氧生物处理是污水中有分子氧存在的条件下，利用好氧微生物（包括兼性微生物，但主要是好氧细菌）降解有机物，使其稳定、无害化的处理方法。微生物利用污水中存在的有机污染物（以溶解状和胶体状为主）为底物进行好氧代谢，这些高能位的有机物经过一系列的生化反应，逐级释放能量，最终以低能位的无机物稳定下来，达到无害化的要求，以便返回自然环境或进一步处置。污水处理工程中，好氧生物处理法有活性污泥法和生物膜法两大类。污水好氧生物处理的过程可用图 5-1 表示。

图 5-1 表明，有机物被微生物摄取后，通过代谢活动，约有 1/3 被分解、稳定，并提供其生理活动所需的能量，约有 2/3 被转化，合成新的细胞物质，即进行微生物自身生长繁殖。后者就是污水生物处理中的活性污泥或生物膜的增长部分，通常称其为剩余活性污泥或生物膜，又称生物污泥。在污水生物处理过程中，生物污泥经固液分离后，需进一步处理和处置。

图 5-1   好氧生物处理过程中有机物转化示意图

好氧生物处理的反应速率较快，所需的反应时间较短，故处理构筑物容积较小，且处理过程中散发的臭气较少。所以，目前对中、低浓度的有机污水，或者 BOD_5 小于 500mg/L 的有机污水，适宜采用好氧生物处理法处理。

5.1.2.4   厌氧生物处理

厌氧生物处理是在没有分子氧及化合态氧存在的条件下，兼性细菌与厌氧细菌降解和稳定有机物的生物处理方法。在厌氧生物处理过程中，复杂的有机化合物被降解、转化为简单的化合物，同时释放能量。在这个过程中，有机物的转化分为三部分：一部分转化为甲烷，这是一种可燃气体，可回收利用；还有一部分被分解为二氧化碳、水、氨、硫化氢等无机物，并为细胞合成提供能量；少量有机物被转化、合成为新的细胞物质。由于仅少量有机物用于合成，故相对于好氧生物处理，厌氧生物处理的污泥增长率小得多。厌氧生物处理过程中有机物的转化如图 5-2 所示。

图 5-2   厌氧生物处理过程中有机物转化示意图

由于厌氧生物处理过程不需另外提供电子受体，故运行费用低。此外，它还具有剩余污泥量少、可回收能量（甲烷）等优点。其主要缺点是反应速率较慢，反应时间较长，处理构筑物容积大等。通过开发新型反应器，截留高浓度厌氧污泥，或用高温厌氧技术，其容积可缩小，但采用高温厌氧技术必须维持较高的反应温度，故要消耗能源。

有机污泥和中高浓度有机污水适宜采用厌氧生物处理法进行处理。

5.1.2.5   好氧、厌氧生物处理的区别

好氧、厌氧生物处理的区别主要有以下几个方面。

① 起作用的微生物群体不同。好氧处理是由好氧微生物和兼性微生物起作用；厌氧处理先是厌氧菌和兼性菌起作用，后是另一类厌氧菌起作用。

② 产物不同。好氧处理中，有机物被转化为 CO_2、H_2O、NH_3 或 NO_3^-、NO_2^-、PO_4^{3-}、SO_4^{2-} 等，且基本无害，处理后污水无异臭。厌氧处理中，有机物被转化为 CH_4、NH_3、胺化物或氮

气、H_2S 等，产物复杂，出水有异臭。

③ 反应速率不同。好氧处理由于有氧作为受氢体，有机物分解比较彻底，释放的能量多，故有机物转化速度快，处理设备内停留时间短，设备体积小。厌氧处理有机物氧化不彻底，释放的能量少，所以有机物转化速率慢，需要时间长，设备体积庞大。

④ 对环境条件要求不同。好氧处理要求充分供氧，对环境条件要求不太严格。厌氧处理要求绝对厌氧的环境，对环境条件（如 pH、温度）要求严格。

5.1.2.6　脱氮除磷基础理论

（1）生物脱氮。污水生物脱氮处理过程中氮的转化主要包括氨化、硝化和反硝化作用，其中氨化可在好氧或厌氧条件下进行，硝化作用在好氧条件下进行，反硝化作用在缺氧条件下进行。生物脱氮是指含氮化合物经过氨化、硝化、反硝化后，转变为 N_2 而被去除的过程。

① 氨化反应。微生物分解有机氮化合物产生氨的过程称为氨化反应，很多细菌、真菌和放线菌都能分解蛋白质及其含氮衍生物，其中分解能力强并释放出氨的微生物称为氨化微生物。在氨化微生物的作用下，有机氮化合物可以在好氧或厌氧条件下分解、转化为氨态氮。以氨基酸为例，加氧脱氨基反应式为：

$$RCHNH_2COOH+O_2 \longrightarrow RCOOH+CO_2+NH_3 \tag{5-1}$$

水解脱氨基反应式为：

$$RCHNH_2COOH+H_2O \longrightarrow RCHOHCOOH+NH_3 \tag{5-2}$$

② 硝化反应。在亚硝化细菌和硝化细菌的作用下，将氨态氮转化为亚硝酸盐（NO_2^-）和硝酸盐（NO_3^-）的过程称为硝化反应。硝化反应的总反应式为：

$$NH_4^+ + 2O_2 \longrightarrow NO_3^- + 2H^+ + H_2O + \Delta E \tag{5-3}$$

③ 反硝化反应。在缺氧条件下，NO_2^- 和 NO_3^- 在反硝化细菌的作用下被还原为氮气的过程称为反硝化反应。目前公认的硝酸盐还原为氮气的过程见图 5-3。

$$NO_3^- \xrightarrow{\text{硝酸盐还原酶}} NO_2^- \xrightarrow{\text{亚硝酸盐还原酶}} NO \xrightarrow{\text{氧化氮还原酶}} N_2O \xrightarrow{\text{氧化亚氮还原酶}} N_2$$

图 5-3　硝酸盐还原为氮气的过程

大多数反硝化细菌是异养型兼性厌氧细菌，在污水和污泥中，很多细菌均能进行反硝化作用，如无色杆菌属、产气杆菌属、产碱杆菌属（*Alcaligenes*）、黄杆菌属、变形杆菌属、假单胞菌属等。这些反硝化细菌在反硝化过程中利用各种有机底质（包括糖类、有机酸类、醇类、烷烃类、苯酸盐类和其他苯衍生物）作为电子供体，NO_3^- 作为电子受体，逐步还原 NO_3^- 至 N_2。

④ 同化作用。生物处理过程中，污水中的一部分氮（氨氮或有机氮）被同化成微生物细胞的组成成分，并以剩余活性污泥的形式得以从污水中去除的过程，称为同化作用。当进水氨氮浓度较低时，同化作用可能成为脱氮的主要途径。

（2）生物除磷。生物除磷最基本的原理即是在厌氧-好氧或厌氧-缺氧交替运行的系统中，利用聚磷微生物具有厌氧释磷及好氧（或缺氧）超量吸磷的特性，使好氧或缺氧段中混合液磷的浓度大量降低，最终通过排放含有大量富磷污泥达到从污水中除磷的目的。

生物除磷的机理目前尚未完全清楚，现普遍接受的有以下几个方面的认识：①生物除磷主要由一类统称为聚磷菌的微生物完成，由于聚磷菌能在厌氧状态下同化发酵产物，使得聚磷菌在生物除磷系统中具备了竞争的优势。常在生物除磷系统中出现的其他细菌主要有不动杆菌、假单胞菌属、气单胞菌属、放线菌属和诺卡氏菌属等。②在厌氧状态下，兼性菌将溶解性有机物转化成挥发性脂肪酸（VFA）；聚磷菌将细胞内聚磷水解为正磷酸盐，并从中获得能量，吸收污水中的易降解的 COD（如 VFA），同化成胞内碳能源存贮物聚 β 羟基丁酸（PHB）或聚 β 羟基戊酸（PHV）等。③在好氧或缺氧条件下，聚磷菌以分子氧或化合态氧作为电子受体，氧化代谢胞内存贮物 PHB 或 PHV 等，并产生能量，过量地从污水中摄取磷酸盐，能量以高能物质 ATP 的形式存贮，其中一部分又转化为聚磷，作为能量贮于胞内，通过剩余污泥的排放实现高效生物除磷的目的。

任务 2　活性污泥法处理

活性污泥法工艺能从污水中去除溶解的和胶体的可生物降解有机物，以及能被活性污泥吸附的悬浮固体和其他一些物质，无机盐类也能被部分去除，类似的工业废水也可用活性污泥法处理。

5.2.1　活性污泥法的基本原理

5.2.1.1　活性污泥及其组成

如果向一定量的生活污水中不断鼓入空气，维持水中有足够的溶解氧，那么，经过一段时间后，水中就会出现一种褐色的絮凝体。把絮凝体放在显微镜下观察，可以看到里面充满着各种各样的微生物，这种污泥絮体就叫活性污泥。

根据废水水质的不同，活性污泥的颜色也不同，有褐色、黄色、灰色和铁红色等。它和矾花一样，轻轻搅动，易于呈悬浮状；静置片刻，也易沉下。活性污泥无臭味，具有微微的土腥味。

通过生物学和化学分析，活性污泥由活性微生物 M_a、微生物内源呼吸残余物 M_e、吸附在活性污泥上的惰性不可降解有机物、尚未降解的有机物 M_i 以及惰性无机物 M_{ii} 组成。活性污泥具有很大的比表面积，对水中的有机物具有很强的吸附凝聚和氧化分解能力，同时，在适当的条件下，具有良好的自身凝聚和沉降性能。活性污泥法就是利用活性污泥净化废水中有机污染物的一种方法。

5.2.1.2　活性污泥法的基本流程

活性污泥法的基本流程如图 5-4 所示。

图 5-4　活性污泥法基本流程

活性污泥法的主要构筑物是曝气池和二次沉淀池。有机废水经初次沉淀池（无悬浮物时可不设）预处理后，进入曝气池，在曝气池中要不断进行曝气，以满足曝气池内的微生物降解有机物所需要的溶解氧。曝气池中的混合液不断排出，进入二次沉淀池，经固液分离后，处理后的水不断从二沉池排出。沉降下来的活性污泥一部分要不断地回流到曝气池，以保持曝气池内有足够的微生物量，用来氧化分解废水中的有机物。同时将增殖的多余活性污泥（剩余污泥）不断地从二沉池中通过剩余污泥排放系统排出。

5.2.1.3　活性污泥法基本原理

（1）活性污泥法净化污水可以分为以下几个阶段。

① 吸附阶段。由于活性污泥具有巨大的比表面积且表面有多糖类黏性物质，在污水与活性污泥混合接触后很短的时间（10～40min）内，污水中的有机污染物（主要是悬浮态和胶体态有机污染物）就会被活性污泥吸附。通过吸附作用，有机物只是从水中转移到污泥上，其性质并未立即发生变化。活性污泥的吸附能力随着吸附量的增加而减弱。在吸附阶段，同时也进行有机物的氧化及细胞合成，但吸附作用是主要的。污水中处于悬浮状态和胶体状态的有机物浓度越高，吸附效果越明显。

② 氧化及合成阶段。在溶解氧充足的条件下，活性污泥微生物将吸附的有机物中的一部分进行氧化分解，其最终产物是 CO_2 和 H_2O 等稳定物质，并获得合成新细胞所需要的能量；而另一部分有机物则用于合成新的细胞物质。在新细胞合成与微生物增长过程中，微生物所需能量除从氧化分解一部分有机物中获得外，还有一部分微生物细胞物质也在进行氧化分解，并供应能量。在这一阶段，活性污泥微生物还要继续吸附污水中残存的有机物。这一阶段进行得很缓慢，所需时间也比第一阶段长得多。实际上曝气池大部分容积是在进行有机物的氧化分解和微生物细胞的合成。氧化和合成的速度取决于有机物的浓度。

③ 絮凝体的形成与凝聚沉淀阶段。絮凝体是活性污泥的基本结构，它能防止微型动物对游离细菌的吞噬，并承受曝气等外界不利因素的影响，更有利于活性污泥与处理水的分离。水中能形成絮凝体的微生物很多，动物菌属（*Zoogloea*）、大肠埃希菌（*E.cole*）、产碱杆菌属（*Alcaligens*）、假单胞菌属（*Pseudomoas*）、芽孢杆菌属（*Bacillus*）、黄杆菌属（*Flavobaterium*）等都具有凝聚性能，可形成大块菌胶团。凝聚的原因主要是：细菌体内积累的聚 β 羟基丁酸释放到液相，促使细菌间互相凝聚，结成绒粒；微生物摄食过程中释放的黏性物质促进凝聚；在不同的条件下，细菌内部的能量不同，当外界营养不足时，细菌内部能量降低，表面电荷减少，细菌颗粒间的结合力大于排斥力，形成绒粒，而当营养充足时，细菌内部能量大，表面电荷增大，形成的绒粒重新分散。沉淀是混合液中固相活性污泥颗粒同污水分离的过程。固液分离的好坏直接影响出水水质，如果处理水夹带生物体，出水 COD_{Cr} 和 SS 将增大。所以，活性污泥法的处理效率同其他生物处理方法一样，应包括二次沉淀池的效率，即用曝气池及二沉池的总效率表示。除了重力沉淀外，也可用气浮法进行固液分离。

（2）活性污泥性能指标。为了增大活性污泥与废水的接触面积，提高处理效果，活性污泥应具有颗粒松散、易于吸附氧化有机物的特点。但在二次沉淀池中，又希望活性污泥能迅速沉降，与水分离，因此也要求活性污泥具有良好的凝聚和沉降性能。活性污泥的这些性能主要用以下指标表示。

活性污泥主要
性能指标

① 污泥浓度（MLSS）。污泥浓度是指曝气池中单位体积混合液所含悬浮固体的质量，单位为 mg/L 或 g/L。污泥浓度的大小间接反映了曝气池混合液中所含微生物的量。因此，为了保

证曝气池的处理效果，必须在池内维持一定量的污泥浓度。

污泥浓度也可用曝气池混合液中挥发性悬浮固体（MLVSS）的质量表示，它比 MLSS 更能反映活性污泥的活性。对某一废水和处理系统来说，在正常运行条件下，MLVSS 与 MLSS 的比值较固定，比如城市生活污水的 MLVSS/MLSS 常为 0.75～0.85。因此，无论用哪一个污泥浓度表示均具有同样的价值。

② 污泥沉降比（SV）。污泥沉降比是指曝气池中混合液沉淀 30min 后，沉淀污泥体积占混合液总体积的百分数。由于各种活性污泥经 30min 沉淀后，一般可接近最大的密度，因此用 30min 作为测定 SV 的标准时间。SV 测定方法简便、迅速，而且可直观地反映活性污泥的沉降性能。混合液经 30min 沉淀后，如上清液浑浊则说明污泥的凝聚、沉降性能差，这是曝气池运行不正常的表现，这时就应及时查明原因，采取措施。如果活性污泥的凝聚和沉降性能良好，SV 的大小可直接反映曝气池正常运行时活性污泥微生物量。当 SV 超过正常运行的范围时，就应该进行排泥，以免曝气池内由于污泥过多、耗氧速度快而造成池内缺氧，影响处理效果。总之，因为污泥沉降比的测定简便，而且可直接指导生产运行，因此在废水处理站一般 2～4h 测一次。SV 已成为控制活性污泥法运行的重要指标之一。

（3）活性污泥增长规律。活性污泥的主体是微生物，品种很多，它们之间存在相对平衡关系。各种微生物的生长规律虽然不同，各自的生长顶点也常相互错开，但是存在一个总的生长规律，如图 5-5 所示。

图 5-5　活性污泥的增长曲线

1—生长率上升阶段；2—生长率下降阶段；3—内源代谢阶段

控制活性污泥增长的决定性因素是废水中可降解的有机物量和微生物量的比值，即 F（有机物量）与 M（微生物量）的比值（F/M）。

① 生长率上升阶段。生长率上升阶段中的活性微生物是在营养较丰富（F/M 很大）的条件下，微生物的生长繁殖不受营养的限制，此时微生物降解有机物的速率最大，合成的速率也最大，菌体数量以几何级数的速率增加，菌体数量的对数值与降解时间呈直线关系。此时，污泥增长速率的大小取决于微生物本身的世代时间和利用底物的能力，与有机物的浓度无关。这一阶段，活性污泥具有很高的能量水平，活性很高，微生物处于分散状态，污泥的凝聚性和沉降性很差，出水水质也较差。此时，由于急剧代谢的作用，需氧量很大。

② 生长率下降阶段。随着微生物对有机物的不断降解和新细胞的不断合成，微生物的营养不再过剩（F/M 逐渐减小），而且成了微生物进一步生长的限制因素，微生物增长速率逐渐下降，活性减弱，具有的能量水平较低。因此，污泥可以形成污泥絮体，污泥的沉降性能提高，这时废水中的有机物已基本去除，出水水质较好。这是一般活性污泥法所采用的工作阶段。

③ 内源代谢阶段。随着有机物浓度的继续降低,当营养近乎耗尽(F/M 值达到最低并维持一常数)时,污泥即进入内源代谢阶段。在此阶段,废水中细菌已不能从周围环境中获得营养物维持其生命,于是开始代谢自身细胞内的营养物质,生物量逐步减少。此时,由于能量水平低,活性低,絮凝体形成速率增高,吸附有机物的能力显著提高,而且污泥无机化程度高,沉降性能良好。

(4)影响活性污泥法处理效果的因素。在活性污泥法的运行中,为了取得良好的处理效果,必须注意控制以下环境因素。

扫视
频

活性污泥法影响
因素

① 营养物质。微生物为合成自身的细胞物质,需要从周围环境中摄取自身生存所必需的各种物质,这就是营养物质。其中主要的营养物质是碳、氮、磷等,这是微生物细胞化学成分的骨架。对微生物来讲,碳、氮、磷营养有一定的比例,一般为 $BOD_5:N:P=100:5:1$。生活污水中含有微生物所需要的各种元素,而有些工业废水中则缺乏某些营养物质,如氮、磷等,这时需要投加适量的氮、磷或生活污水,以获得良好的处理效果。

② 溶解氧。溶解氧是影响生物处理效果的重要因素。在好氧生物处理中,如果溶解氧不足,好氧微生物由于得不到充足的氧,其活性将受到影响,新陈代谢能力降低,同时对溶解氧要求较低的微生物将逐步成为优势种属,影响正常的生化反应过程,导致处理效果下降。对于生物脱氮除磷来讲,厌氧释磷和缺氧反硝化过程不需要溶解氧,否则将导致氮、磷去除效果下降。若溶解氧过多,当营养缺乏时,会造成污泥自身氧化,影响处理效果。一般曝气池混合液内的溶解氧宜维持在 $2\sim4mg/L$,出水不低于 $1mg/L$。

③ pH 值。好氧生物处理系统在中性环境下运行效果最好,一般控制 pH 值为 $6.5\sim8.5$。若 pH>9 或 pH<6.5 时,微生物的生长受到抑制。pH<6.5 时,真菌在争夺养料中比细菌占优势,形成的活性污泥絮体沉降性能不好。

④ 温度。好氧生物处理一般在 $15\sim40℃$ 下运行,温度低于 $10℃$ 或高于 $40℃$,去除 BOD 的效率大大降低,最佳控制温度是 $20\sim30℃$。

⑤ 有毒物质。有毒物质是指废水中对微生物生长繁殖具有抑制或杀害作用的化学物质,主要包括重金属离子、氰、H_2S 等无机物质和某些有机毒物。毒物的毒害作用与 pH、水温、溶解氧、有无其他毒物及微生物的数量和是否驯化等有很大的关系。

(5)污水的可生化性评价。污水的可生化性就是通过实验去判断某种污水或某物质用生物处理的可能性。污水可生化性的表示方法有以下 2 种。

① BOD_5/COD_{Cr} 值法。利用此法评价污水的可生化性时,其评价的数值参考范围如表 5-1 所示。该法简单易行,但较为笼统,遇到具体问题应进行具体分析。

表 5-1 工业废水可生化性评价 BOD_5/COD_{Cr} 值范围

BOD_5/COD_{Cr}	>0.45	>0.3	<0.3	<0.25
可生化性评价	生化性较好	可以生化	较难生化	不宜生化

② 生物相对耗氧速率表示法。微生物与基质接触时,其耗氧速率的变化特性反映了有机物被氧化分解和无机物对生物污泥毒害的规律。表示耗氧速率随时间而变化的曲线,或耗氧量随时间而变化的曲线,简称为耗氧曲线;内源呼吸期生物污泥的耗氧曲线称为内源呼吸耗氧曲线;投入基质后的耗氧曲线称为基质耗氧曲线。具体做法为:利用实验条件下投加试验基质的生物活性污泥耗氧曲线和同一条件下生物污泥内源呼吸耗氧曲线进行对比,以评价基质的可生

化性。为简便起见，常采用相对耗氧速率 R（%）来评价基质的可生化性，R 按式（5-4）计算：

$$R = \frac{V_s}{V_o} \times 100\% \tag{5-4}$$

式中　V_s——投加基质后的耗氧速率，mg O_2/（g MLSS·h）；

　　　　V_o——内源呼吸耗氧速率，mg O_2/（g MLSS·h）。

V_s 与 V_o 一般采用某一测定时间区间的平均值，所选用的时间区间与测定目的有关。随着基质的不同，可能出现的几种耗氧速率的类型如图 5-6 所示。

图 5-6　相对耗氧曲线的一般类型

对于图 5-6 中四种物质，可生化性的研究内容也有差别。第一类物质在确定其无毒又不能被利用之后，已无甚可研究了；第二类物质在确定其可被微生物分解之后，着重研究物质的分解速率；第三类物质除了要进一步确定分解速率外，还需要确定产生抑制时的浓度（也称为极限允许浓度），研究驯化对增强抵抗抑制能力的影响；第四类物质着重研究抑制生物处理的极限允许浓度。

5.2.2　曝气与曝气池的构造

5.2.2.1　需氧量

曝气池内活性污泥对有机物的氧化分解及微生物的正常代谢活动均需要氧，需氧量一般可利用下列方法计算。

需氧量根据有机物降解需氧率和内源代谢需氧率来计算。在曝气池内，活性污泥对有机污染物的氧化分解和其本身的内源代谢都是耗氧过程。这两部分氧化过程所需要的氧量，一般用下列公式确定：

$$O_2 = a'QS_r + b'VX_v \tag{5-5}$$
$$S_r = S_0 - S_e$$

式中　O_2——混合液需氧量，kg O_2/d；

　　　　a'——活性污泥微生物氧化分解有机物过程的需氧率，即活性污泥微生物代谢 1kg BOD_5 所需要的氧量，kg O_2/kg；

　　　　Q——处理污水流量，m^3/d；

　　　　S_r——经活性污泥代谢活动被降解的有机污染物（BOD_5）量，kg/m^3；

　　　　S_0——曝气池进水有机污染物（BOD_5）量，kg/m^3；

　　　　S_e——曝气池出水有机污染物（BOD_5）量，kg/m^3；

b'——活性污泥微生物内源代谢（自身氧化过程）的需氧率，即 1kg 活性污泥每天自身氧化所需要的氧量，kg O_2/（kg·d）；

V——曝气池容积，m^3；

X_v——曝气池内 MLVSS 浓度，kg/m^3。

上式可改写为下列两种形式：

$$\frac{O_2}{QS_r} = a' + \frac{X_v V}{QS_r}b' = a' + \frac{b'}{L_s} \quad\quad (5\text{-}6)$$

$$\frac{O_2}{X_v V} = a'\frac{QS_r}{X_v V} + b' = a'L_s + b' \quad\quad (5\text{-}7)$$

式中 L_s——BOD_5 污泥负荷，kg BOD_5/（kg MLVSS·d）；

$\dfrac{O_2}{QS_r}$——降解 1kg BOD_5 的需氧量，kg O_2/kg BOD_5；

$\dfrac{O_2}{X_v V}$——单位质量活性污泥的需氧量，kg O_2/（kg MLVSS·d）。

从式（5-6）可以看出，当活性污泥法处理系统在高 BOD_5 污泥负荷条件下运行时，活性污泥的污泥龄（生物固体平均停留时间）较短，降解单位质量 BOD_5 的需氧量就较低。这是因为在高负荷条件下，一部分被吸附而未被摄入细胞体内的有机污染物随剩余污泥排出。同时，在高负荷条件下，活性污泥的内源代谢作用弱，因此需氧量较低。相反，当 BOD_5 污泥负荷较低，污泥龄较长时，微生物对有机污染物的分解代谢程度较深，微生物的内源代谢作用时间长，这样降解单位 BOD_5 的需氧量就较高。

从式（5-7）可以看出，在 BOD_5 污泥负荷高，污泥龄较短时，单位活性污泥的需氧量较大，也就是单位容积曝气池的需氧量较大。

生活污水的 a' 为 0.42～0.53，b' 值介于 0.11～0.19 之间。

$$耗氧量=去除的\ bCOD-合成微生物\ COD \quad\quad (5\text{-}8)$$

$$O_2 = Q（bCOD_0 - bCOD_e）- 1.42\Delta X_v \quad\quad (5\text{-}9)$$

式中 Q——处理污水流量，m^3/d；

$bCOD_0$——系统进水可生物降解 COD 浓度，g/m^3；

$bCOD_e$——系统出水可生物降解 COD 浓度，g/m^3；

ΔX_v——剩余污泥量（以 MLVSS 计算），g/d；

1.42——污泥的氧当量系数，完全氧化 1 个单位的细胞（以 $C_5H_7NO_2$ 表示细胞分子式），需要 1.42 单位的氧。

通常使用 BOD_5 作为污水中可生物降解的有机物浓度，如果近似以 BOD_L 代替 bCOD，则在 20℃，K_t=0.1 时，BOD_5 =0.68BOD_L，则式（5-9）可写为：

$$O_2 = \frac{Q(S_0 - S_e)}{0.68} - 1.42\Delta X_v \quad\quad (5\text{-}10)$$

式中符号同前。

推导推流式曝气池的计算模式，在数学上较为烦琐，劳伦斯和麦卡蒂作了简化计算的假定后，求得了推流的计算模式，但实际上很少使用。由于当前两种形式的曝气池实际效果差不多，因而完全混合的计算模式也可用于推流式曝气池的设计计算。

5.2.2.2　曝气方法

扫一扫

动画

传统曝气池

如前所述，活性污泥法的正常运行除需要良好的活性污泥外，还必须为活性污泥微生物氧化分解有机物提供充足的溶解氧，通常溶解氧是通过空气中的氧被强制溶解到曝气池的混合液中实现的。曝气除了起供氧作用外，还起搅拌混合作用，使活性污泥在曝气池中保持悬浮状态，使污水中的有机物、活性污泥和溶解氧三者能均匀混合。

对曝气设备的要求：供氧能力强；搅拌均匀；构造简单；能耗少；价格低廉；性能稳定，故障少；不产生噪声及其他公害；对某些工业废水耐腐蚀性强。

衡量曝气设备效能的指标有动力效率（E_P）和氧的转移效率（E_A）或充氧能力。动力效率是指消耗 1kW·h 电所能转移到液体中的氧量[kg/(kW·h)]；氧的转移效率是指鼓风曝气转移到液体中的氧量占所供给氧量的百分数（%）；充氧能力是指机械曝气在单位时间内转移到液体中的氧量（kg/h）。良好的曝气设备应具有较高的动力效率和氧转移率（或充氧能力）。

曝气方法可分为三种，即鼓风曝气法、机械曝气法和鼓风-机械曝气法。现在常用的是前两种曝气方法。

（1）鼓风曝气法（压缩空气曝气法）。鼓风曝气是用鼓风机（或空压机）将一定压力的空气直接充入曝气池混合液中。鼓风曝气系统由鼓风机（空压机）、风管和曝气装置组成。

中小型污水处理厂常采用罗茨鼓风机，罗茨鼓风机运行时噪声太大，故必须采用消声及隔声设施。对于大中型污水处理厂可采用离心式鼓风机，离心式鼓风机运行时噪声相对较小，而且效率较高。具体可参考有关手册进行选择。为了净化空气，进气管上常装设空气过滤器，在寒冷地区，还在进气管前设空气预热器。

风管是指从鼓风机出口至充氧装置的管道，起输送和配气作用，一般用焊接钢管。从鼓风机出口到曝气池的干管风速采用 10～15m/h 的经济流速，而通向扩散器的支管流速可采用 4～5m/h。风管的直径、流量和流速之间的关系可用诺模图查得。风管的阻力损失包括沿程阻力损失和局部阻力损失。

曝气装置即空气扩散器。其作用是将空气分散成空气泡，增大气液接触界面，把空气中的氧溶解于水中。按产生的气泡直径大小，可分为小气泡、中气泡和大气泡曝气设备三种。按曝气设备布置的水深，又可分为浅层、中层和深层曝气设备三种。下面介绍几种常用的扩散装置。

① 小气泡曝气设备。小气泡曝气设备释放的气泡直径小于 1.5mm，动力效率一般可达 2kg/(kW·h)，氧的转移效率一般大于 10%。常见的有扩散板、扩散管和扩散盘，其中扩散管和扩散盘是国内外使用较广的两种装置。

扩散管由多孔陶质扩散管组成，其内径 44～75mm，壁厚 6～14mm，长 600mm，每 10 根为 1 组，如图 5-7 所示，通气率为 12～15m³/（根·h）。

(a) 扩散管　　　　　　　　　　　(b) 扩散管组

图 5-7　扩散管和扩散管组

图 5-8、图 5-9 所示是两种膜片微孔曝气器，这两种曝气器的气体扩散装置采用微孔合成橡胶膜片，膜片上开有 150～200μm 的 5000 个呈同心圆布置的自闭式孔眼。当充气时空气通过布气管道，并通过底座上的孔眼进入膜片和底座之间，在空气压力的作用下使膜片微微鼓起，孔眼张开，达到布气扩散的目的。当供气停止时，由于膜片与底座之间的压力下降及膜片本身的弹性作用，孔眼渐渐自动闭合，压力全部消失后，由于水压作用，膜片被压实于底座之上。因此，曝气池中的混合液不可能发生倒灌，也不会沾污孔眼。另外，当孔眼开启时，其尺寸稍大于微孔曝气孔眼，空气中所含少量尘埃也不会造成曝气器的堵塞，因此不需要空气净化设备。

图 5-8　网状膜曝气器　　　　　　　图 5-9　膜片微孔曝气器

② 中气泡曝气设备。中气泡曝气设备释放的气泡直径为 1.5～3mm。应用较为广泛的中气泡曝气装置是穿孔管，由管径 25～50mm 的钢管或塑料管制成，在管下侧与垂直面呈 45°角处开直径为 35mm 的小孔，间距为 10～15mm。为了避免孔眼的堵塞，穿孔管孔眼出口流速一般应≥10m/s。穿孔管可按图 5-10 布置。近年来，为了降低空气压力，采用穿孔管时用如图 5-11 所示的布置方式。穿孔管布置成栅状，悬挂于池子的一侧，距水面只有 0.6～1m，因为水深较浅，所需空气压力也可以减小，采用普通轴流风机即可满足风压要求，这样的曝气方式常称为低压曝气或浅层曝气。穿孔管构造简单，不易堵塞，阻力小，但氧的利用率低，只有 6%～8%，动力效率亦低，为 1～1.5kg O$_2$/(kW·h)。

图 5-10　穿孔管　　　　　　　　　图 5-11　浅层曝气

③ 大气泡曝气设备。大气泡曝气设备常用竖管。竖管布置在曝气池一侧，空气直接从管端

放出。图5-12是我国某处理厂所用的竖管曝气装置。支管出口高出池底15cm，支管直径20mm。这种设备构造简单，阻力损失小，使用时不易堵塞，但空气利用率低，空气分布也不够均匀。竖管曝气由于放气口大，形成的气泡也大，所以常称大气泡曝气。大气泡的作用主要是上升时剧烈翻动水面，从而使氧气从大气中溶入液相。

(a) 扩散器　　　　　　　　　　(b) 布置形式

图 5-12　竖管曝气装置及其布置

④ 水力剪切扩散装置。水力剪切扩散装置有倒盆式、射流式和撞击式三种（图5-13）。倒盆式扩散器由塑料及橡胶板组成，空气从橡胶板四周喷出，旋转上升。由于旋流造成的剪切作用和紊流作用，气泡尺寸较小（2mm 左右），液膜更新较快，效果较好。当水深为 5m 时，氧利用率可达 10%，4m 时为 8.5%，每支扩散器的通气量为 12m³/h，但阻力大，动力效率为 2.6kg $O_2/(kW·h)$。该曝气器在停气时，橡胶板与倒盆紧密贴合，无堵塞问题。射流式扩散装置是利用水泵打入的泥水混合液在射流器的喉管处形成高速射流，与吸入或压入的空气强烈混合搅拌，将气泡粉碎至 100μm 左右，使氧迅速转移至混合液中。其氧利用率可提高到 25%以上。

(a) 倒盆式　　　　　　　　　(b) 射流式　　　　　　　　　(c) 撞击式

图 5-13　水力剪切扩散器

⑤ 固定螺旋扩散器。固定螺旋扩散器为一种新型的空气扩散装置，由ϕ300mm 或ϕ400mm、高 1500mm 的圆筒组成，内部装有按 180º 扭曲的固定螺旋元件 5～6 个，相邻两个元件的螺旋方向相反，一个顺时针旋，另一个逆时针旋。空气由底部进入曝气筒，形成气水混合液在筒内反复与筒壁及螺旋板碰撞、分割、迂回上升。由于空气喷出口径大，故不会堵塞。这种曝气器的氧利用率较高，一般可达 10%，每个曝气器的作用直径为 1～2m，动力效率为 2.2～2.6kg $O_2/$ $(kW·h)$。固定螺旋扩散器构造如图 5-14 所示，可均匀布置在池内。近年来，我国对曝气装置的研究取得很多成果，并获得很好的应用效果。

(a) 内部构造　　(b) 工作状态时的示意图

图 5-14　固定螺旋扩散器

（2）机械曝气法。鼓风曝气是水下曝气，机械曝气则是表面曝气。机械曝气是以装在曝气池水面的表面曝气机的快速转动进行表面充氧。按转轴的方向不同，表面曝气机分为竖式和卧式两类。

① 竖式表面曝气机。竖式表面曝气机的转动轴与水面垂直，装有叶轮，常用的有平板型叶轮、倒伞型叶轮和泵型叶轮，见图 5-15。其中泵型表曝机已有系列产品。

(a) 泵型　　　　　(b) 倒伞型　　　　　(c) 平板型

图 5-15　表面曝气叶轮

表面曝气叶轮的供氧是通过下述 3 种途径实现的：①由于叶轮的提升和输水作用，曝气池内液体不断循环流动，更新气液接触面，不断从大气中吸氧；②叶轮旋转时，在周边处形成水跃，使液面剧烈搅动，从大气中将氧卷入水中；③叶轮旋转时叶片后侧出现负压区从而吸入空气。

除供氧之外，曝气叶轮也具有足够的提升能力，一方面保证液面更新，另一方面也使气体和液体充分混合，防止池内活性污泥沉积。实测表明，泵型叶轮的提升能力和充氧能力比相同直径的平板叶轮大；倒伞型叶轮的动力效率较平板型叶轮高，但充氧能力较差。

曝气叶轮的充氧能力和提升能力同叶轮转速、浸没深度及曝气池型等因素有关。在适宜的浸深和转速下，叶轮的充氧能力最大，并可保证池内污泥浓度和溶解氧浓度均匀。一般生产上曝气叶轮转速为 30～100r/min，叶轮周边线速度为 2～5m/s。线速过大，会打碎活性污泥颗粒，影响沉淀效率，但线速过小，将影响充氧量。叶轮的浸没深度一般在 40mm 左右，并且可调。若浸没深度过小，充氧能力将因提升力减小而减小，底部液体不能供氧，将出现污泥沉积和缺氧；当浸没深度过大时，充氧能力也将显著减小，叶轮仅起搅拌机的作用。一般表面曝气吸氧率为 15%～25%，充氧动力效率为 2.5～3.5kg O_2/（kW·h）。

图 5-16　转刷曝气器

② 卧式表面曝气机。卧式表面曝气设备，目前主要应用的是转刷曝气器，如图 5-16 所示。转刷曝气器主要用于氧化沟，它具有负荷调节方便、维护管理容易、动力效率高等优点。转刷曝气器由水平转轴和固定在轴上的叶片组成，转轴带动叶片转动，搅动水面溅起水花，并使液面剧烈波动，促进氧的溶解；同时推动混合液在池内流动，促进溶解氧的扩散。

对于较小的曝气池，采用机械曝气装置减少曝气费用，并省去鼓风机曝气所需的管道系统和鼓风机等设备，维护管理也较方便。但是这类装置转速高，所需动力随池子的加大而迅速增大，所以池子不宜太大，而且需要较大的表面积以便能从空气中吸氧。此外，曝气池中如有大量泡沫产生，可能严重降低叶轮的充氧能力。鼓风曝气供应空气的伸缩性较大，曝气效果也较好，一般用于较大的曝气池。

（3）曝气设备性能指标。比较各种曝气设备性能的主要指标有：①氧转移速率，单位为 mg $O_2/(L·h)$；②充氧能力（或动力效率），即消耗 1kW·h 的动力能传递到水中的氧量，单位为 kg $O_2/(kW·h)$；③氧利用率，通过鼓风曝气系统转移到混合液中的氧量占总供氧的百分比，单位为%。机械曝气无法计量总供氧量，因而无法计算氧利用率。

5.2.2.3　曝气池

活性污泥处理污水的主要构筑物是曝气池，曝气池实质上是一个生化反应器。随着活性污泥法应用的不断发展和改进，曝气池的形式与构造也不断变化，概括起来可以分为以下几类：按混合液在曝气池中的流态可分为推流式、完全混合式和循环混合式三种；按采用的曝气方法可分为鼓风曝气式、机械曝气式和两种曝气方法联合使用的联合式三种；按平面几何形状可分为长方廊道形、圆形、方形和环形跑道形四种；按曝气池与二次沉淀池的关系可分为分建式和合建式两种。

（1）推流式曝气池。推流式曝气池（见图 5-17）为长方廊道形池子，常采用鼓风曝气。废水和回流污泥一起从池子一端进入，混合液从另一端流出。该池首端微生物的营养丰富，末端营养很少，使微生物的生长环境沿池长不断变化；氧的利用速率也是首端高，末端低，而运行时往往是平均供氧，因而当进水 BOD_5 较高时，会造成曝气池首端供氧不足，而末端供氧过剩。另外，对进水水量与水质的波动适应性较差，但水在池内不会产生短流，处理效果好。

(a) 平面流态示意　　　　　　(b) 横断面示意

图 5-17　推流式曝气池

曝气池的数目随污水厂的水量而定，在结构上可以分成若干单元，每个单元包括几个池子，每个池子常由 1～4 个折流的廊道组成，如图 5-18 所示。

推流式曝气池池长有时可达 100m。为防止短流，廊道长宽比应大于 4.5，甚至大于 10。为了使水流更好地旋转前进，宽深比一般在（1∶1）～（2∶1），池深一般为 4.0～6.0m。曝气池进水一般采用淹没式，以免污水进入曝气池后沿水面扩散，造成短流，影响处理效果。曝气池出水可采用溢流堰或出水孔。通过出水孔的水流速度一般较小（0.1~0.2m/s），以免污泥受到破坏。

图 5-18 曝气池廊道   图 5-19 完全混合式曝气池

（2）完全混合式曝气池。完全混合式曝气池多用于圆形、方形或多边形池子，一般采用叶轮式机械曝气。图 5-19 所示是国内采用较多的一种合建式表面曝气的完全混合曝气池。它由曝气区、导流区、沉淀区和回流区四部分组成。在曝气区，从池子下部中心进入的污水和用污泥水回流缝回流的污泥，通过叶轮搅拌迅速均匀混合，然后进入导流区，流入沉淀区，澄清水经周边溢流堰排出，沉淀下来的污泥则沿曝气区底部四周的回流缝流入曝气池。导流区的作用是使污泥凝聚并使气水分离，为沉淀创造条件。在导流区中常设径向障板（整流板），以阻止在惯性作用下从窗孔流入导流区和沉淀区的液流绕池子轴线旋转，有利于气水或泥水的分离。曝气区下端设池裙，以避免死角，设顺流圈以增加阻力，减少混合液和气泡甩入沉淀区的可能。为了控制回流污泥量，曝气区出流窗孔设有活门，以调节窗孔的大小。由于曝气和沉淀两部分合建在一起，这类池子称合建式完全混合曝气池或曝气沉淀池。它布置紧凑，流程短，有利于新鲜污泥及时回流，节省污泥回流设备，因此在小型污水处理厂，特别是在工业废水处理中得到广泛应用。

图 5-20 长方形曝气沉淀池   图 5-21 分建式完全混合曝气沉淀系统

1—进水槽；2—进泥槽；3—出流槽；4—进水孔；

5—进泥孔（进水孔和进泥孔沿池长分布）

完全混合式曝气沉淀池的平面常是方形或长方形，沉淀区仅在曝气区的一边设置，因而曝气时间与沉淀时间的比值比圆形曝气沉淀池的大些，适合于曝气时间较长的污水处理。为加强液体上下翻动,有时设置中心导流筒。除合建式外,还有分建式,即曝气池和沉淀池分开修建。完全混合式曝气沉淀池除上述叶轮供氧的圆形或方形池子外,还有如图 5-20 所示的长方形曝气沉淀池。完全混合长方形曝气沉淀池也有分建式的,如图 5-21 所示。为了达到完全混合的目的,污水和回流污泥沿曝气池池长均匀引入,并均匀地排出混合液。完全混合活性污泥法抗冲击负荷能力强,运行费用较低,占地较小,费用较省。但构造复杂,污泥易膨胀,设备维修工作量大,适用于污水浓度高的中小型污水厂。

(3)循环混合式曝气池(氧化沟)。循环混合式曝气池多采用转刷供氧,其平面形状如环形跑道。循环混合式曝气池也称为氧化沟(渠),是一种简易的活性污泥系统,属于延时曝气法,其基本形状如图 5-22 所示。

图 5-22   氧化沟处理系统流程

图 5-23   曝气池中需氧量与供氧量的关系

转刷设置在氧化沟的直段上,转刷旋转时混合液在池内循环流动,流速保持在 0.3m/s 以上,使活性污泥呈悬浮状态。氧化沟的流型为环状循环混合式,污水从环的一端流出。一般混合液的环流量为进水量的数百倍以上,接近于完全混合,具备完全混合曝气池的若干特点。氧化沟的断面可做成梯形或矩形,沟宽与转刷长度相适应。

氧化沟可分为间歇运行和连续运行两种方式。间歇运行适用于处理量少的污水,可省掉二次沉淀池。当停止曝气时,氧化沟作沉淀池使用,剩余污泥通过氧化沟中污泥收集器排出。连续运行适用于水量稍大的污水处理,需另设二次沉淀池和污泥回流系统。

氧化沟法有较高的脱氮效果,系统简单,管理方便,产泥少且稳定性好。但曝气池占地面积大,投资高,运行费用较高,适用于悬浮性 BOD_5 低、有脱氮要求的中小型污水厂。

5.2.3   活性污泥法的运行及操作

5.2.3.1   活性污泥法的运行方式

活性污泥法在应用和发展过程中,为了提高处理能力,适应不同的处理要求,降低基建和运行费用,简化运行管理,在推流式和完全混合式两类系统的基础上派生出了各种不同的运行方式。下面介绍几种常用的运行方式。

(1)普通活性污泥法。普通活性污泥法是活性污泥法最早的应用形式,又称传统活性污泥法。曝气池采用长方形,污水和回流污泥从曝气池首端流入,呈推流式至曝气池末端流出。空气沿池长均匀分布,污水在曝气池内完成被吸附和氧化两个阶段,并得到净化。曝气池混合液在二沉池内沉淀的污泥一部分回流至曝气池,另一部分作为剩余污泥排出。

此法的特点是:曝气池进口处有机物浓度高,沿池长逐渐降低,需氧量也是沿池长逐渐降低（图 5-23）。当进水有机物浓度较低、回流污泥量大时，进口端污泥增长可能处于稳定期；当进水有机物浓度较高时，进口端污泥增长可能处于对数增长期。通过较长时间的曝气，曝气池出口处微生物的生长已进入内源呼吸期，这时污水中有机物极少，活性污泥容易在沉淀池中混凝、沉淀。同时污泥中微生物处于缺乏营养的饥饿状态，充分恢复了活性，回流入曝气池后，对有机物有很强的吸附和氧化能力。所以普通活性污泥法对有机物（BOD$_5$）和悬浮物的去除率高，出水水质好，特别适用于处理水质比较稳定的污水。它的主要缺点是：①不能适应冲击负荷。当进水浓度突然增高，特别是对污泥中微生物具有抑制和毒害作用的物质浓度突然增高时，调节缓冲余地甚小，使活性污泥的正常生理活动遭到冲击，甚至破坏。因此其适应水质变化的能力很差。②供应的氧气不能被充分利用。污水进口的池子前端 BOD$_5$ 高，生化反应快，需氧量高。随着污水沿池长流动，污水中的有机物逐渐被去除，需氧量逐渐降低，结果造成池前段供氧不足，后段氧过剩。同时，为保证池前段不缺氧，还需控制污水进水的有机负荷量不宜过高。③曝气池容积负荷不高。由于池后段浓度低，反应速率低，单位池容积的处理能力小，占地面积大。④排出的剩余污泥在曝气中已完成了恢复活性的再生过程，造成动力浪费。这些缺点限制了此法在某些工业污水中的应用。

（2）渐减曝气法。渐减曝气法是为克服普通活性污泥法中供氧不能充分被利用的缺点而提出来的。它的工艺流程与普通活性污泥法一样，只是供气沿池长递减，使供气量与需氧量相适应。具体措施是从池前端到末端，所安装的空气扩散设备由多到少（见图 5-24），使供气量沿池长逐渐减少。

（3）逐步曝气法。逐步曝气法又称阶段曝气法，是除普通活性污泥法以外使用较为广泛的一种活性污泥法，如图 5-25 所示。此法将污水进池方式改为沿池长分几个进口（一般为 3～4个）入池，使有机物沿池长分配比较均匀，避免了传统曝气法池前段供氧不足、池后段氧过剩的缺点。另外，由于分散进水，污水在池内稀释程度较高，污泥浓度也随池长而降低，可减轻二次沉淀池的负荷，有利于泥水分离。实践证明，逐步曝气法可以提高空气利用率和曝气池工作能力，并且能够根据需要改变各进水口的进水量，运行上有较大的灵活性。逐步曝气法适用于大型曝气池及浓度较高的污水。

图 5-24 渐减曝气法工艺流程　　　　　　图 5-25 逐步曝气法工艺流程

（4）吸附再生曝气法。吸附再生曝气法又称生物吸附法或接触稳定法。此法充分利用了活性污泥在净化水质第一阶段的吸附作用，在较短时间（30～60min）内，通过吸附去除污水中悬浮的和胶态的有机物，再通过液固分离，使污水得到净化。这是对传统法的一种重要改进，其流程如图 5-26 所示。在吸附池内，有机物被污泥吸附后，污泥和污水一起流入沉淀池，将回流污泥引入再生池进行氧化分解，并采取不投食料的空曝方式（曝气时间为 2～3h），使微生物处于高度饥饿状态，从而使污泥具有很高的活性。然后将恢复活性后的污泥引入吸附池，吸附污水中的有机物，如图 5-26（a）所示。污水中有机物被吸附和污泥再生也可以在一个池内的两个部分进行，如图 5-26（b）所示。此时，池前部为再生段，后部为吸附段，污水由吸附段进入池内。与传统法一样，吸附再生法也采用推流式池型。

图 5-26　吸附再生曝气法流程

　　吸附再生曝气法的优点是：①由于污水的吸附时间比较短，且再生池和吸附池内污泥浓度高，因而吸附和再生两个池子的总容积比传统活性污泥法一个池子的容积要小。此外，空气用量也有所减少。这是因为在普通活性污泥法中剩余活性污泥是经曝气再生后排出的，而吸附再生曝气法中所排出的剩余活性污泥不再曝气。另外，由于曝气池容积缩小，搅拌用的空气量也相应地减少。②吸附再生曝气法回流污泥量比传统活性污泥法多，回流的污泥具有一定的调节平衡作用，使吸附池对负荷变化的适应性增强。由于大量污泥集中于再生池，一旦吸附池中污泥受到破坏，可以迅速地由再生池污泥替换，不影响正常运行。③吸附再生曝气法可不设初次沉淀池，降低了建设费用。④"空曝"可抑制丝状细菌繁殖，防止污泥膨胀。

　　吸附再生曝气法的缺点是：①处理效果不及普通活性污泥法高，BOD_5 去除率一般只能达到 80%～90%。②回流污泥量大，增加了回流污泥泵的能耗。③剩余污泥松散，含水率高，处置较困难。

　　吸附再生曝气法适用于处理含大量悬浮状和胶体状有机物的废水，如焦化厂多采用此方法处理含酚废水。

　　（5）完全混合曝气法。完全混合曝气法是目前采用较多的新型活性污泥法。它与传统曝气法的主要区别在于混合液在池内呈充分混合循环流动，因而污水与回流污泥进入曝气池后立即与池内原有混合液充分混合，进行吸附和代谢活动。完全混合曝气法的基本流程如图 5-27 所示。其池型有曝气池与沉淀池合建和分建两种形式。

图 5-27　完全混合曝气法基本流程　　　　　　　图 5-28　延时曝气法基本流程

　　完全混合曝气法的优点是：①曝气池内液体充分混合，池内各点水质几乎完全相同，需氧量是均匀的。污水和回流污泥进入曝气池同原有的大量浓度低、水质均匀的混合液混合，得到很好的稀释。因而进水水质的变化对活性污泥的影响很小，可以最大限度地承受水质变化，从而克服了普通活性污泥法不适应冲击负荷的缺点。②能够处理高浓度有机污水而不需要稀释，只要随浓度的高低在一定污泥负荷范围内适当延长曝气时间即可。③由于池内各点水质均匀，微生物群的性质和数量基本上也相同，这就使整个池子的工作可控制在同一条件下进行。这一点是其他运行方式不具备的。

完全混合曝气法的缺点是：①由于连续进水，有少量进水发生短流，使出水水质受到影响。②曝气池内活性污泥不能达到内源呼吸阶段，因而出水水质不如普通曝气法。③易发生污泥膨胀。

（6）延时曝气法。延时曝气法又称完全氧化法，是完全混合曝气法的另一种运行方式，其基本流程如图 5-28 所示。

延时曝气法的特点是负荷率低，曝气时间长（为 1～3d），所需要的池容积大。工作时活性污泥长期处于内源呼吸阶段，不但去除了水中的污染物，而且氧化了合成的细胞物质，实际上它是污水处理和污泥好氧处理的结合。此法剩余污泥量理论上接近零，但仍有一部分细胞物质不能被氧化，或随出水排走，或需另行处理。由于污泥氧化比较彻底，故其脱水迅速且无臭气，出水稳定性也较高。延时曝气法的细胞物质氧化时释放出的氮、磷有利于缺少氮、磷的工业废水的处理。另外，延时曝气池容积大，进水水量和水质的变化以及低温对污泥的影响小。但污泥龄长，基建费和动力费较高，占地面积也较大。所以它只适用于要求较高而又不便于污泥处理的小型城镇污水和工业废水的处理。

活性污泥法的运行方式还有高负荷的高速曝气法等，但国内很少采用。

5.2.3.2 去除有机污染物的活性污泥法过程设计

活性污泥法的设计计算，主要是根据进水水质和出水的要求，确定活性污泥法工艺流程，选择曝气池的类型，计算曝气池的容积，确定污泥回流比，计算所需的供氧量，选择曝气设备和计算剩余活性污泥量等。下面主要讨论去除 BOD_5 及硝化过程的活性污泥法设计计算。

（1）曝气池容积设计计算。曝气池的选型，从理论上分析，推流式优于完全混合式，但由于充氧设备能力的限制，以及纵向混合的存在，实际上推流式和完全混合式的处理效果相近。若能克服纵向掺混，则推流式比完全混合式好，而完全混合式抗冲击负荷的能力强。究竟选择哪一种类型，要根据进水的负荷变化情况、曝气设备的选择、场地布置以及设计者的经验等因素综合确定。在可能的条件下，曝气池的设计要既能按推流方式运行，也能按其他多种模式操作，以增加运行的灵活性，在运行过程中探索恰当的运行方式。

曝气池的设计计算，正在由经验方法向更精确的理论方法过渡，由于污水水质的复杂性，有些情况需要通过试验来确定设计参数。但是，理论方法能深刻地揭示活性污泥法的本质，加深对它的认识和理解，这对做好设计是极为重要的。

① 有机物负荷法。有机物负荷通常有两种表示方法：活性污泥负荷（简称污泥负荷）和曝气池容积负荷率（简称容积负荷）。

活性污泥负荷的方法，在原理上是基于对活性污泥法中微生物生长曲线的理解，认为微生物所处的生长阶段取决于基质的量（F）与微生物总量（M）的比例（即活性污泥负荷）。活性污泥负荷主要决定了活性污泥法系统中活性污泥的凝聚、沉降性能和系统的处理效率。对于一定进水浓度的污水（S_0），只有合理地选择混合液污泥浓度（X）和恰当的活性污泥负荷（F/M），才能达到一定的处理效率。

根据这样的概念，活性污泥负荷 L_s 可以用下式表示：

$$L_s = \frac{F\,(\text{基质的总投加量})}{M\,(\text{微生物的总量})} = \frac{QS_0}{XV} \tag{5-11}$$

因此，生物反应池的容积应为：

$$V = \frac{QS_0}{L_s X} \tag{5-12}$$

式（5-11）是承担负荷的概念，我国现行的《室外排水设计标准》（GB 50014—2021）中的负荷是去除负荷的概念，其计算容积公式为：

$$V = \frac{Q(S_0 - S_e)}{L_s X} \tag{5-13}$$

式中　L_s——活性污泥负荷，kg BOD$_5$/（kg MLSS·d）或 kg BOD$_5$/（kg MLVSS·d）；

　　　F/M——活性污泥负荷，g BOD$_5$/（g MLSS·d）或 g BOD$_5$（kg MLVSS·d）；

　　　Q——与曝气时间相当的平均进水流量，m³/d；

　　　S_0——曝气池进水的平均 BOD$_5$ 值，mg/L 或 kg/m³；

　　　S_e——曝气池出水的平均 BOD$_5$ 值，mg/L 或 kg/m³；

　　　X——曝气池混合液污泥浓度，MLSS 或 MLVSS，mg/L 或 kg/m³；

　　　V——曝气池容积，m³。

按此公式，计算得到的生物反应池的容积（V）可以略微减小。

运用污泥负荷时注意，使用 MLSS 或 MLVSS 表示曝气池混合液污泥浓度时应与 L_s 中的污泥浓度含义相对应。

容积负荷是指单位容积曝气池在单位时间内所能接纳的 BOD$_5$ 量，即：

$$L_v = \frac{QS_0}{V} \tag{5-14}$$

Q 和 S_0 是已知的，X 和 L_s、L_v 可参考标准选择。对水质较为复杂的工业废水要通过试验来确定 X 和 L_s、L_v 值。污泥负荷率法应用方便，但需要一定的经验。

② 污泥龄法。根据有机物的负荷率确定曝气池的体积主要依据工程实践经验，随着人们对活性污泥法反应过程机理了解的不断深入，各国学者为了进一步揭示生化反应过程中物质变化规律，在生化反应动力学方面做了大量试验研究工作，得到了相关的生物反应动力学模式，并应用于工程设计和运行管理。对于活性污泥法处理系统，污泥龄是一个非常重要的参数，选择、控制好一个合理、可靠的污泥龄对活性污泥法系统的工程设计和运行管理非常重要。根据活性污泥法数学模型分析得知，出水水质、曝气池混合液污泥浓度、污泥回流比等都与污泥龄存在着一定的数学关系，利用这些数学关系可以进行生物处理过程设计。如曝气池的容积为：

$$V = \frac{YQ(S_0 - S_e)\theta_c}{X(1 + K_d \theta_c)} \tag{5-15}$$

式中　V——曝气池容积，m³；

　　　Y——活性污泥的产率系数，g VSS/g BOD$_5$；

　　　Q——与曝气时间相当的平均进水流量，m³/d；

　　　S_0——曝气池进水的平均 BOD$_5$ 值，mg/L；

　　　S_e——曝气池出水的平均 BOD$_5$ 值，mg/L；

　　　θ_c——污泥龄（SRT），d；

　　　X——曝气池混合液污泥浓度（MLVSS），mg/L；

　　　K_d——内源代谢系数，d^{-1}。

为了在曝气池投产期驯化活性污泥,各类曝气池在设计时都应在池深 1/2 处设中间排液管。

（2）剩余污泥量计算

① 按污泥龄计算。根据活性污泥系统污泥龄的定义,提供了一个计算每天剩余污泥量的简易公式:

$$\Delta X = \frac{VX}{\theta_c} \tag{5-16}$$

式中　ΔX——每天排出的总固体量,g/d;

X——曝气池中的 MLVSS 浓度,g/m^3;

V——曝气池反应器容积,m^3;

θ_c——污泥龄（生物固体平均停留时间）,d。

② 根据污泥产率系数或表观产率系数计算。产率系数是指降解单位质量的底物所增长的微生物的质量,污泥产率系数 Y 可表示为:

$$Y = -\frac{\dfrac{dX}{dt}}{\dfrac{dS}{dt}} = -\frac{dX}{dS} \tag{5-17}$$

则活性污泥微生物每日在曝气池内的净增殖量为:

$$\Delta X_v = Y(S_0 - S_e)Q - K_d V X_v \tag{5-18}$$

式中　ΔX_v——每日增长的挥发性活性污泥量,kg/d;

Y——产率系数,即微生物每代谢 1kg BOD_5 所合成的 MLVSS,kg;

$Q(S_0 - S_e)$——每日的有机污染物去除量,kg/d;

VX_v——曝气池内挥发性悬浮固体总量,kg。

用上面提到的产率系数 Y 计算的是微生物的总增长量,没有扣除生化反应过程中用于内源呼吸而消亡的微生物量,故 Y 有时也称合成产率系数或总产率系数。

产率系数的另一种表达为表观产率系数 Y_{obs},用 Y_{obs} 计算的微生物量为净增长量,即已经扣除内源呼吸消亡的微生物量。表观产率系数可在实际运转中观测到,故 Y_{obs} 又称观测产率系数或净产率系数。

$$Y_{obs} = -\frac{\dfrac{dX'}{dt}}{\dfrac{dS}{dt}} = -\frac{dX'}{dS} \tag{5-19}$$

式中　dX'——微生物的净增长量。

用 Y_{obs} 计算剩余活性污泥量就显得简便快捷:

$$\Delta X_v = Y_{obs}Q(S_0 - S_e) \tag{5-20}$$

式中各项意义同前。

使用上述剩余污泥量计算方法得到的是挥发性剩余污泥量,工程实践中需要的往往是总的悬浮固体量,这时需要分析进水悬浮固体中无机性成分进入剩余污泥中的量,或根据 MLVSS/MLSS 的值来计算总悬浮固体量。

5.2.3.3　活性污泥法的运行与控制

扫视
一频
扫

活性污泥的培养
和驯化

（1）活性污泥的培养和驯化。经过工程验收之后，活性污泥系统运行的下一步便是好氧污泥的培养。

① 培菌。活性污泥的培养是指一定环境条件下在曝气池中形成处理废水所需浓度和种类的微生物（污泥）。

城市污水厂的培菌一般采用闷曝法。在温暖季节向曝气池中充满生活污水，为提高初期营养物浓度，可投加一些浓质粪便或米泔水等，使 BOD_5 浓度为 300～400mg/L，开启曝气系统，在不进水曝气数小时后，停止曝气并沉淀换水。经过数日曝气、沉淀换水之后 2～5d 即可连续进水，并开启曝气池和二沉池，污泥回流系统连续运行，7～10d 可见活性污泥出现，则可加大进水量，提高负荷，使曝气池污泥浓度和运行负荷达到设计值，即使污水经处理后达标排放所需的污泥浓度和运行负荷。培菌初期，由于污泥尚未大量形成，污水浓度较低，且污泥活性较低，故系统的运行负荷和曝气量须低于正常运行期的参数。

工业废水活性污泥处理系统的培菌较困难，往往需投加菌种（类似污水处理厂的干污泥），具体采用如下方法。

a. 采用数级扩大培菌。在营养合适时，微生物生长繁殖速度很快，但初期需适应水质特点。依照发酵工业中"菌种—种子罐—发酵罐扩大培养"的方法，寻找合适的容器，分级扩大培菌。先在小的处理设施或构筑物中培养出足够活性的污泥，作为菌种引入下一级构筑物，由于有了足够活性和数量的种泥，大型构筑物中活性污泥会很快生长，达到所需的污泥浓度。

b. 干污泥培菌。取水质特征相同、已正常运行于处理系统中并脱水后的干污泥作为菌种进行培菌。在曝气池中加入干污泥后，注入少量水捣碎，然后再加浓生活污水和一定量的工业废水，逐渐降低生活污水的比例，相应增大工业废水的比例直至完全用工业废水进行培菌，也可采用低负荷适当水量连续进水来培菌。污泥会迅速增长达到所需的浓度。

c. 直接培菌法。某些工业废水营养全面，浓度适中，且本身含丰富的种群，如食品加工厂废水、肉类加工厂废水、豆制品厂废水等，一般采用直接培菌法，即按城市污水的培菌方法进行。

以上几种方法只适合于城市污水或水质接近生活污水的工业废水，对于有毒或难生物降解的工业废水，必须进行接种，且要采用间接驯化法，即先以生活污水培养种泥，再用生活污水与工业废水混合培养，最后全用工业废水驯化的方法。

② 驯化。对于有毒或难生物降解的有机工业废水，在污水培养的后期，将生活污水量和外加营养量逐渐减少，工业废水量逐渐增加，最后全部为工业废水，此过程称为驯化。

驯化过程能使可利用废水有机污染物的微生物数量逐渐增加，不能利用的则逐渐死亡，最终使污泥达到正常的浓度、负荷，并有好的处理效果。有机物一般都能被微生物代谢吸收，简单有机物可被细菌直接吸收利用，而复杂的大分子有机物或有毒性的有机物，必须首先被细菌分泌出的"诱导酶"分解转化成简单的有机物才能被吸收，凡能分泌出这种"诱导酶"的细菌，能适应工业废水的水质特征而生存下来，这种细菌的富集、迅速繁殖就是污泥的驯化。

在污泥驯化过程中，应使工业废水比例逐渐增加，生活污水比例逐渐减少。每变化一次配比，污泥的浓度和处理效果的下降不应超过 10%，并且经 7～10d 运行后，能恢复到最佳值。经多次调整水量配比，直到驯化结束达到处理效果。对于可生化性较好、有毒成分较少、营养较全的工业废水，可同时进行培养和驯化，即培菌一开始就加入一定比例的工业废水。否则须把培养和驯化完全分开。

③　工业废水营养。城市污水中生活污水所占比例较大，一般为45%～60%，而且各种有害物质和难降解物质的浓度得到稀释，因此城市污水中具有微生物代谢所需要的营养成分，不仅全面而且均衡。某些工业废水污染物成分单一，如甲醇溶剂生产废水、农药生产废水、造纸废水等营养不全，会影响微生物的生长繁殖。

a. 补充营养的种类。一般情况下，可生物降解的有机污水所缺的营养物质为N和P，而某些情况下，N的含量会很高，超过所需比例，如化肥厂的生产废水。因此，很多工业废水处理系统需投加的补充营养物为含P化合物。能够补充N源的物质有氨水、尿素、硝铵、硫铵。能够补充P源的物质有过磷酸钙、磷酸氢二钠。实际生产中，可选用氨水或尿素补充N源，选用Na_2HPO_4补充P源，这样可以降低运行成本。最好能引入N、P含量高的工业废水，或高浓度生活污水。

b. 补充营养的投加量

i. 经验法。若工业废水中所提供的营养缺少某一类，或$BOD_5(C)$、N、P比例离平衡要求相差太远，则可按$BOD_5(C)$：N：P=（100:5:1）～（150:5:1）的比例计算出所需营养的投加量，补充营养后使处理系统正常运行，然后逐步减少补充的N、P量，直至处理效果转差，则此时可知需控制的营养比例。

ii. 测试法。测出处理系统污泥的净产量及其中N或P的含量，来控制补充营养的投加量。但由于污泥中N、P含量的测定不易准确，实施该方法有一定的困难。

（2）活性污泥的观察和述评。活性污泥法处理废水的效果取决于微生物的活性。因此，运行过程中应注意观察和检测污泥的性状和微生物的组成与活性等。如污泥的沉降性能应每班观察，污泥的生物相特征亦应根据需要每3～5d观测一次。

①　活性污泥性状的观测

a. 污泥的色、嗅。正常运行的城市污水厂或与城市污水类似的工业废水处理站，活性污泥一般呈黄（或棕）褐色，新鲜的活性污泥略带泥土味。当曝气池充氧不足时，污泥会发黑、发臭；当曝气池充氧过度或负荷过低时，污泥色泽会较淡。

b. 观察曝气池。应注意观察曝气池液面翻腾情况，防止有成团气泡上升或液面翻腾很不均匀的情况。还应注意观察曝气池泡沫的变化。若泡沫量增加很多或泡沫出现颜色，则表明进水水质变化或运行状态变化。

c. 观察二沉池。经常观察二沉池泥面的高低、上清液透明程度及液面浮泥的情况。污水厂正常运行时二沉池上清液的厚度应该为0.5～0.7m。如果泥面上升，则说明污泥沉降性能差。上清液浑浊，则说明负荷过高，废水净化效果差；若上清液透明，但带出一些细小污泥絮粒，说明污水净化效果较好，但污泥解絮。池中不连续性大块污泥上浮，则说明池底局部厌氧，导致污泥腐败。若大范围污泥成层上浮，可能是污泥中毒。

d. 污泥性能指标测试与分析。活性污泥处理系统，应及时检测污泥的浓度、沉降比和体积指数，并加以分析，判断运行情况。处理系统应维持正常的污泥浓度（MLSS），以保证运行负荷的正常或污泥性能的正常。通常所测污泥沉降比（SV）为静沉30min的结果，SV值越小，污泥沉降性能越好。或者测定5min的污泥沉降体积，来判断污泥的沉降性能，因为5min时沉降性能不同的污泥其体积差异最大，且可节省测试时间。必要时，可测定污泥在低转速条件下的沉淀效果，并测定污泥界面沉降速率，其结果能更准确地反映沉淀池中的实际状况。SV的值与污泥种类、絮凝性能和污泥浓度有关。例如，初沉池SV比二沉池的要小；富含丝状菌的污泥SV很大；污泥自身过度氧化，细菌胞壁外层黏液降低时，絮凝性能变差，SV值很高。另外，对于同一类污泥，浓度越高，SV值越大。污泥体积指数（SVI），在其含义中，排除了污泥浓度对沉降体积的影响。SVI 值能更好地反映污泥的絮凝沉降性能和污泥活性。一般认为，SVI 值处于 80～150 时，污泥状况良好。对于无机污泥，SV 值正常，而 SVI 值可能很低；对于有较好食物竞争能力的丝状菌，虽代谢活性较好，但不能絮凝沉淀，SVI 值就很高。

SVI 值与污泥负荷有关，若污泥负荷过低或过高，其活性污泥代谢性能变差，SVI 值亦不正常。

② 活性污泥生物相的观察。活性污泥处理系统生物相的观察，是普遍采用的运行状态的观察方式。通过生物相观察，可了解活性污泥中微生物的种类、数量优势度等，及时掌握生物相的变化、运行系统的状况和处理效果，及时发现异常现象或存在的问题。

活性污泥微生物一般由细菌、真菌、原生动物和后生动物等组成，其中以细菌为主，且种类繁多。当水质条件和环境条件变化时，在生物相上也会有所表现。

活性污泥絮粒以菌胶团为骨架，穿插生长着一些丝状菌，但其数量远小于细菌数量。微型动物中以固着类纤毛虫为主，如钟虫、盖纤虫、累枝虫等，也会见到少量游动纤毛虫，如草履虫、肾形虫，而后生动物如轮虫很少出现。一般来讲，城市污水处理厂的活性污泥中，微生物相当丰富，有各种各样的微生物，而工业废水处理站的活性污泥中因为水质的特点，可能没有某些微生物。

对微生物相观察应注重如下几方面。

a. 生物种类的变化。污泥中微生物种类会随水质变化，随运行阶段而变化。培菌阶段，随着活性污泥的逐渐生成，出水由浊变清，污泥中微生物的种类发生有规律的演替。运行中，由污泥中微生物种类的正常变化可以推测运行状况的变化。当污泥结构松散时，常可见游动纤毛虫的大量增加。工业废水因水质特征的差异，各处理站的生物相亦会有很大差异。实际运行中，应通过长期观察，找出废水水质变化与生物相变化之间的相应关系。

b. 微生物活动的状态。当水质发生变化时，微生物的活动状态会发生一些变化，甚至微生物的形体亦随废水变化而发生变化。以钟虫为例，可观察其纤毛摆动的快慢，体内是否积累较多的食物泡，伸缩泡的大小与收缩以及繁殖等。微型动物对溶解氧的变化比较敏感，当水中溶解氧过高或过低时，能见钟虫"头"端突出一空泡。进水中难代谢物质过多或温度过低时，可见钟虫体内积累不消化颗粒并呈不活跃状态，最后会导致虫体中毒死亡。pH 突变时，虫体上纤毛停止摆动。当遇到水质变化时，虫体外围可能包有较厚的胞囊。

c. 微生物数量的变化。城市污水处理厂活性污泥中微生物种类很多，但某些微生物数量的变化会反映出水质的变化。如丝状菌在正常运行时亦有少量存在，但丝状菌大量出现的结果是细菌减少、污泥膨胀和出水水质变差。活性污泥中鞭毛虫的出现预示污泥开始增长繁殖，而鞭毛虫数量很多时，又反映出处理效果的降低。钟虫的大量出现一般表示活性污泥已生长成熟，此时处理效果很好，同时可能会有极少量的轮虫出现。若轮虫大量出现，则预示污泥的老化或过度氧化，随后会发生污泥解体、出水水质变差的情况。活性污泥中微生物的观察，一般通过光学显微镜来完成，用低倍数的观察污泥絮粒的状态，用高倍数的观察微型动物的状态，用油镜观察细菌的情况。由于工业废水处理站活性污泥可能没有微型动物，故其生物相观察需要长期、仔细地进行工作。运行管理中对生物相的观察，已日益受到重视。

③ 活性污泥系统的运行控制

a. 运行管理。运行过程中，环境条件和污水水质、水量均有一定的变化，为了保持最佳的处理效果，积累经验，应经常对处理状况进行检测，并不断调整工艺运行条件，从而充分发挥系统的能力和效益，需要检测的项目及其频率如下：反映处理效果的项目（进出水的 COD_{Cr}、BOD_5、SS 和

扫一扫
扫视频

活性污泥系统的
运行

其他有毒有害物质浓度），检测频率为每日 1～3 次；反映污泥状态的项目（DO、SV 与 MLSS，一般为每日检测 1～3 次），MLVSS 与 SVI 每日检测 1 次，生物相每 2～4d 检测 1 次；反映处理流量的项目（进水量、回流污泥量和剩余污泥量），每日测定 1～3 次或由检测记录仪表自动连续记录；反映设备运行状况的项目，如污水泵、风机（或曝气机）等主要工艺设备的运行参数（如流量、风量及风压、电耗等）；反映水质营养和环境条件的项目（N、P、pH 和水温等），每 3～7d 检测一次。

b. 运行控制方法

i. 污泥负荷法。一般情况下，污水生物处理系统的运行控制应以此法来完成，尤其是系统运行的初期和水质、水量变化较大的生物处理系统。但该法操作较复杂，对于水质、水量变化较小的系统或城市污水厂的稳定运行阶段，可以采用更简单的控制方法。

具有良好絮凝和代谢性能的活性污泥微生物对营养物的需求一般有一定的合适范围。营养过高时，微生物生长繁殖速度加快，尽管代谢能力强，但细菌能量高，趋于游离生长，导致污泥絮体解絮。但是营养过少时，外界营养不足，细菌会进行内源呼吸，自身代谢过度，菌体外黏液质减少，菌胶团必然解体，最终导致细菌代谢能力减弱。

污泥负荷过高时，曝气系统很难使曝气池维持正常，泡沫会增多，且出水浑浊，处理效果差。污泥负荷过低时，曝气池较易维持所需 DO（溶解氧），污泥沉降快，出水较清，但上清液中含有较多细小颗粒，悬浮物被带出。

ii. MLSS 法。按照曝气池 MLSS 高低情况，调整系统排泥量来控制最佳的 MLSS。MLSS 控制法适合于水质、水量比较稳定的生物处理系统，因为对于一个现成的处理系统，当处理水量、水质和曝气池容积一定时，污泥负荷主要取决于 MLSS。具体操作时，应仔细分析不同季节水质、水量条件下的最优运行参数，找出最优 MLSS，然后通过调控使 MLSS 保持最佳。

iii. SV 法。对于水质、水量稳定的生物处理系统，活性污泥的 SV 可以代表污泥的絮凝和代谢活性，反映系统的处理效果。运行时可以分析出不同季节条件下的最优 SV，每日每班测定 SV，然后调整回流污泥量、排泥量、曝气量等参数，使 SV 最佳。

这种方法简单，但对水质、水量变化大的系统，或污泥性能发生较大变化时，SV 变化范围增大，准确性降低。

iv. 污泥龄法。按照系统最佳的污泥停留时间（污泥龄）来调整排泥量，使处理系统维持最佳运行效果。但由于具体使用时须计算出各种细菌的平均世代时间或污泥平均停留时间，而各种细菌的世代时间又有较大差异，很难准确确定。宏观上主要根据污泥龄（θ）与污泥负荷（L_s）的关系及污泥龄计算式来确定 θ，并通过排泥量来控制最佳的 θ。其实，按 θ 控制的运行方法实质上与按污泥负荷控制的运行方法是一致的。

5.2.3.4 活性污泥法运行中常见的异常现象及防治措施

（1）污泥量不增加或减少。这种现象主要发生在活性污泥培养和驯化阶段。污泥量长期不增加或增加后又很快减少，主要原因有：①污泥所需养料不足或严重不平衡；②污泥絮凝性差随出水流失；③过度曝气使污泥自身氧化。

扫一扫视频

活性污泥法运行中的异常现象

解决的办法为：①提高沉淀效率，防止污泥流失，如污泥直接在曝气池中静止沉淀，或投加少量絮凝剂；②投入足够的营养量，或提高进水量，或外加营养（补充 C、N 或 P），或加入高浓度易代谢废水；③合理控制曝气量，应根据污泥量、曝气池溶解氧浓度来调整。

（2）溶解氧过高或过低。除设计的原因外，曝气池 DO 过高，可能是因为污泥中毒，或培养初期污泥浓度和污泥负荷过低；曝气池 DO 过低，可能是因为排泥量少，曝气池污泥浓度过高，或污泥负荷过高，需氧量大。遇到以上情况，应根据实际予以调整，如调整进水水质、排泥量、曝气量等。

（3）污泥解体。污泥解体后，由于污泥絮体解散而使水质浑浊，从而导致处理效率降低。运行中出现这种情况可能有以下两方面原因：①污泥中毒，微生物代谢功能受到损害或消失，污泥失去净化活性和絮凝活性。多数情况下为污水事故性排放造成的，应在生产中予以克服，或局部进行预处理。②正常运行时，处理水量或污水浓度长期偏低，而曝气量仍为正常值，出现过度曝气，引起污泥过度自身氧化，微生物量减少而失去菌胶团，絮凝性能下降，吸附能力降低。絮凝体缩小致密，一部分成为不易沉淀的羽毛状污泥，造成污泥解体、水质浑浊、SVI 值降低等。进一步，污泥可能会部分或完全失去活性。此时，应调整曝气量，或只运行部分曝气池。

（4）污泥上浮。在二次沉淀池中，有时会出现污泥不沉淀而随水流失，影响出水水质的现象，即污泥上浮。其产生原因及解决办法如下。

① 污泥腐化。如果操作不当，曝气量过小，污泥缺氧，或污泥产泥量大而排泥量小，污泥贮存时间较长，二沉池中污泥均会发生厌氧代谢，产生大量气体，促使污泥上升。这时应加大曝气量，或加大排泥量。也有可能是二沉池中存有死角，导致该处污泥厌氧分解，腐化上浮。

② 污泥膨胀。若二沉池中活性污泥不易沉淀（絮凝沉降性能变差），SVI 值增高，污泥结构松散和体积膨胀，含水率上升，上清液稀少（但较清澈），出水水质变差，这种现象就是污泥膨胀。污泥膨胀的主要原因有丝状菌大量繁殖和菌胶团结合水过度。

对于丝状菌污泥膨胀，应在微生物相观察的基础上，分析丝状菌大量繁殖的原因。丝状菌的特点是：适于高 C/N、高水温、较低 pH 的废水，适合在稳定的低 DO、低营养、高负荷条件下运行。实际运行时应针对以上原因采取解决办法。常采用的解决丝状菌膨胀的办法有：投加漂白粉，投加量为 MLSS 的 0.5%～0.8%；投加液氯，使余氯保持 0.5～1.0 mg/L；调整 pH，使 pH 值维持在 8.5～9.0。改变曝气池流态，由于完全混合型的曝气池池内污泥负荷、营养、DO 等均匀一致，运行条件稳定，往往还处于高负荷运行状态，因此推流式更适合丝状菌的繁殖。在推流式曝气池前端设置厌氧区，DO 及基质浓度交替变化，丝状菌难以大量繁殖。一般来说，在有丝状菌膨胀时合理改变曝气池中的营养及环境条件，在菌胶团细菌和丝状菌竞争生存的污泥体中，更有利于菌胶团细菌的繁殖。

结合水异常增多引起的污泥增多，多数情况下是因为排泥不畅，储泥时间太长。此时应加强排泥，也可以适当投加液氯或漂白粉。

③ 污泥脱氮。若曝气池中曝气时间过长，曝气池混合液会发生硝化作用，进入二沉池的污泥中硝酸盐或亚硝酸盐浓度高时，污泥会因缺氧而发生反硝化作用，产生氮气而使污泥上浮。解决的办法有：①减少曝气量或缩短曝气时间，以减弱硝化作用；②提高污泥回流量或污泥排放量，以减少二沉池中污泥停留时间；③进入二沉池的混合液中 DO 不能太低。

（5）泡沫问题。曝气池中大量泡沫的产生主要是由于废水中存在着大量合成洗涤剂或其他起泡物质。泡沫会给操作带来一定困难，影响操作环境，带走一定污泥；采用机械曝气时，泡沫还将影响叶轮的充氧能力。控制泡沫的方法如下：①用自来水或处理过的废水喷洒。此法有相当好的效果，但影响操作环境。②投加除沫剂，如机油、煤油等，效果都较好，用油量为 0.5～1.5mg/L，过多使用油类除沫剂将污染水质。故有些情况下，可投加粉煤灰或砂土等，但效果不太好。③曝气池进水方式由一点进水改为多点进水，提高混合液污泥浓度，降低发泡剂浓度，减少局部区域的泡沫量。④风机机械消泡，影响劳动环境。⑤增加曝气池内活性污泥浓度，消泡效果也比较好，但运行时可能没有足够的回流污泥来提高曝气池的污泥浓度。

5.2.4　活性污泥法的发展

活性污泥法是污水生物处理的主要方法。为了进一步提高活性污泥法的处理效果，简化设备构造和方便运转，活性污泥法技术在近年来有了不少改进，出现了一些新型的处理设备和技术。

5.2.4.1　纯氧曝气法

纯氧曝气法是活性污泥法的重要改进，简单地说，就是用氧气代替空气的活性污泥法，其目的是通过提高供氧能力，增加混合液污泥浓度，加强代谢过程，提高污水处理的效能。纯氧曝气能使曝气池内溶解氧浓度维持在 $6\sim10mg/L$，在这种高浓度溶解氧状态下能产生密实易沉的活性污泥，即使 BOD 污泥负荷达 $1.0kg\ BOD/(kg\ MLSS\cdot d)$ 也不会发生污泥膨胀现象，所以能承受较高负荷。由于污泥密度大，SVI 值较小，沉淀性能好，易于沉淀浓缩。在曝气池内，污泥浓度可达 $5\sim7g/L$，从而增大了容积负荷（$2\sim6$ 倍），缩短了曝气时间。此外，还具有可缩小二次沉淀池容积、不需浓缩池、剩余污泥量少、剩余污泥浓度高且容易脱水、尾气排放量少（只有空气法的 $1\%\sim2\%$）、减少二次污染、占地少等优点。因此，纯氧曝气法在国内外得到了越来越多的应用。国内较大型石化污水处理装置都采用了纯氧曝气法。

纯氧曝气法的构造形式有多种，目前应用较多的是多段加盖式和推流式等。多段加盖式是工业化最早的形式，也是当前普遍采用的纯氧曝气法的主要形式，常又称之为"碳联法"，依其曝气方式可分为两种。

（1）联合曝气法。由图 5-29（a）可见，本法一般可分为三段或四段，也有采用五段或六段等的。每段均为加盖密闭的完全混合池，各段之间串联，因此从整体来看又是推流式的。每段池中设有带中空轴的水下叶轮，以打碎氧气泡，并搅拌和提升混合液。另在池盖上设空压机，将池中液面上与池盖下的混合气体压入中空轴，通过轮下的喷嘴装置进入液体中循环。

(a) 联合曝气　　　　　　　　　　　　　　　　(b) 表面曝气
1—搅拌机；2—循环气体用空压机；　　　　　　　1—电机；2—表面曝气器；3—辅助叶轮
3—中空轴；4—搅拌叶轮；5—喷气器

图 5-29　多段加盖式氧化法

池中氧气（夹带污水中释放出的气体）由第一段流向末端，与污水流向相同，且供氧量也大体与沿程污水的需氧量相适应。进氧压力比常压略高即可，定为 $250\sim1000Pa$，以保证外面空气不致渗入，池中废气得以排出。到末端的排气口处时，由于氧的消耗及处理过程中产生二氧化碳等气体，混合气体的流量减小为进气流量的 $10\%\sim20\%$，其中含氧纯度降低到 50%左右，因此，氧的利用率可达 90%以上。

一般第一阶段的空压机转速可以调节，进氧的阀门可根据检测废气中含氧浓度的大小来关闭或开启，以调节供氧量的大小。

（2）表面曝气法。本法将曝气装置改用表面曝气器，或表面曝气器下再加一辅助叶轮，如图 5-29（b）所示，其他与上述联合式相同。此法设备较简单，应用较广。

5.2.4.2　粉末活性炭-活性污泥法

该方法是一种以活性污泥形式的活性炭吸附结合生物氧化的综合处理法。其特点是向曝气池内投加粉末活性炭，使混合液内的活性炭保持一定浓度。这种措施能够提高活性污泥法的净化功能，改善出水水质，提高对有毒物质和重金属等冲击负荷的承受能力，并且有较好的脱色、除臭、消泡效果，能改善污泥的凝聚沉淀性能，提高二次沉淀池和污泥脱水设备的效率，避免污泥膨胀等。

投入活性炭后，使活性污泥法具有上述效果的原因，大致可归纳为以下几种：①活性炭巨大的比表面积和富集作用将有机物和溶解氧浓缩在其周围，为微生物的代谢活动创造了良好的条件，加快了 BOD 的去除进程；②活性炭吸附了难以降解的物质，延长了微生物与这些物质的接触时间，提供了更大的生物降解机会；③具有高度微粒密度的活性炭作为生物絮凝的载体和加重剂，能够极大地改善活性污泥的凝聚沉淀性能。

5.2.4.3　两级活性污泥法

两级活性污泥法简称 A-B 法（吸附+传统活性污泥法）。第一级（A 级）为高负荷吸附级，污泥负荷＞2kg BOD/（kg MLSS·d）；第二级（B 级）为常负荷吸附级。A、B 两级串联运行，独立回流形成两种各自与其水质和运行条件相对应的完全不同的微生物群落。A 级负荷高，停留时间短（0.5h），污泥龄短（0.3～0.5d），限制了高级微生物的生长，因此，在 A 级内仅有活性高的细菌。B 级相反，一方面，A 级的调节和缓冲作用使 B 级进水相当稳定；另一方面，B级负荷比较低。因此，许多原生动物可以在 B 级内良好地生长繁殖。

A-B 法的优点是：①A 级细菌具有极高的繁殖和变异能力，A 级能很好地缓冲水质、水量、pH 的冲击和毒物影响，使 B 级进水非常稳定。②A 级内半小时的曝气时间能去除 60%左右的BOD，并且主要是通过絮凝、吸附、沉淀等物理-化学过程实现的，能量消耗低。加上 B 级 2h，总的曝气时间仅为 2.5h，因此设备体积小，可节省基建费用 15%～20%，节省能耗 20%～25%。③出水水质好。④运行稳定可靠，A 级 SVI＜60，B 级 SVI＜100。A-B 法的缺点是多一个回流系统，设备较复杂。

5.2.4.4　活性污泥法脱氮除磷

脱氮的方法较多，目前普遍采用的是生物脱氮。活性污泥法脱氮是生物脱氮的一种，生物脱氮包括硝化和反硝化两个反应过程。硝化是污水中的氨氮在好氧条件下通过好氧细菌（亚硝化菌和硝化菌）的作用，被氧化成亚硝酸盐和硝酸盐的反应过程。首先，亚硝化菌将氨氮转化为亚硝酸盐；其次，硝化菌将亚硝酸盐转化为硝酸盐。反硝化即脱氮，是在缺氧条件下，通过反硝化菌的作用，将亚硝酸盐和硝酸盐还原成氮气的反应过程。

实验表明，污水经过 5～6h 的强烈曝气可以完成硝化阶段，然后再使污水处于缺氧状态 4～5h，脱氮率可以达 80%以上。

活性污泥法脱氮属于生物脱氮的一种。一般活性污泥法都是以降解有机物为主要功能，基本上没有脱氮效果。但是，将活性污泥法的曝气池做一定的改进，使之具备好氧和缺氧条件，即可达到脱氮目的。活性污泥法脱氮系统流程很多，目前广泛采用的流程如图 5-30 所示。这种流程的特点是前置反硝化流程，硝化后部分水回流到前面的反硝化池，以提供硝酸盐。由于这种脱氮系统的工艺流程是让污水依次经历缺氧反硝化、好氧去碳和硝化的阶段，故又称为缺氧-好氧脱氮系统,简称 A/O 系统。A/O 系统中,硝化段的溶解氧一般为 2～4mg/L,反硝化段的溶解氧应小于 0.5mg/L。目前,应用于实际的还有一种流程,如图 5-31 所示。即在反硝化(缺氧)池前,再加一个厌氧池。这种脱氮系统的工艺流程是让污水依次经过厌氧池、缺氧池、好氧池三个阶段,故称为厌氧-缺氧-好氧脱氮系统,简称 A/A/O(或 A²/O)系统,该系统可以去除污水中的有机碳、氮和磷。污水通过厌氧池,碳将得到一定程度的去除。随后进入下一级的缺氧池,这里不供氧,但有好氧池出水回流供给硝酸氮和溶解氧,以进行反硝化脱氮。接着再进入好氧池,以进行去碳和硝化过程。在好氧池中,好氧微生物进行去碳、硝化的同时,还能大量去除磷酸,所以具有一定的除磷效果。

图 5-30 活性污泥法脱氮系统流程

图 5-31 A²/O 脱氮系统流程

5.2.4.5 序批式活性污泥(SBR)工艺

(1)SBR 法简介。序批式活性污泥法又称间歇曝气式活性污泥法,简称 SBR 法,其主要特征是反应池一批一批地处理废水,采用间歇式运行的方式,每一个反应池都兼有曝气池和二沉池的作用,因此不再设置二沉池和污泥回流设备,一般也可以不建水质或水量调节池。序批式活性污泥法可参考 HJ 577。

序批式活性
污泥法SBR
扫视频
一扫

SBR 法一般由多个生物反应池组成,废水按序列依次进入每个生物反应池,无论在时间还是空间上,生化反应工序都是按序排列、间歇运行的。SBR 法曝气池的运行周期由进水、曝气反应、沉淀、排放、闲置(待机)5 个工序组成,而且这 5 个工序都是在一个反应池内进行,其工作原理见图 5-32。

图 5-32 SBR 一个运行周期内的操作过程

SBR 法运行时,5 个工序的运行时间、反应池内混合液的体积及运行状态等都可以根据废水性质、出水质量与运行功能要求灵活掌握。曝气方式可以采用鼓风曝气或机械曝气。

① 进水工序。进水工序为进水阶段，是指从开始进水至到达反应池最大容积期间的所有操作。SBR 工艺可以实现在此期间根据不同微生物的生长特点、废水的特性和要达到的处理目的，采用曝气（好氧反应）、搅拌（厌氧反应）和限制曝气 3 种方式进水。SBR 工艺通过控制进水阶段的环境，实现了在反应池不变的情况下完成多种处理功能的目的；而连续流工艺由于各构筑物和水泵的大小规格一定，要想改变反应时间和反应条件是很困难的。

② 曝气反应工序。曝气反应工序为反应阶段，是指反应池进水过程完成，其中水量达到最大后，开始完成有机物生物降解或除磷脱氮的过程。根据反应的目的，可以对反应池进行曝气或搅拌，实现好氧反应或缺氧反应。通过曝气好氧反应，可以实现硝化作用，再通过搅拌产生缺氧或厌氧反应，实现脱氮的目的。有时为了达到更好的沉淀效果，在反应工序的后期还可以通过短时间曝气，脱除附着在污泥上的氮气。

③ 沉淀工序。沉淀工序为沉淀阶段，停止曝气或搅拌，实现固液分离，反应池的作用相当于二沉池。此时反应池内也不再进水，处于完全静止状态，其沉淀效果比连续流法要好得多。沉淀时间可根据污泥沉降性能和污泥面的高度而改变，一般在 0.5～1.0h，有时可能达到 2h。

④ 排放工序。排放工序为排水排泥阶段，是为了将澄清液从反应池中排放出来，使反应池恢复到循环开始时的最低水位（一般该水位离污泥层还有一定的保护高度）。反应池底部沉降下来的污泥大部分作为下一个周期的回流污泥，剩余污泥在排水工序或待机工序过程中排出系统。SBR 系统一般采用滗水器排水。

⑤ 闲置（待机）工序。沉淀滗水之后到下个周期开始的一段时间称为闲置阶段。闲置（待机）的目的是完成一个周期向下一个周期的过渡，它不是一个必需的环节，在水量较大时可以省略。闲置阶段的时间长短往往与原水流量有关。在此期间，可以根据工艺情况和处理目的，进行曝气、混合和排除剩余污泥等操作。

扫一扫 视频

SBR法与传统
连续流活性污泥法
的比较

扫一扫 动画

序批式活性污泥法
SBR反应池

（2）SBR 法与传统连续流活性污泥法的比较。传统的连续流活性污泥法是通过空间上的移动来实现这一过程的，即废水首先进入曝气池反应，然后进入沉淀池对混合液进行泥水分离后上清液外排。SBR 法则是通过在时间上的交替来实现这一过程，它在流程上只有一个池子，传统工艺的曝气池和二沉池的功能都在这一个池子内实现，即该池兼有水质水量调节、微生物降解有机物和泥水分离等作用。因此，和传统的连续式活性污泥法相比，SBR 法的优点可以归纳如下。

① SBR 在一个反应池内完成所有的生物处理过程，在不同的时间里可实现有机物的氧化、硝化、脱氮、磷的吸收、磷的释放等过程。一般情况下可以不设调节池。而传统活性污泥法中即使小规模的废水处理也离不开调节池，还需要设置沉淀池，若要脱氮除磷还需要设几个独立的反应池，同时由于污泥与废水的回流、循环需要，还需要增加水泵等装置。

② 活性污泥法处理废水的反应时间约为数小时，是比较缓慢的。为了保证处理出水的 BOD_5 达标，反应池必须要达到很高的反应效率。而在应用完全混合型的活性污泥法时，由于反应池内的 BOD_5 通常保持在极低的水平，几乎没有浓度梯度，因此反应速度较小，需要大体积的曝气池。而在推流式曝气池中，进出水的浓度梯度较大，虽然可以增加全池的平均处理速度，但由于池内曝气强度是均匀一致的，因此无法做到能耗的最优化。SBR 反应池中浓度是随时间而变化的，接近理想化的推流式反应池，因此为了获得同样的处理效率，SBR 法与传统活性污泥法相比，反应池容积小、能耗低。

③ 在负荷经常变化的情况下，SBR 法能轻易地改变反应时间、沉淀时间以及一个处理周期的时间，相当于改变装置处理规模，因此能很好地适应进水负荷的变化。另外，当处理出水的水质标准要求提高时，想改变传统活性污泥法的运行方式是不容易的。但在采用 SBR 法时，只要反应时间有一定富余（池容足够大），就可以很方便地将新的反应过程综合进来实现新的功能，如脱氮、除磷等。

④ 由于 SBR 法运行操作的高度灵活性，在大多数场合都能代替连续流活性污泥法，并实现与之相同或相近的功能。在反应阶段，随着时间的推移，反应池中的有机物被微生物降解，废水浓度越来越低，非常类似稳态推流式，只不过这是一种时间意义上的推流。如果进水阶段很长，反应池废水中的有机物可以被分解得很彻底，这种情况又接近完全混合式。SBR 系统可随时调整运行周期和反应曝气时间的长短，使处理出水达标后再排放。沉淀是在静止条件下进行的，没有进出水的干扰，泥水分离效果好，可以避免短路、异重流的影响；还可以根据泥水分离情况的好坏控制沉淀时间，使出水 SS 降到最低。

⑤ 连续流活性污泥法的出水是连续的，一旦水质超标，往往无法挽回（只能超标排入环境）。而 SBR 法是将处理水间歇收集集中排放，在排放之前可以对排放水进行水质检测。当发现水质不合格时，可以停止排放，延长反应时间，一直到满足排放标准，确认水质合格之后再排放。

（3）SBR 法的特点

① 兼有推流式和完全混合式的特点，属于时间上的理想推流式反应器，单元操作效率明显高于完全混合式的反应器。SBR 反应器内可以维持较高的污泥浓度，污泥有机负荷较低，因此具有很强的抗冲击负荷能力，特别适用于处理水质、水量变化较大的含有有毒物质或有机物浓度较高的工业废水。

② 泥龄很长，有利于污泥中多种微生物的生长和繁殖。通过适当调节运行方式，可以实现好氧、缺氧（或厌氧）状态交替存在的环境，能充分发挥各类微生物降解污染物的能力，取得单池脱氮和除磷的效果。

③ 污水进入反应池后，浓度随反应时间的延长而逐渐降低，即存在有机物的浓度梯度。浓度梯度的存在及好氧、缺氧（或厌氧）状态交替出现，这些因素都能起到生物选择器的作用，抑制丝状菌等专性好氧菌的过量繁殖，使 SVI 较低（一般在 100 左右）、污泥容易沉淀，因此一般不会出现污泥膨胀现象。

④ 沉淀过程不再进水进气，实现了理想的静态沉淀状态。

⑤ SBR 法将曝气与沉淀两个工艺过程合并在一个构筑物内进行，不需要二沉池和污泥回流系统，甚至在大多数情况下可以不设均质调节池和初次沉淀池，处理构筑物相对较少，因此占地面积可缩小 1/3～1/2，基建投资可节约 20%～40%，运行成本较低。

⑥ 系统控制设备如电动阀、液位传感器、流量计等自动控制水平较高，各操作阶段和各运行参数都可通过计算机加以控制，简化管理，甚至可以实现无人操作。

（4）SBR 法的脱氮除磷作用。SBR 法具有良好的工艺性能和灵活的可操作性，通过调节曝气的强度和水流方式，可以在反应器内交替出现厌氧、缺氧和好氧状态或出现厌氧区、缺氧区和好氧区。通过改变运行方式，合理分配曝气阶段和非曝气阶段的时间，可以实现生物脱氮和除磷。即除磷脱氮的 SBR 法是将 SBR 运行方式和除磷脱氮工艺要求结合起来，用 SBR 的一个反应池实现本应由多个反应池来承担的任务，使除磷脱氮工艺流程更加紧凑、SBR 的功能更加强大。使用 SBR 反硝化时可以使用外加碳源，也可以使用内源碳。实现脱氮和除磷的 SBR 系统的运行方式见图 5-33。

图 5-33 SBR 脱氮除磷时的运行模式示意图

F—进水；FM—进水搅拌；FMR—进水搅拌曝气；R—曝气；S—沉淀；D—滗水

SBR 在经历 1h 进水阶段后，即进入 0.5h 的厌氧搅拌阶段，使在上一个循环中吸收磷的污泥在这一阶段释放磷。然后开始 0.5h 的进水曝气阶段，去除部分 BOD$_5$，再进入缺氧曝气阶段进行反硝化脱氮，最后依次进入曝气、沉淀和滗水阶段，完成一个周期。整个工艺流程类似于分段进水的厌氧/好氧/缺氧/好氧工艺，只不过由于所有反应在一个反应器内进行，不需要混合液回流或污泥回流。

（5）SBR 法的两用曝气器。SBR 系统常用的曝气设备是微孔曝气器，近年来，开始广泛使用两用曝气器。两用曝气器是在水-气异相射流曝气器的基础上又增加了水-水同相射流的功能，因此具有好氧曝气和厌氧搅拌的双重功能。它由风机、水泵和喷嘴组成，喷嘴为两用双层喷嘴。充氧曝气时，水泵和风机同时工作，水和空气在两用喷嘴和混合室中充分混合后由外层喷嘴喷出，释放微小气泡，达到曝气和混合的目的。在厌氧工序，只开动水泵而关闭风机，此时只有水由内层喷嘴喷出，进行水-水射流，起到搅拌作用。

（6）新型 SBR 工艺。经典 SBR 工艺采用的是多池系统，在处理连续来水时，进水在各个池子之间循环切换，每个池子在进水后按反应、沉淀、滗水、闲置等程序对废水进行处理，因此导致 SBR 系统的管理操作难度和占地都会加大。

为了克服 SBR 法固有的一些不足（如单池不能连续进水等），人们在使用过程中不断改进，发展出了许多新型和改良的 SBR 工艺，比如间歇式循环延时曝气活性污泥法（ICEAS）工艺、循环式活性污泥法（CAST）工艺、一体化活性污泥（UNITANK）工艺、连续和间歇曝气（DAT-IAT）工艺、改良式序列间歇反应器（MSBR）工艺等。这些新型 SBR 工艺仍然具有经典 SBR 的部分主要特点，同时还具有自己独特的优势，但因为经过了改良，经典 SBR 法所具有的部分显著特点又会不可避免地被舍弃。表 5-2 将几种新型 SBR 工艺和经典 SBR 的特点进行了对比。

表 5-2 新型 SBR 工艺和经典 SBR 的对比

项目	经典 SBR	ICEAS	CAST	UNITANK	DAT-IAT	MSBR
进水	间歇进水	连续进水	连续进水	连续进水	连续进水	连续进水
出水	间歇出水	间歇出水	间歇出水	间歇出水	间歇出水	间歇出水
流态	理想推流	非理想推流	非理想推流	非理想推流	非理想推流	非理想推流
沉淀	静态理想沉淀	非理想沉淀	非理想沉淀	非理想沉淀	非理想沉淀	非理想沉淀
生物选择性	较强	较弱	较弱	较弱	较弱	较强
处理难降解废水能力	能力强	能力较弱	能力较弱	能力非常弱	能力较弱	能力较强
能否除磷、脱氮	能同时除磷、脱氮	除磷、脱氮	除磷、脱氮	除磷、脱氮	除磷、脱氮	除磷、脱氮
污泥回流	不需要	不需要	需要	不需要	需要	需要

① ICEAS 工艺。ICEAS 工艺连续进水、周期排水，在 SBR 工艺的基础上有所改变，其基本的工艺流程如图 5-34 所示。ICEAS 一般采用两个矩形池为一组的 SBR 反应器，每个池子分为预反应区和主反应区两部分。预反应区一般处于厌氧或缺氧状态，主反应区是曝气反应的主体，体积占总池容的 85%～90%。废水通过渠道或管道连续进入预反应区，进水渠道或管道上不设阀门，因此可以降低操作的复杂程度。预反应区一般不分格，进水连续流入主反应区，不但在反应阶段进水，在沉淀和滗水阶段也进水。ICEAS 的运行工序由曝气、沉淀和滗水组成，运行周期较短，一般为 4～6 h，进水曝气时间为整个运行周期的一半。

图 5-34　ICEAS 工艺操作过程示意图

与传统的 SBR 相比，ICEAS 工艺的最大特点是在反应器的进水端增加了一个预反应区，运行方式变为连续进水（沉淀阶段和排水阶段仍保持进水）、间歇排水，没有明显的反应阶段和闲置阶段。ICEAS 工艺比传统的 SBR 系统设施简单、管理更方便，但由于进水贯穿于整个运行周期的每个阶段，沉淀器进水在主反应区底部造成水力紊动会影响泥水分离效果，因此进水量受到了一定限制，即水力停留时间较长。

② CAST 工艺。CAST 工艺也称为 CASS 工艺或 CASP 工艺，是在 ICEAS 工艺的基础上发展而来的。与 ICEAS 工艺相比，预反应区容积较小，变成更加优化合理的生物选择器。CAST 工艺的最大特点是将主反应区中的部分剩余污泥回流到选择器中，沉淀阶段不进水，使排水的稳定性得到保证。运行的 CAST 按流程可分为 3 部分：生物选择器、缺氧区和好氧区。其基本的工艺流程如图 5-35 所示。

图 5-35　CAST 工艺操作过程示意图

（a）进水，曝气阶段开始；（b）曝气阶段结束；（c）沉淀阶段开始；（d）沉淀阶段结束，滗水阶段开始；

（e）滗水阶段及排泥结束；（f）进水、闲置阶段（视具体运行情况而定）

和 ICEAS 工艺一样，CAST 工艺也是连续进水，运行工序由曝气、沉淀、滗水组成。循环开始时，进水使反应池的水位由最低开始逐渐上升，同时开始曝气，到最高水位后再曝气混合一段时间后停止曝气，使混合液在一个静止的环境中进行沉淀分离。沉淀阶段结束后，由一个移动式滗水堰排出已经处理过的上清液，使水位降低到反应池所设定的最低水位，然后重复上述过程。

　　和 ICEAS 工艺一样，CAST 工艺设置生物选择器并增加了兼氧区，最大的区别是增加了污泥回流措施，保证了活性污泥不断地在选择器内经历一个高负荷阶段，从而有利于系统中絮凝性细菌的生长，并且可以提高污泥活性，使其快速去除水中溶解性易降解有机基质，同时可以有效地抑制丝状菌的生长和繁殖。与经典 SBR 不同的是，CAST 工艺在进水阶段不设单纯的充水过程或缺氧进水混合过程，而是在进水阶段即开始曝气。而且两个反应池并列运行的形式可以使沉淀阶段不进水，使污泥沉降时没有水力干扰，保证了系统良好的泥水分离效果。以上特点确保了 CAST 系统可在任意进水条件下运行而不发生污泥膨胀。

　　③ UNITANK 工艺。典型的 UNITANK 工艺系统近似于三沟式氧化沟的运行方式，其主体构筑物为三格条形池结构，三池连通，每个池内均设有曝气和搅拌系统，废水可进入三池中的任意一个。外侧两池设出水堰或滗水器以及污泥排放装置，两池交替作为曝气池和沉淀池，始终处于曝气状态。在一个周期内，原水连续不断地进入反应池，通过时间和空间的控制，分别形成好氧、缺氧和厌氧的状态。UNITANK 工艺除了保持传统 SBR 的特征以外，还具有滗水简单、池子结构简单、出水稳定、不需回流等特点，通过改变进水点的位置可以起到回流的作用和达到脱氮、除磷的目的。其基本的工艺流程如图 5-36 所示。

图 5-36　UNITANK 工艺操作过程示意图

　　污水从左侧池流入后，该池作为曝气池，由于池子在上一个运行周期中作为沉淀池时积累了大量的经过再生、具有较高吸附活性的污泥，因而可以有效降解废水中的有机物；混合液进入中间反应池继续进行曝气，废水中的有机物得到进一步降解，然后进入右侧池进行沉淀，上清液即处理后出水，由固定堰排出；同时在混合液从左到右的推流过程中，左侧池中的活性污泥会随水流进入中间池，再进入右侧池，使污泥在各池中重新分配。上述过程经过一定时间后，关闭左侧进水闸，开启中间进水闸，左侧池停止曝气，而废水从中间池继续流向右侧池，这一过程是过渡段，时间较短；然后关闭中间进水闸，开启右侧进水闸从右池进水，此时右侧池开始曝气，左侧池经过静止沉淀后排水，水流从右到左，完成一个循环。

　　由于进水侧边池的水位最高，由此产生的水位差才能促使水流从一侧流向中间池，再从另一侧池排出，因为两侧的出水堰高度相同，因此进水池的水位必定淹没了作为出水用的固定堰。当该池由曝气池过渡到沉淀池时，水位必定下降，为保证出水优良，必须将残留在出水槽中的混合液排出并用清水冲洗出水槽，一般需要设置专门的水池收集这部分混合液和冲洗水，再用泵提升输送到中间曝气池。

　　如果在废水交替进入左侧和中间反应池的过程中在左侧反应池进行缺氧搅拌，可以使在前一个运行阶段中形成的硝态氮通过反硝化菌的作用实现脱氮，并释放上一阶段运行时沉淀的含磷污泥中的磷。中间反应池在曝气运行时，去除有机物、硝化和吸收磷，在进水并搅拌时反硝化脱氮，并自左向右推进污泥。右侧反应池作为沉淀池进行泥水分离，上清液溢流排出，部分含磷污泥作为剩余污泥排出。在进入第二个运行阶段前，废水只进入中间反应池，使左侧反应池中尽可能完成硝化反应。其后左侧反应池停止曝气，作为沉淀池，系统进入第二个运行阶段，废水由右向左流动，运行效果与从左向右时相同。

④ DAT-IAT 工艺。DAT-IAT 工艺是 SBR 工艺的一种变形，主体构筑物由需氧池（DAT）和间歇曝气池（IAT）组成。DAT 连续进水、连续曝气，DAT 出水进入 IAT 后完成曝气、沉淀、滗水和排出剩余污泥的过程。DAT-IAT 工艺流程如图 5-37 所示。

图 5-37　DAT-IAT 工艺流程

废水连续进入连续曝气的 DAT 进行初步生物处理，曝气时间为每天 20h 左右（具体时间视水质、水量情况而定），DAT 的作用机理和操作与普通活性污泥法曝气池基本相同。经 DAT 初步处理的废水再通过双层导流设施进入 IAT，根据工艺需要进行曝气或搅拌，曝气可以达到好氧反应去除 BOD_5 和硝化的目的，搅拌可以达到反硝化和含磷污泥释磷的目的，而后在反应的最后阶段进行曝气，以去除附着在污泥上的氮气和实现污泥再吸磷。当 IAT 停止曝气和搅拌后，活性污泥混合液进行泥水分离，上清液使用滗水器排出，在 IAT 池沉降的活性污泥部分作为该池下个周期的回流污泥，部分回流到 DAT 作为 DAT 下个周期的回流污泥，另有一部分作为剩余污泥排放。

待处理废水首先经过 DAT 进行生物处理后再进入 IAT，由于连续曝气起到了均衡有机负荷和水力负荷的作用，因此提高了整个工艺过程的稳定性。进水工序只发生在 DAT，而排水和沉淀工序只发生在 IAT，使整个生化系统的可调节性进一步加强，有利于去除难降解有机物。一部分剩余污泥从 IAT 回流到 DAT，可以使 DAT 产生生物选择器的作用，有利于避免污泥膨胀现象出现。与 CAST 和 ICEAS 相比，DAT 是一种更加灵活、完备的生物选择器，可以使 DAT 与 IAT 均保持较长的污泥龄和很高的 MLSS 浓度，因此耐受有机负荷和有毒物质冲击的能力较强。

⑤ MSBR 工艺。MSBR 又称改良序批式活性污泥法，结合了普通活性污泥法和 SBR 的优点，在恒水位下连续运行，采用单池多格方式，省去了多池工艺所需的连接管道、泵和阀门等设备或设施。从流程特点看，MSBR 实际上相当于 A^2/O 工艺与 SBR 工艺串联，因而具有很好的除磷和脱氮作用。

污水进入厌氧池，回流污泥中的聚磷菌在此进行充分放磷，然后混合液进入缺氧池进行反硝化，反硝化后的废水进入好氧池，有机物被好氧降解，活性污泥充分吸磷后再进入起沉淀作用的 SBR 池，澄清后废水排放。此时另一边的 SBR 在 1.5 倍的回流量下进行反硝化、硝化或静置预沉淀。回流污泥首先进入浓缩池进行浓缩，上清液直接进入好氧池，而浓缩污泥进入缺氧池，这样一方面可以进行反硝化，另一方面可以先消耗掉回流浓缩污泥中的溶解氧和硝酸盐，为随后进行的缺氧放磷提供更为有利的条件。在好氧池和缺氧池之间有 1.5 倍的回流量，以便进行充分的反硝化。

按照 SBR 池内搅拌、曝气、预沉的时间不同，可以将 MSBR 的一个运转周期分为 6 个时段，即 3 个时段组成半个周期，在一个周期的前后两周期内，除了两个 SBR 池的运转方式互相转变外，其余单元的运转方式固定不变。MSBR 的半个运转周期持续 120 min，相应搅拌、曝气和预沉的时间分别为 40min、50min 和 30min。原废水连续进入厌氧单元后，依次流经缺氧单元和好氧曝气池，在第一个半周期内其中一个 SBR 池排水，同时另一个 SBR 池进行搅拌、曝气、预沉三个过程；在第二个半周期内完成沉淀的 SBR 池排水，同时排水完成的 SBR 池进行搅拌、曝气、预沉三个过程。

MSBR 系统的回流由污泥回流和混合液回流两部分组成，而污泥回流又可分为浓缩泥回流和上清液回流两部分。混合液回流较为简单，在各时段内均从好氧曝气池回流到缺氧池，再由缺氧池回流到曝气池。而污泥回流根据运行半周期的不同有所不同，在第一个半周期内从序批池 I 回流污泥到浓缩池，在第二个半周期内从序批池 II 回流污泥到浓缩池。

5.2.4.6　氧化沟

氧化沟又称氧化渠或循环曝气池，废水和活性污泥混合液在其中循环流动，因此其实质上是传统活性污泥法的一种改型，氧化沟活性污泥法可参考 HJ 578。

氧化沟工艺一般不需要设置初沉池，并且经常采用延时曝气方式，其基本形式见图 5-38。

图 5-38　氧化沟系统基本形式

与传统活性污泥法相比，氧化沟池体狭长（可达数十米，甚至上百米），沟渠形状呈圆形或椭圆形，分单沟系统和多沟系统。泥龄可长达 15～30d，是传统活性污泥法的 3～6 倍，污泥中可存活世代时间较长的细菌（如硝化菌），其中可能产生硝化反应和反硝化反应。进水负荷较低，只有 0.05～0.15kg BOD_5/(kg MISS·d)，又类似延时曝气法。运行方式有间歇式和连续式两种，间歇式具有 SBR 法的特点，而连续式要设二沉池和污泥回流系统。

（1）氧化沟的结构。氧化沟一般呈环状沟渠形，其平面可为圆形，或椭圆形或圆形与长方形的组合。其主要构成如下。

① 氧化沟沟体。氧化沟的渠宽、有效水深等与氧化沟分组形式和曝气设备性能有关。除奥贝尔（Orbal）氧化沟外，其他氧化沟直线段的长度最小为 12m 或至少是水面处渠宽的 2 倍。当配备液下搅拌设备时，实际水深可以比单独使用曝气设备时加大。所有氧化沟的超高不应小于 0.5m，当采用表面曝气机时，其设备平台宜高出水面 1～2m，同时设置控制泡沫的喷嘴。

② 曝气装置。曝气装置是氧化沟中最主要的机械设备，对氧化沟处理效率、能耗及运行稳定性有关键性影响。除了供氧和促进有机物、微生物与氧接触的作用外，还有推动水流在沟内循环流动、保证沟中活性污泥呈悬浮状态的作用。常用的曝气设备有曝气转刷、曝气转盘、立式曝气器、射流曝气器、混合曝气器等。

③ 进出水装置。从平面上看，进水及回流污泥位置与曝气装置保持一定距离，促使形成缺氧区发挥反硝化作用，并获得较好的沉降性能。出水位置应布置在进水区的另一侧，与进水点和回流污泥进口点保持足够的距离，以避免短流。当有两组以上氧化沟并联运行时，设进水配水井可以保证配水均匀；交替式氧化沟进水配水井内设有自动控制配水堰或配水闸，按设计好的程序变换氧化沟内的水流方向和流量。氧化沟系统中的出水溢流堰具有排出处理后的废水和调节沟内水深的双重作用，因此溢流堰一般都是可升降的。通过调节出水溢流堰的高度，可以改变沟内水深，进而改变曝气器的浸没深度，改变充氧量以适应不同的运行要求。为防止曝气器淹没过深，溢流堰的长度必须满足处理水量与回流量的最大值。

④ 导流装置。为了保持氧化沟内具有污泥不沉积的流速，减少能量损失，必须有导流墙和导流板。一般为保持氧化沟内污泥呈悬浮状态而不致沉淀，沟内最低流速不宜小于 0.3m/s。一般在氧化沟转折处设置导流墙，使水流平稳转弯并维持一定流速。另外，距转刷之后一定距离内，在水面以下要设置导流板，使水流在横断面内分布均匀，增加水下流速，提高传氧速率。

（2）氧化沟的脱氮除磷作用。传统的氧化沟具有延时曝气活性污泥法的特点，一般可以使污泥中的氨氮达到 95%～99%的硝化程度。通过调节曝气的强度和水流方式，可以使氧化沟内交替出现厌氧、缺氧和好氧状态或出现厌氧区、缺氧区和好氧区。在缺氧区，反硝化菌利用废水中的有机物作为碳源，将硝酸盐氮还原成氮气，脱氮效率可达 80%。在厌氧区，污泥中的聚磷菌释放磷后进入好氧区再次吸收废水中的磷，通过剩余污泥的排放将废水中的磷除去。

除磷脱氮的氧化沟是将氧化沟的运行方式和除磷脱氮工艺的要求结合起来，使氧化沟在时间和空间上以 A/O 方式运行，用氧化沟来实现本应由多个反应器承担的任务，使除磷脱氮工艺流程更加紧凑、氧化沟的功能更加强大。在氧化沟内完成硝化和反硝化比较简单易行，即脱氮效果很好，但由于在氧化沟内很难出现绝对的厌氧状态，因此除磷效果不是十分显著。为了实现同时脱氮和除磷的目的，可以将厌氧池和氧化沟结合起来，形成与 A²/O 类似的脱氮除磷工艺。这种典型工艺是卡鲁塞尔 A²C 氧化沟和卡鲁塞尔五段 Bardenpho 式氧化沟，这两种工艺的流程见图 5-39 和图 5-40。

图 5-39　卡鲁塞尔 A²C 氧化沟工艺流程

图 5-40　卡鲁塞尔五段 Bardenpho 式氧化沟工艺流程

（3）氧化沟的工艺特点。氧化沟的水流混合特征基本上是完全混合式，同时又具有推流式的某些特征。其主要特点如下。

① 进入氧化沟的水流按水量和沟的长度计，进水在沟中流动一周的时间为5～20min，而实际水力停留时间为10～24h，即相当于进水在整个停留时间内要在氧化沟内循环30～280次。因此，整体来看，氧化沟是一个完全混合池，其中的废水水质几乎一样，原水一进入氧化沟，就会被几十甚至上百倍的循环流量稀释。所以，氧化沟能够承受较大的水质和水量冲击负荷，适用于处理高浓度的有机废水。

② 氧化沟的曝气装置不是沿池长均匀布置，而是只安装在某几处，在曝气器下游附近，水流搅动剧烈，混合液溶解氧浓度较高；但随着与曝气器距离的增加，水流搅动变缓，溶解氧浓度下降，还可能出现缺氧区。氧化沟采用多点而非全池曝气的特点，使氧化沟内混合液具有推流特性，溶解氧浓度沿池长方向呈浓度梯度，依次形成好氧、缺氧和厌氧环境，因此通过合理的设计与控制，氧化沟工艺可以取得较好的除磷脱氮效果。

③ 氧化沟工艺可以将曝气池和二沉池合建成一体，而且池深较浅，转刷曝气设施容易制作。因此流程简单，施工方便。

④ 氧化沟对水温、水质和水量变化的适应能力较强，通常不设初沉池和二次沉淀池，经过长时间曝气的污泥可直接浓缩和脱水。

⑤ 由于氧化沟的水力停留时间和泥龄接近延时曝气法，比其他活性污泥法长，悬浮有机物和溶解性有机物可以同时得到较彻底的去除。因此，氧化沟处理出水水质较好，剩余污泥量少，主要用于处理浓度较低的城市污水或用于工业废水二级处理后的深度生物处理。

⑥ 氧化沟的主要缺点是占地面积大。

（4）氧化沟的技术特点

① 构造形式的多样性。传统氧化沟的曝气池呈封闭的沟渠形式，沟渠的形状和构造演变出了许多新型的氧化沟技术。沟渠可以是圆形或椭圆形，可以是单沟或多沟。多沟系统可以是一组同心的相互连通的沟渠（如 Orbal 式氧化沟），也可以是互相平行、尺寸相同的一组沟渠（如三沟式氧化沟），有与二沉池合建的，也有与二沉池分建的；合建式氧化沟又有体内式船形沉淀池和体外式侧沟沉淀池等。多种多样的构造形式，赋予了氧化沟灵活机动的运行方式，使其通过与其他处理单元组合，可满足不同的出水水质要求。

② 曝气设备的多样性。从氧化沟技术发展的历史来看，氧化沟曝气设备的发展在一定程度上反映了氧化沟工艺的发展，新的曝气设备的开发和应用往往意味着一种新的氧化沟工艺的诞生。氧化沟常用的曝气设备有转刷、转盘及其他表面曝气机和射流曝气器等。氧化沟技术的发展与高效曝气设备的发展是密不可分的，不同的曝气设备演变出不同的氧化沟形式，如采用表曝机的卡鲁塞尔氧化沟和采用射流曝气的 JAC 氧化沟等。

③ 曝气强度的可调节性。氧化沟的曝气强度可以调节，一是通过调节出水溢流堰的高度改变沟渠内的水深，即改变曝气装置的淹没深度，改变 DO，适应运行的需要。淹没深度的变化对于曝气设备的推动力也会产生影响，从而对水流速度产生调节作用。二是通过调节曝气器的转速进行调节，从而调节曝气强度和推动力。与其他活性污泥法不同的是，氧化沟的曝气装置只设在沟渠的一处或几处，数目多少与氧化沟形式、原水水量和水质等有关。

④ 具有推流式活性污泥法的某些特征。每条氧化沟的流态具有推流性质，污水从进入氧化沟到流至出水堰的过程中可以形成沉降性能良好的生物絮凝体，这样不仅可以提高二沉池的泥水分离效果，还可以发挥较好的除磷作用。同时，通过对系统的合理控制，可以使氧化沟交替出现缺氧和好氧状态，进而达到反硝化脱氮的目的。

⑤ 使预处理、二沉池和污泥处理工艺简化。氧化沟的水力停留时间和泥龄都比一般好氧生化处理法要长，废水中悬浮状有机物可以和溶解状有机物同时得到较彻底的氧化，所以可以不设初沉池。由于氧化沟工艺的负荷较低，排出的剩余污泥量较少且性质稳定，因此不需要进行厌氧消化，只需要浓缩脱水。交替式氧化沟和一体式氧化沟可以不再单独设置二沉池，从而使处理流程更加简化。

（5）常用氧化沟的类型

① 卡鲁塞尔氧化沟。卡鲁塞尔氧化沟是应用立式低速表面曝气器供氧并推动水流前进的氧化沟，弥补了转刷式曝气氧化沟的技术弱点，渠道深度更大、效率更高。

卡鲁塞尔氧化沟是一个多沟串联系统，进水与活性污泥混合后在沟内不停地循环流动。表曝机与分隔墙的布局使混合液被表曝机从上游推流到下游，并在沟内维持足够的流动速度。在正常的设计流速下，沟内混合液的流量是进水量的 50～100 倍，混合液平均每 5～20min 完成一次循环，具体的循环时间与氧化沟的长度、宽度、深度和进水水量等有关。这种流态可以防止短流，同时通过完全混合作用产生很强的耐冲击负荷能力。

卡鲁塞尔氧化沟在每组沟渠中安装一个立式低速表面曝气机，安装位置在沟渠的一端，因此形成了靠近曝气机下游的富氧区和曝气机上游及外环的缺氧区。这不仅有利于生物凝聚，使活性污泥易于沉淀，而且可以起到脱氮和除磷的效果。BOD_5 的去除率可以达到 95%～99%，脱氮效率约为 90%，除磷效率约为 50%，如果投加铁盐，除磷效率可达 95%。因此，卡鲁塞尔氧化沟工艺的特点可总结为 4 点：a.立式表面曝气机单机功率大（最大可达 150kW）并可以及时调整，节能效果显著；b.立式表面曝气机的混合搅拌功能强大，有利于来水与活性污泥的混合，提高了氧化沟的耐冲击负荷能力；c.立式表面曝气机的溶氧效果好，平均传氧效率可达 $2.1kg\ O_2/(kW\cdot h)$ 以上；d.卡鲁塞尔氧化沟沟深可达 5m 以上，使氧化沟占地面积减少，减少基建投资。

为满足日益严格的水质排放标准的要求，卡鲁塞尔氧化沟在标准池型的基础上，又开发了一些新的池型，这些新型的卡鲁塞尔氧化沟在提高处理效率、降低运行能耗、改善活性污泥性能等方面都比标准池型有了一定程度的提高，尤其是加强了生物脱氮除磷功能。比如卡鲁塞尔 A^2C 工艺是在卡鲁塞尔氧化沟的上游加设了厌氧池，不仅可提高活性污泥的沉降性能、有效抑制活性污泥膨胀，而且为生物除磷提供了先期彻底释放磷的场所，即为在好氧段的吸收磷创造了条件，通过及时排放剩余污泥可以使出水的总磷含量降到 2mg/L 以下。

② 奥贝尔氧化沟。奥贝尔氧化沟是一种多级氧化沟，沟中安装有曝气转盘，实现充氧和混合，水深为 2～3.6m，沟底流速为 0.3～0.9m/s。奥贝尔氧化沟的构造形式为独特的同心圆形沟槽，见图 5-41。进水先引入最外侧的沟中，并在其中不断循环的同时进入下一个沟，相当于一系列完全混合反应器串联在一起，最后从中心的沟中排出。圆形或椭圆形的平面结构和比其他氧化沟渠道更长的形式使其更能利用水流惯性，可节省能量，多渠串联的形式又可减少水流短路现象。每一圆形沟渠都表现出各自的特性，比如对氧的吸收率进水沟最高、出水沟最低，这样的结构使奥贝尔氧化沟具有推流式活性污泥法的特征。

图 5-41　奥贝尔氧化沟的构造

1，2，3—同心圆形沟槽

常见的奥贝尔氧化沟为三沟型，由内至外的三沟容积分别为总容积的 60%～70%、20%～30% 和 10%。尽管奥贝尔氧化沟进水很快在单个沟渠内通过扩散分布均匀，但也只是在其沟内实现完全混合，与第二沟内、第三沟内的水质、溶解氧、作用等具有明显的差异。进入第一沟的废水，经过转盘曝气器搅拌充氧后，混合液的溶解氧仍然接近零。这是由于混合液对溶解氧的吸收利用速率高于供氧速率，而在奥贝尔氧化沟最后一沟中的溶解氧由于吸收率低而呈现较高的浓度。为节约能量，一般当第一沟的溶解氧浓度上升到 0.5mg/L 以上时，应当稍微降低整个系统的充氧量；而当第三沟的溶解氧浓度低于 1.5mg/L 时，应当稍微提高整个系统的充氧量。曝气转盘的浸没深度通常为 30～50cm，其变化可以通过调整淹没式孔口或可调出水堰的淹没深度来实现。

奥贝尔氧化沟在时间和空间上的分阶段性，对于达到高效的硝化和反硝化十分有利。第一沟内的低溶解氧，因为存在容易利用的碳源，自然会出现反硝化作用，即硝酸盐被转化为氮气，同时微生物释放磷。而在其他沟特别是最后一沟内由于溶解氧较高，有机物可以被氧化得很彻底，氨氮也可以达到完全硝化，同时微生物吸收废水中的磷。

③ 交替式氧化沟。常见交替式氧化沟有双沟（D）式和三沟（T）式两种，使用的曝气设施为曝气转刷。由于双沟式氧化沟的设备闲置率较高（超过 50%），三沟式氧化沟在实际中的应用量更多。三沟式氧化沟实际上是一个 A/O 活性污泥系统，具有生物脱氮功能。传统去除 BOD_5 的三沟式氧化沟的运行方式见图 5-42。

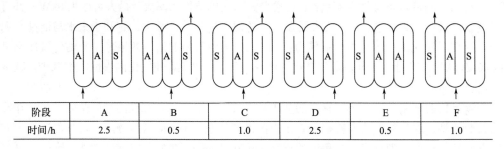

阶段	A	B	C	D	E	F
时间/h	2.5	0.5	1.0	2.5	0.5	1.0

图 5-42   三沟式氧化沟运行示意

A—曝气；S—沉淀

三沟式氧化沟由 3 个相同的氧化沟组建在一起作为一个单元运行，3 个氧化沟的邻沟之间相互连通，两侧氧化沟可起到曝气和沉淀的双重作用。每个沟都配有可供进水和环流混合的转刷，自控装置自动控制进水的分配和出水调节堰。三沟式氧化沟具有传统去除 BOD_5 和生物脱氮两种运行方式。传统去除 BOD_5 时曝气转刷只有曝气和停止两种状态，而在生物脱氮时，曝气转刷低速运转只起到搅拌保持沟内污泥呈悬浮状态的作用，通过改变转刷的转速实现好氧和缺氧的转变一般都是自动控制。表 5-3 列出了三沟式氧化沟脱氮时的运行方式。

表 5-3   三沟式氧化沟生物脱氮运行方式

运行阶段	A			B			C			D			E			F		
各沟状态	Ⅰ沟	Ⅱ沟	Ⅲ沟	Ⅰ沟	Ⅱ沟	Ⅲ沟	Ⅰ沟	Ⅱ沟	Ⅲ沟	Ⅰ沟	Ⅱ沟	Ⅲ沟	Ⅰ沟	Ⅱ沟	Ⅲ沟	Ⅰ沟	Ⅱ沟	Ⅲ沟
	反硝化	硝化	沉淀	硝化	硝化	沉淀	沉淀	硝化	沉淀	沉淀	硝化	反硝化	沉淀	硝化	硝化	沉淀	硝化	沉淀
延续时间/h	2.5			0.5			1.0			2.5			0.5			1.0		

阶段 A：废水进入 I 沟，转刷以低速运转仅使沟内污泥在悬浮状态下环流，供氧量不足以使沟内有机物氧化。此时，活性污泥中的微生物强制利用上一阶段产生的硝态氮作为氧源，有机物被氧化，硝态氮被还原成氮气逸出；同时，自动调节出水堰上升，废水与活性污泥一起进入 II 沟。II 沟内的转刷高速运转，混合液在沟内保持恒定环流，转刷所供氧量足以氧化有机物并使氨氮转化为硝态氮，处理后的混合液进入 III 沟。III 沟转刷处于闲置状态，此时只作为沉淀池实现泥水分离，处理后的废水通过已降低的出水堰从 III 沟排出。

阶段 B：废水流入从 I 沟转向 II 沟，I 沟和 II 沟内的转刷均高速旋转。I 沟从缺氧状态逐渐变为好氧状态。在 II 沟内处理后的混合液进入 III 沟，III 沟仍作为沉淀池实现泥水分离，处理后的废水从 III 沟排出。

阶段 C：进水仍进入 II 沟，I 沟转刷停止运行，由运转转变为静止沉淀状态，开始泥水分离，到本阶段结束，分离过程也同时完成。处理后的废水仍然从 III 沟排出。

阶段 D：进水从 II 沟转向 III 沟，I 沟出水堰降低，III 沟出水堰升高，出水从 I 沟引出。同时，III 沟内转刷开始低速运转，混合液从 III 沟流向 II 沟，在 II 沟曝气后进入 I 沟，I 沟成为沉淀池。阶段 D 和阶段 A 的工作状态类似，不同的是 I 沟和 III 沟的作用正好相反，反硝化发生在 III 沟，出水从 I 沟排出。

阶段 E：进水从 III 沟转向 II 沟，III 沟内的转刷开始高速运转。I 沟仍作为沉淀池，处理后的废水通过 I 沟出水堰排出。

阶段 F：进水仍进入 II 沟，III 沟转刷停止运行，由运转转变为静止沉淀状态，开始泥水分离，到本阶段结束，分离过程也同时完成。处理后的废水仍然从 I 沟排出。

④ 一体式氧化沟。一体式氧化沟又称合建式氧化沟，是指集曝气、沉淀、泥水分离和污泥回流等功能于一体，不需单独建造二沉池的氧化沟。最早的间歇运行氧化沟也是一体式氧化沟，但现在的一体式氧化沟指的是设有专门的固液分离装置和措施的氧化沟。一体式氧化沟常用的固液分离装置形式有内置式和外置式两种。

内置式固液分离装置设置在氧化沟的横断面上，利用了竖流沉淀和斜板沉淀的工作原理。氧化沟的混合液从其底部流过时，混合液向上流过分离器，固相污泥的上升速度小于上清液的上升速度，因而实现固液分离。固液分离器内相对静止的水流和氧化沟内的流动水流间产生的压力差所形成的抽吸作用，使沉淀下来的污泥自动回流到反应器中并和其他混合液再混合在一起，因此这种分离装置受沟内水流条件的影响较大。船型一体式氧化沟（图 5-43）就是一种常用的内置式固液分离装置。

图 5-43　船型一体式氧化沟

注：槽内流速 v_1 为船式沉淀池底部流速 v_2 的 60%。

　　船型沉淀槽设在氧化沟的一侧，所占氧化沟的体积分数为 8%～11%，但其宽度小于氧化沟的宽度，就像在氧化沟内放置的一条船，船型氧化沟也因此得名。混合液在其底部及两侧流过，在沉淀槽下游一端设有进水口，部分混合液由此进入沉淀槽，即沉淀槽内的混合液流动方向与氧化沟内的混合液流动方向相反。污泥在沉淀槽内下沉并由底部的污泥斗收集回流到氧化沟，澄清出水则由沉淀槽上游的溢流堰收集排出。船型固液分离装置底部采用一系列均匀排列的倒 V 形板，使混合液能均匀进入而沉淀污泥能迅速回流，同时底部开孔很多使其中的水流上升速度很慢，对污泥缓冲层和污泥回流的影响很小。分离器内流态处于层流状态，有利于大颗粒絮体的形成，这些大颗粒絮体在船型分离器的上部形成悬浮污泥层，将不断上涌的混合液中的污泥颗粒吸附和截留，从而提高出水水质。污泥层中过多的污泥絮体在重力和底部水流的抽吸作用下，又可以不断回流到氧化沟的水流中。

　　外置式固液分离装置对氧化沟断面和沟内混合液的正常流动几乎不产生影响，水力条件较好。比较典型的外置式固液分离装置是侧渠型固液分离装置，见图 5-44。

图 5-44　侧渠型一体式氧化沟

　　侧渠型固液分离装置设置在氧化沟一侧的中间位置并贯穿整个池深，循环混合液在分离器部位流过时，部分混合液会进入沉淀区底部，再向上通过倾斜挡板，上清液用淹没式穿孔管排出，沉淀污泥则沿挡板下滑，由混合液携带走走。这种分离器占据氧化沟的断面少，对氧化沟内混合液流动的影响小，固液分离装置自身的水力分离条件也较好，分离效果优于内置式固液分离装置。

　　外置式固液分离装置利用了平流沉淀的原理，其特殊的构造使混合液在分离器内的上升流速逐渐减小，保持较平稳的层流状态，促使污泥互相发生絮凝并在重力作用下与水分离，絮凝的污泥形成了一道悬浮污泥层，可以将新进入分离器混合液中的污泥颗粒截留下来，实现泥水分离。这一过程和悬浮澄清池相似，但外置式固液分离装置内的污泥层不是长时间固定停留在分离器中，而是在重力作用下不断循环流动回流到氧化沟混合液中，即这种悬浮污泥层是不断自动更新的。新的混合液中的污泥不断加入污泥层，而同时又有部分污泥不断回流到混合液中，污泥在分离器中的停留时间较短。由于具有这种独特的分离机理，外置式固液分离装置的沉淀分离效率优于普通形式的二沉池。

5.2.4.7　膜生物反应器

　　膜生物反应器（MBR）是用微滤膜或超滤膜代替二沉池进行污泥固液分离的污水处理装置，是膜分离技术与活性污泥法的有机结合，出水水质相当于二沉池出水再加微滤或超滤的效果（图 5-45）。膜生物反应器不仅提高了污染物的去除效率，在很多情况下出水可以作为再生水直接回用。膜生物反应器工艺在城镇污水和工业废水处理中占有一定的份额。

　　膜生物反应器在一个处理构筑物内可以完成生物降解和固液分离功能，生物反应区可以根据有机物降解或生物脱氮及除磷的要求，设置不同的反应区域，因为没有二沉池泥水分离和固体通量的限制，混合液悬浮固体浓度可以比普通活性污泥法高几倍，容积负荷及耐冲击负荷能

图 5-45　膜生物反应器

（a）内置浸没膜组件；（b）外置膜分离单元

力比传统生物脱氮除磷工艺更高。但膜生物反应器并不是普通生物脱氮除磷工艺和膜分离设备的简单加和，因为膜池的防污堵曝气冲刷需要，膜池的溶解氧浓度会达到 6～8mg/L，甚至接近饱和浓度，如果膜池回流的污泥直接进入生化处理系统的厌氧池或缺氧池，会对厌氧环境或缺氧环境造成冲击和破坏，所以膜生物反应器的生化处理系统设计及运行过程中必须注重各功能区的微生物环境条件要求。

膜生物反应器的优点有：①容积负荷率高，水力停留时间短；②污泥龄较长，剩余污泥量减少；③混合液污泥浓度高，避免了因为污泥丝状菌膨胀或其他污泥沉降问题而影响曝气反应区的 MLSS 浓度；④因污泥龄较长，系统硝化反硝化效果好，在低溶解氧浓度运行时，可以同时进行硝化和反硝化；⑤出水有机物浓度、悬浮固体浓度、浊度均很低，甚至致病微生物都可被截留，出水水质好；⑥污水处理设施占地面积相对较小。

膜生物反应器类型可分为内置浸没膜组件的内置式膜生物反应器和外置膜分离单元的外置式膜生物反应器。

目前，膜生物反应器还存在系统造价较高、膜组件易受污染、膜使用寿命有限、运行费用高、系统控制要求高、运行管理复杂等缺点。

5.2.5　应用实例（某工厂啤酒废水处理工程）

5.2.5.1　概况

某啤酒厂建厂初期啤酒年生产能力为 2 万吨，废水组成为清洁废水、低浓度废水和高浓度废水。清洁废水包括锅炉蒸汽冷凝水、制冷循环用外排水、给水厂反冲洗水等，约占废水总量的 20%。低浓度废水包括酿造车间和包装车间地面冲洗水，洗瓶机、灭菌机废水及生活污水。该废水 COD_{Cr} 浓度为 100～700mg/L，水量约占废水总量的 70%。高浓度废水包括滤过洗槽废水，糖化锅、糊化锅冲洗水，贮酒罐前期冲洗水，滤过废藻土泥冲洗水，废酵母、酵母压缩机冲洗水，水量约占废水总量的 10%。

该厂日均排水量为 2100m³，生产旺季日排水量为 2700m³，每吨啤酒排水量为 10m³。COD_{Cr} 为 1800～2200mg/L，平均为 2000mg/L；BOD_5/COD_{Cr} 为 0.6～0.65；pH 值为 5～13；SS 为 400～800mg/L。

5.2.5.2　废水处理工艺特点

① 由于该厂啤酒生产废水中 COD_{Cr} 值较高，要使废水经一步好氧处理达标，曝气池中的污泥需保持较高浓度，尤其是曝气池首端污水负荷高，更需保持污泥的高浓度。

② 在调节池中鼓入空气，保证水质较均匀，污水的溶解氧值较高。

③ 曝气池设计成三段推流式，强化首端曝气，保证首端池中的 DO 在 3～5mg/L。

④ 二沉池返回的污泥全部进入首段。

⑤ 及时排泥，使曝气池在低的污泥龄下运行。

⑥ 污泥膨胀时，采用在回流污泥中加氯（投加量为 10～15mg/L）的方法控制。

⑦ 在曝气池中设 DO 自动显示仪，控制曝气池的 DO。

⑧ 污泥加药后直接用带式压滤机脱水，不设污泥浓缩池。

5.2.5.3　处理废水流程

废水处理采用高浓度活性污泥法，流程见图 5-46。

图 5-46　某厂啤酒废水处理工艺流程

该流程实际运行过程中，将部分二沉池回流污泥回流到调节池中，曝气再生后再进曝气池，有利于抑制污泥膨胀和提高废水处理效率。

5.2.5.4　主要处理构筑物、设备及设计参数

（1）调节池。由于啤酒生产中排放的水量、水质不均匀，波动大，考虑到后续处理工艺运行的稳定性，需对水量、水质进行调节。设调节池 1 座，尺寸为 21m×12m×5.2m，水力停留时间为 14h，钢筋混凝土结构。为保证调节池内废水水质比较均匀，在该池内设有双螺旋曝气头进行曝气。

（2）曝气池。曝气池有两座，推流式，为钢筋混凝土结构，有效容积为 1152m³，尺寸为 16m×6m×7.2m。曝气池采用鼓风机供气，曝气装置为双螺旋曝气器，设计参数如下：容积负荷≤2.3kg BOD₅/（m³·d）；污泥负荷 0.3～0.4kg BOD₅/（kg MLSS·d）；MLSS 浓度 4.5～8g/L（一般为 6g/L）；污泥回流为 100%～200%，通过污泥泵从二沉池中回流过来，由阀门及流量计控制污泥回流量；HRT（水力停留时间）为 l5h（初期）。

（3）沉淀池。沉淀池为圆形辐流式沉淀池 1 座，钢筋混凝土结构，直径为 16m，有效水深为 3.5m，表面负荷为 0.37m³/（m²·h）（初期），沉淀池内设有中央驱动型刮泥机。

5.2.5.5　运行情况

经上述处理流程，自开工以来，处理效果稳定。正常情况下，废水能达标排放。

任务 3　生物膜法处理

生物膜法是利用固着生长在载体上的微生物来降解水中有机污染物的一种生物处理方法。

从微生物对有机物降解过程的基本原理进行分析，生物膜法与活性污泥法是相同的，两者的主要不同在于活性污泥法是依靠曝气池中悬浮流动着的活性污泥来降解有机物，而生物膜法则主要依靠固着于载体表面的微生物膜来降解有机物。与活性污泥法相比，生物膜法具有以下特点。

生物膜法

① 固着于固体载体表面上的生物膜对污水水质、水量的变化有较强的适应性，操作稳定性好。

② 不会发生污泥膨胀，运转管理较方便。

③ 由于微生物固着于固体载体表面，即使增殖速度慢的微生物也能生长繁殖。而在活性污泥法中，世代时间比停留时间长的微生物被排出曝气池，因此，生物膜中的生物相更为丰富，且膜中生物种群沿水流方向具有一定分布。

④ 因高营养的微生物存在，有机物代谢时较多地转化为能量，合成新细胞，故剩余污泥量少。

⑤ 采用自然通风供氧，动力消耗低。

⑥ 活性生物难以人为控制，因而在运行方面灵活性较差。

⑦ 由于载体材料的比表面积小，故设备容积负荷有限，空间效率较低。国外的运行经验表明，在处理城市污水时，生物滤池处理厂的处理效率比活性污泥法处理厂略低。50%的活性污泥法处理厂 BOD_5 去除率高于91%，50%的生物滤池处理厂 BOD_5 去除率为83%。

利用生物膜净化污水的装置统称为生物膜反应器。根据污水与生物膜接触形式的不同，生物膜反应器可分为生物滤池、生物转盘和生物接触氧化池等。

5.3.1　生物膜法净化污水的原理

5.3.1.1　生物膜的形成

生物膜法是一大类生物处理法的统称，包括生物滤池、生物转盘、生物接触氧化池、曝气生物滤池及生物流化床等工艺形式，其共同的特点是微生物附着生长在滤料或填料表面上，形成生物膜。污水与生物膜接触后，污染物被微生物吸附转化，污水得到净化。生物膜法对水质、水量变化的适应性较强，污染物去除效果好，是一种被广泛采用的生物处理方法，可单独应用，也可与其他污水处理工艺组合应用。

污水通过滤池时，滤料截留了污水中的悬浮物质，并把污水中的胶体物质吸附在滤料的表面，其中的有机物使微生物很快繁殖起来，这些微生物又进一步吸附了污水中呈悬浮、胶体和溶解状态的物质，滤料表面逐渐形成了一层生物膜。生物膜主要由细菌的菌胶团和大量的真菌丝组成，其中还有许多原生动物和较高等动物。

在生物滤池表面的滤料中，常常存在一些褐色及其他颜色的菌胶团，也有的滤池表层有大量的真菌丝存在，因此形成一层灰白色的黏膜。下层滤料上生物膜呈黑色。

生物膜不仅具有很大的表面积，能够大量吸附污水中的有机物，而且具有很强的降解有机物的能力。当滤池通风良好，滤料空隙中有足够的氧时，生物膜就能分解氧化所吸附的有机物。在有机物被降解的同时，微生物不断进行自身繁殖，导致生物膜的厚度和微生物数量不断增加。生物膜的厚度达到一定值时，由于氧传递不到较厚的生物膜中，使好氧菌死亡并发生厌氧作用，厌氧微生物开始生长。厌氧层不断加厚，由于水力冲刷和生物膜自重的作用，再加上滤池中某些动物（如灰蝇等）的活动，生物膜将会从滤料表面脱落下来，随着污水流出池外，这种脱落现象既可以间歇发生也可以连续发生，取决于滤池中水力负荷的大小。由此可见，生物膜是不断发展变化、不断新陈代谢的。去除有机物的活性生物膜，主要是表面的一层好氧膜，其厚度一般为 0.5～2.0mm，取决于充氧条件。

5.3.1.2   生物膜中的微生物

生物膜中的微生物与活性污泥中大致相同，但又有其特点。生物膜中的细菌也很多，菌胶团仍是主要的，但与活性污泥不同的是，在生物膜中丝状菌很多，有时还起主要作用，因为它净化有机物的能力很强，而且使生物膜形成了立体结构，密度疏松，增大了表面积。生物滤池中的污水是自上而下流动的，逐渐得到净化，由上至下水质不断发生变化，因此，对生物膜上的微生物种群产生了很大影响。在上层以大多数摄取有机营养的异养型微生物为主；在下层则是以摄取无机营养的自养型微生物为主（特别是低负荷生物滤池）。

生物滤池中真菌生长较普遍，在条件合适时，可能成为优势菌种。

生物膜中的原生动物比活性污泥中的多，种类丰富，滤料的上、中、下三层各不相同，越是高等原生动物，越是在底层生长。原生动物的存在对提高出水水质有重要作用，这点与活性污泥法相同。

灰蝇是生物滤池中特有的一种昆虫，是肉眼可见的较大的生物，其幼虫以生物膜为食。幼虫的活动能起疏松生物膜的作用，对污水处理有一定的有利影响。

5.3.1.3   生物膜去除有机物的过程

图 5-47 可以帮助分析研究生物膜对污水的净化作用，这是滤料的示意图。从图 5-47 中可以看出，滤料表面的生物膜可分为厌氧层和好氧层，这是由生物膜的吸附作用形成的。因为附着水直接与微生物接触，其中有机物大多已被微生物所氧化，因此有机物浓度很低。在附着水外部是流动水层，即进入生物滤池的待处理污水，有机物浓度较高。生物膜去除有机物的过程包括：有机物从流动水中通过扩散作用转移到附着水中去，同时氧也通过流动水、附着水进入生物膜的好氧层中；生物膜中的有机物进行好氧分解；代谢产物如 CO_2、H_2O 等无机物沿相反方向排至流动水层及空气中；内部厌氧层的厌氧菌用死亡的好氧菌及部分有机物进行厌氧代谢；代谢产物如有机酸等转移到好氧层或流动水层中。在生物滤池中，好氧代谢起主导作用，是有机物去除的主要过程。

图 5-47   生物膜

5.3.2 生物膜反应动力学

生物膜反应动力学是生物膜法污水处理技术研究的深入，目前还处于继续研究和不断完善之中。而生物膜在载体表面的固定、增长及底物去除规律的揭示，对各种新型生物膜反应器的开发和技术进步可以起到重要的推动作用。本节对生物膜在载体表面的附着过程及生物膜反应动力学的几个重要参数进行简要介绍。

5.3.2.1 微生物在载体上附着的一般过程

微生物在载体表面的附着是微生物表面与载体表面间相互作用的结果，大量研究表明，微生物在载体表面的附着取决于细菌的表面特性和载体的表面物理化学特性。从理论上讲，细菌在载体表面的附着过程可以划分为如图 5-48 所示的步骤。

（1）微生物向载体表面的运送。细菌在液相中向载体表面的运送主要通过以下两种方式完成。

① 主动运送：细菌借助于水动力学作用及浓度扩散向载体表面迁移。

② 被动运送：通过布朗运动、细菌自身运动和沉降等作用实现。

图 5-48 微生物在载体表面附着的步骤

一般而言，主动运送是细菌从液相转移到载体表面的主要途径，特别是在动态环境中，它是细菌长距离移动的主要方式。同时，细菌自身的布朗运动增加了细菌与载体表面的接触机会。细菌附着的静态试验表明，由浓度扩散形成的悬浮相与载体表面间的浓度梯度直接影响细菌从液相向载体表面的移动过程。悬浮相的细菌正是通过上述各种途径从液相被运送到载体表面，促成了细菌与载体表面的直接接触附着。在整个生物膜形成过程中，微生物向载体表面的运送过程至关重要。

（2）可逆附着过程。微生物被运送到载体表面后，通过各种物理或化学作用附着于载体表面。在细菌与载体表面接触的最初阶段，微生物与载体间首先形成的是可逆附着。这一个过程是附着与脱落的双向动态过程，环境中存在的水力学力、细菌的布朗运动以及细菌自身运动都可能使已附着在载体表面的细菌重新返回悬浮液相中。生物的可逆附着取决于微生物与载体表面间力的作用强度。在微生物附着过程中，各种热力学力也影响细菌在载体表面附着的可逆性程度，试验表明，细菌的附着可逆性与微生物-载体间的自由能水平相关。

（3）不可逆附着过程。不可逆附着过程是可逆过程的延续。不可逆附着过程通常是由微生物分泌的黏性代谢物质如多聚糖形成的。这些体外多聚糖类物质起到了生物"胶水"作用，因此附着的细菌不易被水力剪切力冲刷脱落。生物膜法实际运行中，若能够保证细菌与载体间的接触时间充分，微生物有足够的时间进行生理代谢活动，不可逆附着过程就能发生。可逆与不可逆附着的区别在于是否有生物聚合物参与细菌与载体表面间的相互作用，而不可逆附着是形成生物膜群落的基础。

（4）附着微生物的增长。经过不可逆附着过程后，微生物在载体表面建立了一个相对稳定的生存环境，可以利用周围环境所提供的养分进一步增长繁殖，逐渐形成成熟的生物膜。

5.3.2.2 生物膜反应动力学的几个重要参数

生物膜反应动力学参数可从不同角度揭示生物膜的各种特征，在生物膜法处理技术研究及工程实际中都有重要的价值。下面介绍几个重要的生物膜反应动力学参数。

（1）生物膜（微生物）比增长速率（μ）。微生物比增长速率（μ）是描述微生物增长繁殖特征最常用的参数之一，反映了微生物增长的活性，如式（5-21）所示：

$$\mu = \frac{\dfrac{dX}{dt}}{X} \tag{5-21}$$

式中　μ——微生物比增长速率，h^{-1}；

　　　X——微生物浓度，g/m^3。

当获得微生物增长曲线（t-X）后，可通过任一点的导数及对应的 X 值计算出微生物增长过程中 t 时刻对应的比增长速率。目前，生物膜比增长速率主要有两类：一是动力学增长阶段的比增长速率，亦称生物膜最大比增长速率；二是整个生物膜过程的平均比增长速率。

① 生物膜最大比增长速率（μ_{max}）。根据式（5-21），生物膜在动力学增长期遵循如下规律：

$$\frac{dM_b}{dt} = \mu_{max} M_b \tag{5-22}$$

积分后得：

$$\ln M_b = \mu_{max} t + C \tag{5-23}$$

式中　M_b——生物膜总量，为活性生物量和非活性物质之和，g/m^2；

　　　C——常数。

根据公式，可绘制 t-$\ln M_b$ 曲线图，用图解法来确定 μ_{max}。

② 生物膜平均比增长速率（$\bar{\mu}$）。生物膜平均比增长速率一般根据下式计算：

$$\bar{\mu} = \frac{\dfrac{M_{bs} - M_{bo}}{t}}{M_{bo}} \tag{5-24}$$

式中　M_{bs}——生物膜稳态时所对应生物量，g/m^2；

　　　M_{bo}——初始生物膜量，g/m^2。

生物膜平均比增长速率反映了生物膜表观增长特性。由于生物膜成长过程中往往伴随着非活性物质的积累，因此，从严格生物学意义上说，$\bar{\mu}$ 并不能真实反映生物膜群体的增长特性。

（2）底物比去除速率（q_{obs}）。生物膜反应器中底物比去除速率可由下式计算：

$$q_{obs} = \frac{Q(S_0 - S)}{A_0 M_b} \tag{5-25}$$

式中　q_{obs}——底物比去除速率，h^{-1}；

　　　Q——进水流量，m^3/h；

　　　S_0——进水底物浓度，g/m^3；

　　　S——出水底物浓度，g/m^3；

　　　A_0——载体表面积，m^2。

在实际过程中，底物比去除速率反映了生物膜群体的活性，底物的比去除速率越高，说明生物膜的生化反应活性越高。

（3）表观生物膜产率系数（Y_{obs}）。是指微生物在利用、降解底物的过程中自身增长的能力，定义为每消耗单位底物浓度时生物膜自身生物量的积累，即：

$$Y_{obs} = -\frac{A_0}{V_0} \frac{\dfrac{dM_b}{dt}}{\dfrac{dS}{dt}} \qquad (5\text{-}26)$$

式中 Y_{obs}——表观生物膜产率系数，g/g；

V_0——生物膜反应器有效体积，m³。

产率系数在生物膜研究中具有重要意义，它揭示了生物膜群体合成与能量代谢间的相互耦合程度，式（5-26）中 $V_0\dfrac{dS}{dt}$ 可由下式表示：

$$V_0\frac{dS}{dt} = -Q(S_0 - S) \qquad (5\text{-}27)$$

同时将式（5-22）及式（5-27）代入式（5-26）中有：

$$Y_{obs} = \frac{A_0 \mu_{max} M_b}{Q(S_0 - S)} \qquad (5\text{-}28)$$

对于处于稳态的生物膜，有 $M_b=M_{bs}$ 及 $S=S_e$，则：

$$Y_{obs} = \frac{A_0 \mu_{max} M_{bs}}{Q(S_0 - S_e)} \qquad (5\text{-}29)$$

式中 S_e——稳态下生物膜反应器出水底物浓度，g/m³。

（4）生物膜密度（ρ）。生物膜密度一般为生物膜平均干密度，经实验测定生物膜量（M_b）及生物膜厚度（Th）后，平均密度可通过 Th-M_b 图求得，即：

$$M_b = \rho\text{Th} \qquad (5\text{-}30)$$

式中 ρ——Th-M_b 拟合直线的斜率，即为生物膜平均密度。

5.3.3 生物滤池

5.3.3.1 生物滤池的一般构造

生物滤池在平面上一般呈方形、矩形或圆形，它的主要组成包括滤料、池壁、布水系统和排水系统，见图 5-49。

生物滤池要求通风良好，布水均匀，单位体积滤料的表面积和空隙率都比较大，以利于生物膜、污水和空气之间的接触和通风。

（1）滤料。滤料作为生物膜的载体，对生物滤池的工作影响较大。滤料表面积越大，生物膜上微生物的数量就越多。但是，单位体积滤料所具有的表面积越大，滤料粒径必然越小，空隙也越小，从而增大了通风阻力。相反，为了减小通风阻力，空隙率要增大，滤料比表面积就要减小。滤料粒径的选择应综合考虑有

图 5-49 生物滤池的构造

机负荷和水力负荷等因素,当有机物浓度高时,应采用较大的粒径。滤料应有足够的机械强度,能承受一定的压力;其密度应小,以减少支承结构的荷载;滤料应能抵抗污水、空气、微生物的侵蚀,不应含有影响微生物生命活动的杂质;滤料应能就地取材,价格便宜,加工容易。

生物滤池过去常用拳状滤料,如碎石、卵石、炉渣、焦炭等。近年来,生物滤池多采用塑料滤料,主要由聚氯乙烯、聚乙烯、聚苯乙烯、聚酰胺等加工成波纹板、蜂窝管、环状及空圆柱等复合式滤料。这些滤料的特点是比表面积大（100～340m²/m³）,空隙率高（90%以上）,从而大大改善生物膜生长及通风条件,使处理能力大大提高。

（2）池壁。生物滤池池壁只起围挡滤料的作用,一些滤池的池壁上带有许多孔洞,用以促进滤层的内部通风。一般池壁顶应高出滤层表面 0.4～0.5m,以免风力作用影响污水在池表面上的均匀分布。池壁下部通风孔总面积不应小于滤池表面积的 1%。

（3）布水装置。布水装置设在填料层的上方,用以均匀喷洒污水。早期使用的布水装置是间歇喷淋的,两次喷淋的时间间隔为 20～30min,使生物膜充分通风。后来发展为连续喷淋,使生物膜表面形成一层流动的水膜,这种布水装置布水均匀,能保证生物膜得到连续的冲刷。目前广泛采用的连续式布水装置是旋转布水器。

旋转布水器适用于圆形或多边形生物滤池,它主要由进水竖管和可转动的布水横管组成,固定的竖管通过轴承和配水短管联系,配水短管连接布水横管,并一起旋转。布水横管一般为 2～4 根,横管中心高出滤层表面 0.15～0.25m,横管沿一侧的水平方向开设直径 10～15mm 的布水孔。为使每孔的洒水服务面积相等,靠近池中心的孔间距应较大,靠近池边的孔间距应较小。当布水孔向外喷水时,在反作用力推动下布水横管旋转。为了使污水能均匀喷洒到滤料上,每根布水横管上的布水孔位置应错开,或者在布水孔外设可调节角度的挡水板,使污水从布水孔喷出后能呈线状均匀地扫过滤料表面。

（4）排水及通风系统。排水及通风系统用以排出处理水,支撑滤料及保证通风。排水系统通常分为两层,包括滤料下的渗水装置和底板处的集水沟、排水沟。常见的渗水装置见图 5-50。渗水装置的排水面积应不小于滤池表面积的 20%,它与池底的间距应不小于 0.3m。

(a) 支承在钢筋混凝土梁或砖基上的穿孔混凝土板　　(b) 砖砌的渗水装置

(c) 滤砖　　(d) 半圆形开有孔槽的陶土管

图 5-50　生物滤池常见渗水装置

5.3.3.2　生物滤池的基本流程与分类

生物滤池可根据设备形式的不同分为普通生物滤池和塔式生物滤池,也可根据承受水力负荷的大小分为低负荷生物滤池（普通生物滤池）和高负荷生物滤池。生物滤池法可参考 HJ 2014。

（1）低负荷生物滤池（普通生物滤池）。滤池的滤料一般采用碎石或炉渣等颗粒滤料，厚度一般为 1.3～1.8m、粒径 25～40mm，承托层厚 0.2m、粒径 70～100mm。

低负荷生物滤池由于有机负荷率低，污水的处理程度较高。一般生活污水经滤池处理后出水 BOD_5 常小于 20～30mg/L，并有溶解性的硝酸盐存在于出水中，二次沉淀池的污泥为黑色，氧化程度很高，污泥稳定性好。这说明在普通生物滤池中，不仅进行着有机物的吸附、氧化降解，而且也进行硝化作用。普通生物滤池的缺点是水力负荷率、有机负荷率均很低，占地面积大，水流的冲刷能力小，容易引起滤层堵塞，影响滤池通风。有些滤池因池面积小容易出现滤层堵塞的现象。

（2）高负荷生物滤池。高负荷生物滤池的构造基本与低负荷生物滤池相同，但所采用的滤料粒径和厚度都较大，水力负荷率较高，一般为普通生物滤池的 10 倍，有机负荷率为 800～1200g BOD_5/（m^3 滤料·d）。因此，池子体积较小，占地面积小，但是出水的 BOD_5 一般超过 30mg/L，BOD_5 去除率一般为 75%～90%，出水中极少有或没有硝酸盐。

扫视频一扫

高负荷生物滤池

高负荷生物滤池大多采用旋转式布水系统。滤料的直径一般为 40～100mm，滤料层较厚，一般为 2～4m；当采用自然通风时，滤料层厚度一般不应大于 2m，采用塑料和树脂滤料时，可以增大滤料厚度，并可采用自然通风。

提高了有机负荷率后，微生物的代谢速度加快，即生物膜的增长速度加快。由于同时提高了水力负荷，也使冲刷作用大大加强，因此不会造成滤池堵塞，滤池中的生物膜不再像普通生物滤池那样，主要是由于生物膜老化及昆虫活动而呈周期性的脱落，而是主要由于污水的冲刷表现为经常性的脱落。脱落的生物膜中大多是新生物的细胞，没有得到彻底的氧化，因此，稳定性比普通生物滤池的生物膜差，产泥量大。

为了在提高有机负荷率的同时保证一定的出水水质，并防止滤池的堵塞，高负荷生物滤池的运行常采用回流式的运行方式，利用出水回流至滤池前与进水混合，这样既可提高水力负荷率，又可稀释进水的有机物浓度，可以保证出水水质，并可防止滤池堵塞。一般来说，当滤池进水 BOD_5 >200mg/L 时，常需采用回流措施。回流的方式很多，典型的处理流程如图 5-51 所示。

图 5-51 高负荷生物滤池典型流程

（a）采用最广泛的高负荷生物滤池处理流程，处理水回流到滤池前，可避免加大初次沉淀池的容积。

（b）滤池出水直接回流，这样有助于生物膜的再次接种，能够促进生物膜的更新。

（c）不设二次沉淀池为其主要特征，滤池出水回流到沉淀池。这种流程能够提高初次沉淀池的沉淀效率和节省二次沉淀池。

图 5-52　塔式生物滤池构造

当污水处理程度要求较高，一级高负荷生物滤池不能满足要求时，将两个高负荷生物滤池串联起来，称为两级生物滤池。在两级生物滤池的第一级池中常能进行硝化过程，有机物去除率可达 90%以上，出水中常会含有硝酸盐和溶解氧。

（3）塔式生物滤池。塔式生物滤池的构造与一般生物滤池相似，主要不同在于采用轻质高空隙率的塑料滤料及塔体结构。塔直径一般为 1～3.5m，塔高为塔径的 6～8 倍。图 5-52 为塔式生物滤池的构造示意图。

塔式生物滤池也是一种高负荷生物滤池，但其负荷远比普通负荷生物滤池高。采用塑料滤料的塔式滤池的水力负荷可高达 80～200m³ 污水/（m² 滤料·d），有机物负荷率可高达 2000～3000g BOD_5/（m³ 滤料·d）。由于负荷率高，污水在塔内停留时间很短，一般仅为几分钟；BOD_5 去除率很低，一般为 60%～85%。然而，塔式生物滤池对有机物负荷率和有毒物质的冲击适应性很强，常常被用于高浓度有机工业废水的预处理，并被广泛地用于石油化工、化纤、焦化、纺织、冶金和食品工业废水的处理中。

5.3.4　生物转盘

扫一扫 视频

生物转盘

生物转盘又称浸没式生物滤池，是由传统生物滤池演变而来。生物膜的形成、生长以及其降解有机污染物的机理，与生物滤池基本相同，主要区别是它以一系列转动的盘片代替固定的滤料。生物转盘的主要组成部分是旋转圆盘、转动横轴、动力及减速装置和氧化槽等，其结构见图 5-53。

当圆盘片浸没于污水中时，污水中的有机物被盘片上的生物膜吸附，当圆盘片离开污水时，盘片表面形成一层薄薄的水膜。水膜从空气中吸氧，同时在生物酶的催化下，被吸附的有机物氧化降解。这样圆盘每转动一圈，即进行一次吸附—吸氧—氧化分解。圆盘不断地转动，使污水中的有机物不断被降解转化；同时，圆盘的搅动把大气中的氧带入

图 5-53　生物转盘结构

氧化槽，使污水中的溶解氧（DO）不断增加，有利于基质的氧化降解过程。所以，生物转盘在运行过程中的吸附、吸氧、氧化降解等作用实际上是同时发生的。

5.3.4.1　生物转盘的构造

生物转盘的主体部分由盘片、转轴和氧化槽等组成。盘片串起来成组，中心贯以转轴，轴的两端安设于固定在圆形氧化槽的支座上。转盘的表面积有 40%～50%浸没在氧化槽内的污水中。转轴一般高出水面 10～25cm。

由电机、变速器和传动链条等组成的传动装置驱动转盘以一定的线速度在氧化槽内转动，并不断进行吸附、吸氧和氧化降解等过程。

转盘的直径一般为 2～3m，国外有的达 4m。盘片间距可采用 20～30mm，当原污水浓度高时，则取上限值，以防止生物膜堵塞。

氧化槽的断面为半圆形，槽的构造形式和建造方法因设备规模、修建场地条件的不同

而异。氧化槽各部分尺寸和长度根据转盘直径和轴长确定，转盘边缘与槽面应有 13～19mm 的距离。

5.3.4.2　生物转盘的技术条件

生物转盘的转动速度是重要的运行参数，必须选择适宜的转速。转速过大有损于设备的机械强度，耗电量大，而且转盘转速过大会引起较大的剪切力，易使生物膜过早地剥离。国内外生物转盘运行经验表明，转盘转速以 0.8～3.0r/min 为宜，线速度以 10～20m/min 为宜。

5.3.4.3　生物转盘的布置方式

生物转盘的布置方式，根据污水的水质、水量和净化要求，以及设置转盘场地条件等因素确定。一般可分为单轴单级式、单轴多级式和多轴多级式，见图 5-54。级数主要根据净化要求来确定。

(a) 单轴四级生物转盘　　　　　　　　(b) 多轴多级转盘

图 5-54　生物转盘的布置形式

5.3.5　接触氧化法

接触氧化法污水处理工艺可参考 HJ 578。

扫动画一扫　接触氧化池　　扫视频一扫　生物接触氧化处理技术

5.3.5.1　生物接触氧化池

生物接触氧化池由池底、填料、布水装置和曝气系统等几部分组成。按不同的曝气方式，常见的有两种形式，即鼓风曝气生物接触氧化池和表面曝气生物接触氧化池，分别见图 5-55 和图 5-56。

鼓风曝气生物接触氧化池按曝气装置位置的不同又分为两种，即分流式接触氧化池和直流式接触氧化池。在分流式接触氧化池中，曝气器设在池子的一侧，填料设在另一侧，污水在氧化池内不断循环。由于水流的冲刷作用小，生物膜只能自行脱落，更新速度慢，且易于堵塞。直流式接触氧化池，在塑料填料下面直接布气，生物膜同时受气流和水流搅动，生物膜的更新加速，不仅生物膜活性高，而且不易堵塞。我国多采用直流式。

图 5-55　鼓风曝气生物接触氧化池　　　　图 5-56　表面曝气生物接触氧化池

接触氧化池生物膜中的微生物很丰富，除细菌外，球衣菌等丝状菌不断生长，还有多种原生动物和后生动物，形成了一个复杂的生态系统。生物量超过 $100g/m^2$ 填料表面，折合为 10g MLSS/L 以上。其生物量比活性污泥法多几倍，所以生物接触氧化法是一种高效能的污水处理方法。在去除有机物效率相同的条件下，接触氧化法的 BOD_5 负荷率约为 5kg $BOD_5/(m^3 \cdot d)$，而活性污泥法约为 1kg $BOD_5/(m^3 \cdot d)$。

当进水浓度高，或对出水水质要求较高时，为了提高处理效率，生物接触氧化法常采用两段接触氧化法。两段接触氧化法包括初次沉淀池、一段接触氧化池、中间沉淀池、二段接触氧化池和二次沉淀池等构筑物。也可取消中间沉淀池，但是处理效果会比前者差。两段接触氧化法的特点是：一段氧化池的负荷率较高，池中有机物浓度高，生化反应速率快，起粗处理作用；二段氧化池负荷率低，可保证出水水质的要求，起精处理作用。要获得同样的处理效果和同样的出水水质，两段接触氧化法可大大减小氧化池的总容积。两段接触氧化法耐冲击负荷能力强，出水水质比较稳定。

生物接触氧化法的主要优点为：处理能力大，占地省；对冲击负荷有较强的适应性，污泥生长量少；不发生污泥膨胀的危害；能保证出水水质；不需要污泥回流。其主要缺点是：布气、布水不易均匀；填料价格昂贵，影响基建投资；使用不当时，硬性填料较易堵塞。

5.3.5.2　接触氧化池常用填料的种类

接触氧化法所用填料按材质分为弹性填料、软性填料、半软性填料 3 种；按安装形式分为固定式和悬浮自由式两种。

（1）弹性填料。弹性填料通常由硬聚氯乙烯塑料或玻璃钢制成波状薄片，在现场再黏合成蜂窝状，塔式生物滤池大多也采用这种填料。蜂窝状弹性填料由薄片做成，空隙率较大，如直径为 20mm、管壁厚为 0.122mm 的填料，空隙率高达 98.3%。而且质地较轻，纵向强度大，在使用时堆积高度可达 4～5m。蜂窝管壁面光滑无死角，老化的生物膜易于脱落。蜂窝状弹性填料的孔径需要根据废水水质、有机负荷、充氧条件等因素进行选择确定。为防止填料堵塞，一般不用蜂窝状弹性填料处理高浓度有机废水，而且一般不采用扩散、射流或表面曝气方式充氧。

（2）软性填料。软性填料通常由尼龙、维纶、腈纶等化学纤维编织成束并用中心绳相连而成，因此又称纤维填料。软性填料比表面积大，不会堵塞，质量轻，运输方便，可用于处理高浓度废水。其缺点是填料的纤维容易与生物膜黏结在一起而产生结球现象，使比表面积减小，影响处理效果。为防止生物膜生长后纤维结成球状，减小填料的比表面积，又有以硬性塑料为支架，其上缚以软性纤维的，称为组合软性填料。新型组合软性填料的纤维束绑扎在圆盘状支架上，支架外形为多孔薄片状圆盘，再用中心绳将带有纤维的圆盘串起来。这种软性填料不会出现结球现象，同时能起到良好的布水、布气作用，接触传质条件较好，氧的利用率较高。

（3）半软性填料。半软性填料是针对软性填料的缺点改进开发的填料形式，一般由改性聚乙烯塑料制成薄片状，其外形与组合填料相似，不过将捆绑在其上的纤维束换成了与中心圆盘相连的塑料丝。这种填料既有一定的刚性，又有一定的柔性，无论在水流还是在气流作用下，都能基本保持原有形状。半软性填料具有较强的重新布水和布气作用，耐腐蚀，不易堵塞，使用寿命较长，对有机物的去除效率较高。

（4）悬浮自由式填料。弹性填料、软性填料和半软性填料都是采用框架支撑的方式安装在接触氧化池内，位置是相对固定的，安装麻烦且造价较高。现在，悬浮自由式填料的应用正在逐步推广。悬浮自由式填料有球状、盘状等多种样式，基本材质未变，关键是经过选择配料，将填料的密度限定在一定范围内（略高于要处理废水的密度）。使用时只要将填料按一定体积比（一般填料的堆积体积占池体容积的20%～50%）投入接触氧化池，根据实际磨损情况及时补充即可，省去了固定式填料安装和更换的诸多麻烦。悬浮自由式填料的缺点是对曝气装置要求较高，最好是采用不停水即可更换的曝气管道系统。

5.3.5.3　接触氧化法运行和管理应注意的问题

① 接触氧化法填料完全淹没在水中，因此启动时生物膜的培养方式和活性污泥法基本相同，可间接培养也可直接培养。对于工业废水，在利用生活污水培养成生物膜后，还要进行驯化。

② 当处理工业废水时，如果废水缺乏足够的氮、磷等营养成分，要及时测定进出水的氮、磷等营养成分的含量，根据具体情况间断或连续向水中投加适量的营养盐。

③ 定时进行生物膜的镜检，观察接触氧化池内尤其是生物膜中特征微生物的种类和数量，一旦发现异常要及时调整运行参数。

④ 尽量减少进水中的悬浮杂物，以防其中尺寸较大的杂物堵塞填料的过水通道。避免进水负荷长期超过设计值造成生物膜异常生长，进而堵塞填料的过水通道。一旦发生堵塞现象，可提高曝气强度以增强接触氧化池内水流的紊动性，或出水回流以提高接触氧化池内的水流速度，加强对生物膜的冲刷作用，恢复填料效果。

5.3.6　曝气生物滤池

曝气生物滤池（BAF），又称颗粒填料生物滤池，是在20世纪70年代末80年代初出现于欧洲的一种生物膜法处理工艺。曝气生物滤池最初用于污水二级处理后的深度处理，由于其良好的处理性能，应用范围不断扩大。与传统的活性污泥法相比，曝气生物滤池中活性微生物的浓度要高得多，反应器体积小，且不需要二沉池，占地面积少，还具有模块化结构、便于自动控制和臭气少等优点。

曝气生物滤池的主要优点及缺点如下。

（1）优点

① 从投资费用上看，曝气生物滤池不需要二沉池，水力负荷、容积负荷远高于传统污水处理工艺，停留时间短，厂区布置紧凑，可以节省占地面积和建设费用。

② 从工艺效果上看，由于生物量大，以及滤料截留和生物膜的生物絮凝作用，抗冲击负荷能力较强，耐低温，不发生污泥膨胀，出水水质高。

③ 从运行上看，曝气生物滤池易挂膜，启动快。根据运行经验，在水温 10～15℃时，2～3 周可完成挂膜过程。

④ 曝气生物滤池中氧的传输效率高，曝气量小，供氧动力消耗低，处理单位污水电耗低。此外，自动化程度高，运行管理方便。

（2）缺点

① 曝气生物滤池对进水的 SS 要求较高，需要采用对 SS 有较高处理效果的预处理工艺。而且进水的浓度不能太高，否则容易引起滤料结团、堵塞。

② 曝气生物滤池水头损失较大，加上大部分都建于地面以上，进水提升水头较大。

③ 曝气生物滤池的反冲洗是决定滤池运行的关键因素之一，滤料冲洗不充分，可能出现结团现象，导致工艺运行失效。操作中，反冲洗出水回流入初沉池，对初沉池有较大的冲击负荷。此外，设计或运行管理不当会造成滤料随水流失等问题。

④ 产泥量略大于活性污泥法，污泥稳定性稍差。

5.3.6.1　曝气生物滤池的构造及工作原理

曝气生物滤池分为上向流式和下向流式，下面以下向流式为例介绍其工作原理。如图 5-57 所示，曝气生物滤池由池体、布水系统、布气系统、承托层、滤层、反冲洗系统等部分组成。池底设承托层，上部为滤层。

图 5-57　曝气生物滤池构造

处理水集水管兼作反冲洗水管，可设置在承托层内。

污水从池上部进入滤池，并通过由滤料组成的滤层，在滤料表面形成有微生物栖息的生物膜。在污水滤过滤层的同时，空气从滤料处通入，并由滤料的间隙上升，与下向流的污水相接触，空气中的氧转移到污水中，向生物膜上的微生物提供充足的溶解氧和丰富的有机物。在微生物的代谢作用下，有机污染物被降解，污水得到净化。

运行时，污水中的悬浮物及由于生物膜脱落形成的生物污泥被滤料所截留。因此，滤层具有二沉池的功能。运行一定时间后，因水头损失的增加，需对滤池进行反冲洗，以释放截留的悬浮物并更新生物膜，一般采用气水联合反冲，反冲洗水通过反冲洗水排放管排出后，回流至初沉池。

滤料是生物膜的载体，同时兼有截留悬浮物质的作用，直接影响曝气生物滤池的效能。滤料费用在曝气生物滤池处理系统建设费用中占有较大的比例。所以，滤料的优劣直接关系到系统的合理与否。开发经济高效的滤料是曝气生物滤池技术发展的重要方面。

对曝气生物滤池滤料有以下要求：①质轻，堆积密度小，有足够的机械强度；②比表面积大，孔隙率高，属多孔惰性载体；③不含有害于人体健康的有害物质，化学稳定性良好；④水头损失小，形状系数好，吸附能力强。

5.3.6.2 曝气生物滤池的池型

根据进水流向的不同，曝气生物滤池的池型主要有下向流式（滤池上部进水，水流与空气逆向运行）和上向流式（池底进水，水流与空气同向运行）。

（1）下向流式。早期开发的一种下向流式曝气生物滤池称作 BIOCARBONE，其基本工作原理在本节概述中已作介绍。这种曝气生物滤池的缺点是负荷不够高，大量被截留的 SS 集中在滤池上端几十厘米处，此处水头损失占了整个滤池水头损失的绝大部分；滤池纳污率不高，容易堵塞，运行周期短。图 5-58 是法国 Antibes 污水厂下向流曝气生物滤池工艺流程。

图 5-58 Antibes 污水厂下向流曝气生物滤池工艺流程

（2）上向流式

① BIOFOR。图 5-59 为典型的上向流式（气水同向流）曝气生物滤池，又称 BIOFOR。其底部为气水混合室，其上为长柄滤头、曝气管、承托层、滤料。所用滤料密度大于水，自然堆积，滤层厚度一般为 2～4m。BIOFOR 运行时，污水从底部进入气水混合室，经长柄滤头配水后通过承托层进入滤料层，在此进行有机物、氨氮和 SS 的去除。反冲洗时，气水同时进入气水混合室，经长柄滤头进入滤料层，反冲洗出水回流入初沉池，与原污水合并处理。采用长柄滤头的优点是简化了管路系统，便于控制，缺点是增加了对滤头的强度要求，滤头的使用寿命会受影响。

图 5-59 BIOFOR 滤池结构

上向流的主要优点有：a. 同向流可促使布气布水均匀。若采用下向流，则截留的 SS 主要集中在滤料的上部，运行时间一长，滤池内会出现负水头现象，进而引起沟流，采用上向流可避免这一缺点。b. 采用上向流，截留在底部的 SS 可在气泡的上升过程中被带入滤池中上部，加大滤料的纳污率，延长反冲洗间隔时间。c. 气水同向流有利于氧的传递与利用。

② BIOSTYR。图 5-60 为具有脱氮功能的上向流式生物滤池，又称 BIOSTYR。其主要特点为：a. 采用了新型轻质悬浮滤料（主要成分是聚苯乙烯，密度小于 $1.0g/cm^3$）；b. 将滤床分为两部分，上部分为曝气的生化反应区，下部为非曝气的过滤区。

图 5-60　BIOSTYR 滤池结构

1—配水廊道；2—滤池进水和排泥管；3—反冲洗循环闸门；4—滤料；5—反冲洗用空气管；6—工艺曝气管；
7—好氧区；8—缺氧区；9—挡板；10—出水滤头；11—处理后水的储存和排出；12—回流泵；13—进水管

滤池底部设有进水和排泥管，中上部是滤料层，厚度一般为 2.5～3m，滤料顶部装有挡板或隔网，防止悬浮滤料的流失。在上部挡板上均匀安装有出水滤头。挡板上部空间用作反冲洗水的储水区，可以省去反冲储水池，其高度根据反冲洗水水头而定，该区设有回流泵，将滤池出水泵送至配水廊道，继而回流到滤池底部实现反硝化。滤料底部与滤池底部的空间留作反冲洗再生时滤料膨胀之用。

经预处理的污水与经过硝化的滤池出水按照一定回流比混合后，通过滤池进水管进入滤池底部，并向上首先经过滤料层的缺氧区，此时反冲洗用空气管处于关闭状态。在缺氧区内，滤料上的微生物利用进水中有机物作为碳源将滤池进水中的硝酸盐氮转化为氮气，实现反硝化脱氮和部分 BOD_5 的降解，同时 SS 被生物膜吸附和截留。然后污水进入好氧区，实现硝化和 BOD_5 的进一步降解。流出滤料层的净化后的水通过滤池挡板上的出水滤头排出滤池。出水分为三部分，一部分排出系统外，一部分按回流比与原污水混合后进入滤池，另一部分用作反冲洗水。反冲洗时可以采用气水交替反冲方式。滤池顶部设置格网或滤板，以阻止滤料流出。

5.3.7　生物流化床

为进一步强化生物处理技术，提高处理效率，关键的措施有两方面：一方面是提高单位体积内的生物量，特别是活性生物量。具体措施是扩大微生物栖息、生活的表面积，增加生物膜量，但是必须相应地提高充氧能力。另一方面是强化传质作用，强化有机底物从污水中向细菌传质的过程。具体措施是扩大生物体与污水的接触面积，加强污水与生物膜之间的相对运动。

20 世纪 70 年代出现的生物流化床在这两方面创造了条件，把生物膜技术推向一个新的高度。流化床原本是用于化工领域的一项技术，它以砂、焦炭、活性炭等颗粒材料为载体，水流自下向上流动，使载体处于流化状态。将流化床技术应用于污水生物处理工程，就是使处于流化状态下的载体表面上生长、附着生物膜，利用生物膜中的微生物对废水中的污染物进行降解。由于载体颗粒小，表面积大，因此具有较大的生物量。另外，由于载体处于流化状态，污水从其下部和左、右侧流过，不断地和载体上的生物膜接触，从而强化了传质过程，并且由于载体不停地流动，能够有效地防止生物膜堵塞。因此，生物流化床具有有机容积负荷高、处理效果好、占地少以及投资省等特点。

根据供氧、脱膜和床体结构等的不同，生物流化床可分为两相生物流化床和三相生物流化床。两相生物流化床的工艺流程如图5-61所示。

图5-61 两相生物流化床的工艺流程

其充氧与流化过程分开，并完全依靠水流使载体流化。它可以纯氧或压缩空气为氧源，使污水与回流水在充氧设备中与氧或空气接触，由于氧转移至水中，水中溶解氧含量提高。当使用纯氧时，水中溶解氧可提高到30mg/L以上；而以压缩空气为氧源时，由于氧在空气中的分压低，充氧后的水中溶解氧浓度较低，一般小于9mg/L。

经过充氧后的污水从底部进入生物流化床，使载体流化，并通过载体上生物膜的作用进行生物降解。处理后的污水从上部流出，进入二沉池进行固液分离，上清液即为处理后的最终出水。

为了更新生物膜，要及时脱除载体上的老化生物膜，因此在流程中设有脱膜设备。脱膜设备间歇工作，脱膜后的载体再次返回流化床，而脱除下来的生物膜则作为剩余的生物污泥排出系统外。

长满生物膜的载体上生物高度集中，耗氧速度很高，对污水进行一次充氧往往不足以保证对氧的需要。此外，单纯依靠原污水的流量不足以使载体流化，因此要使部分处理水循环回流。如以压缩空气为氧源，由于水中溶解氧含量低，所以往往需采用较大的循环率，动力消耗较大。

生物流化床的主要缺点是设备的磨损较固定床严重，载体颗粒在湍流过程中会被磨损变小。此外，设计时还存在着生产放大方面的问题，如防堵塞曝气方法、进水配水系统的选用和生物颗粒流失等。因此，生物流化床在目前我国污水处理中应用较少，上述问题的解决有可能使生物流化床获得较广泛的工程规模应用。

随着污水处理技术的快速发展，近年来研究开发出许多生物膜法新型工艺方法，并在工程实践中得到应用。

（1）生物膜-活性污泥法联合处理工艺。这类工艺综合发挥生物膜法和活性污泥法的特点，克服各自的不足，使生物处理工艺发挥出更高的效率。工艺形式包括活性生物滤池、生物滤池-活性污泥法串联处理工艺、悬浮滤料活性污泥法等。

（2）生物脱氮除磷工艺。应用硝化/反硝化生物脱氮原理，组合生物膜反应器的运行方式，使生物膜法具备生物脱氮能力。同时，采取在出水端或反应器内少量投药的方法进行化学除磷，使整个工艺系统具备脱氮除磷的能力，满足当今污水处理脱氮除磷的要求。

（3）生物膜反应器。包括微孔膜生物反应器、复合式生物膜反应器、移动床生物膜反应器、序批式生物膜反应器等。

限于篇幅，这些生物膜法新型工艺请参阅相关文献。

5.3.8　生物膜法处理系统的运行控制

5.3.8.1　挂膜

使具有代谢活性的微生物污泥在处理系统中填料上固着生长的过程称为挂膜。挂膜也就是生物膜处理系统中膜状污泥的培养和驯化过程。

扫视频一扫
生物膜法的填料挂膜

挂膜过程所采用的方法一般有直接挂膜法和分步挂膜法两种。

对于生活污水、城镇污水、与城镇污水相接近的工业废水，可以采用直接挂膜法。即在合适的环境条件下，让处理系统连续正常运行，一般经过 7~10d 就可以完成挂膜过程。挂膜过程中，宜让氧化池出水和池底污泥回流。

在各种类型的生物膜处理设施中，生物接触氧化池和塔式生物滤池由于具有曝气系统，且填料量和填料空隙均较大，可以采用直接挂膜法，而普通生物滤池、生物转盘等适合采用分步挂膜法。

对于不易生物处理的工业废水，通常采用普通生物滤池和生物转盘，为了保证顺利挂膜，可以通过预先培养和驯化相应的活性污泥（或利用类似污水厂的污泥），然后再投入生物膜处理设施中进行挂膜，即分步挂膜法。具体做法是：先用生活污水或其与工业废水的混合污水培养出活性污泥（或采用现有污水厂污泥），将该污泥和适量的工业废水放入一循环池中，再用泵投入生物膜处理设施中，出水或沉淀污泥回流入循环池。待填料表面挂膜后，可以直接通水运行或继续循环运行。随着膜厚度的增大，可以逐步增大工业废水的比例，直至完成挂膜。

对于工业废水的挂膜，其中必然有膜状污泥适应水质的过程，这与活性污泥法培菌过程（即污泥驯化）一样。

对于多级处理的生物膜处理系统，要使各级处理都培养驯化出优势微生物，完成挂膜所用的时间可能要比一般挂膜长 2~3 周。这是因为不同种属微生物对水质的适应性和其本身的世代时间不一样。

5.3.8.2　运行控制

扫视频一扫
生物膜法运行控制

（1）布水与布气。对于各种生物膜处理设施，为了保证其生物膜的均匀增长，防止污泥堵塞填料，保证处理效果的均匀，应对处理设施均匀布水和布气。由于设计上不可能保证布水和布气的绝对均匀，运行时应利用布水、布气系统的调节装置，调节各池或池内各部分的配水或供气量，保证均匀布水、布气。

布水管及其喷孔或喷嘴（尤其是池底配水系统）使废水在填料上分配不均，结果填料受水量影响发生差异，会导致生物膜的不均匀生长，进一步又会造成布水、布气的不均匀，最后使处理效率降低。解决布水管孔堵塞的方法如下：①提高初沉池对油脂和悬浮物的去除率；②保证布水孔嘴足够的水力负荷；③定期对布水管道及孔嘴进行清洗。

布水、布气管淹没于污水中，由于水质或污泥的原因，或制作工艺、材料或运行的原因，某些孔眼会堵塞，也会使生物膜生长不均匀，降低处理效率。应分析具体原因采取解决办法，如保证曝气孔或曝气头的光滑、均匀，降低池底污泥的沉积量，进行预处理以改善水质等。正常运行时，应按具体情况调节管道阀门，使供气均匀，并定期进行清洗。

（2）填料

① 预处理。多孔颗粒类填料装入氧化池或滤池前须进行破碎、分选、浸洗等，以提高颗粒的均匀性，并去除尘土等杂质。对于塑料或玻璃钢类硬质填料，安装前应检查其形状、质量的均匀性，安装后应清除残渣（黏在填料上的）。对于束状的软性填料应检查安装后的均匀性。

② 运行观察与维护。在生物膜处理设施正常运行时，应定期观察填料上生物膜的生长和脱膜情况，观察填料是否损坏。

很多原因可能造成生物膜生长不均匀，表现为生物膜颜色、生物膜脱落不均匀。一旦发现这些问题，应及时调整布水、布气的均匀性，并调整曝气强度。

对于颗粒填料，比较容易发生污泥堵塞情况，可能需要加大水力负荷或空气强度来冲洗，或取出填料晾晒、清洗。

对于硬质塑料或玻璃钢类填料，可能会发生填料老化、坍塌等情况，需要及时予以更换，并找出造成坍塌的原因（如污泥附着不均匀）及时纠正。

对于束状软性填料，可能发生纤维束缠绕、成团、断裂等现象。缠绕、成团有可能是安装不当造成的，也有可能是污泥生长过快、纤维束中心污泥浓度太高造成的，可适当加大水力负荷和曝气强度。纤维使用时间过长或污泥过量，可能造成纤维束断裂，应及时更换。

某些情况下，如水温或气温过低时，应对生物滤池、生物转盘采取保温措施。

（3）生物相观察。对于城市污水处理厂，生物膜处理设施的生物膜，前一级厚度为 2.0～3.0mm。后一级可能为 1.0～2.0mm。生物膜外观粗糙，具有黏性，颜色是泥土褐色。

生物膜法处理系统的生物相特征与活性污泥工艺有所区别，主要表现在微生物种类和分布两方面。一般来说，由于水质的逐级变化和微生物生长环境的改善，生物膜系统存在的微生物种类和数量均比活性污泥工艺大，尤其是丝状菌、原生动物、后生动物种类增加，厌氧菌和兼性菌占有一定比例。在分布方面，主要是沿生物膜厚度和进水流向（采用多级处理时）呈现出不同的微生物种类和数量。例如，在多级处理的第一级、生物膜的表层或填料的上部（对于水流为下向流），生物膜往往以菌胶团细菌为主，膜亦较厚；而随着级数的增加或向生物膜内层发展或向填料下部看，由于水质的变化，生物膜中会逐渐出现丝状菌、原生动物及后生动物，生物的种类不断增多，但生物量即膜的厚度减小。因废水水质的不同，每一级都有其特征的生物类群。

水质的变化会引起生物膜中微生物种类和数量的变化。进水浓度增高时，会出现原有特征性层次的生物下移，即原先在前级或上层的生物可在后级或下层出现。因此，可以通过这一现象来推断废水浓度和污泥负荷的变化情况。

5.3.8.3　异常问题及其解决对策

（1）生物膜严重脱落。在生物膜挂膜过程中，膜状污泥大量脱落是正常的，尤其是采用工业废水进行驯化时，脱膜现象会更严重。但在正常运行阶段，膜大量脱落是不正常的，主要是水质的原因，可通过改善水质予以解决。

生物膜法
存在的问题

扫一扫

扫视频

（2）气味。在生物滤池、生物转盘及某些情况下的生物接触氧化池中，由于污水浓度高，污泥局部发生厌氧代谢，可能会有臭味产生。解决的办法如下：①处理出水回流；②减少处理设施中生物膜的累积，让生物膜正常脱膜并排出处理设施；③保证曝气设施或通风口的正常；④根据需要向进水中短期、少量投加液氯；⑤避免高浓度或高负荷废水的冲击。

（3）处理效率降低。如果不是水质的剧烈变化或有毒污染物的进入，仅是废水 pH、DO、气温的短时间超负荷（负荷增加幅度也不太大）运行，只要处理效率降低的程度可以承受，即可不采取措施，过一段时间便会恢复正常。也可采取一些局部调整措施加以解决，如酸或碱中和、调整供气量、保温、进水加热。

（4）污泥的沉积。生物膜处理设施（氧化槽）中会过量存积污泥。当预处理或一般处理沉降效果不佳时，会在氧化槽中沉积积累大量悬浮物，其中有机性污泥在存积时间过长后会发生腐败，散发臭气。解决办法是提高预处理和一级处理的沉淀去除效果，或设置氧化槽临时排泥措施。

任务 4　厌氧生物处理

5.4.1　概述

扫视
一频
扫

厌氧生物处理

厌氧生化法是在无分子氧条件下，通过厌氧微生物（包括兼氧微生物）的作用，将污水中的各种复杂有机物分解转化为甲烷和二氧化碳等物质的过程，也称为厌氧消化。厌氧生物处理的对象包括有机污泥、高浓度有机污水、生物质废物等。厌氧生物处理的目的：从卫生方面讲，可杀菌灭卵、防蝇除臭，防止传染病的发生和蔓延；从保护环境方面讲，可去除污水中大量有机物，防止对水体的污染；从获得生物能源方面讲，污水厂污泥和高浓度有机污水厌氧消化产生沼气可获得可观的生物质能源，并提高污泥的脱水性，有利于污泥的运输、利用和处置。目前，厌氧生化法不仅可用于处理有机污泥和高浓度有机污水，也可用于处理中、低浓度有机污水。

厌氧生物处理与好氧生物处理相比具有下列优点。

① 应用范围广。好氧法因供氧限制一般只适用于中、低浓度有机污水的处理，而厌氧法既适用于高浓度有机污水，又适用于中、低浓度有机污水的处理。有些有机物对好氧生物处理来说是难降解的，但对厌氧生物处理来说是可降解的。

② 能耗低。好氧法需要消耗大量能量供氧，曝气费用随着有机物浓度的增加而增加，而厌氧法不需要充氧，而且产生的沼气能量可以抵偿消耗的能量。

③ 负荷高。通常好氧法的有机容积负荷为 $2\sim4$ kg BOD$_5$/(m^3·d)，而厌氧法为 $2\sim10$ kg BOD$_5$/(m^3·d)。

④ 剩余污泥少，而且污泥浓缩、脱水性能好。好氧法每去除 1 kg COD$_{Cr}$ 将产生 $0.4\sim0.6$ kg 生物量，而厌氧法去除 1 kg COD$_{Cr}$ 只产生 $0.02\sim0.1$ kg 生物量，其剩余污泥量只有好氧法的 5%~20%。此外，厌氧消化污泥在卫生方面和化学方面都是较稳定的，因此剩余污泥的处理和处置简单，运行费用低，甚至可作为肥料使用。

⑤ 氮、磷营养需要量较少。好氧法一般要求 BOD$_5$：N：P 为 100：5：1，而厌氧法要求

的 $BOD_5：N：P$ 为 100：2.5：0.5，因此厌氧法处理氮、磷缺乏的工业废水所需投加的营养盐量较少。

⑥ 厌氧处理过程有一定的杀菌作用，可以杀死污水和污泥中的寄生虫卵、病毒等。

⑦ 厌氧活性污泥可以长期储存。

⑧ 厌氧反应器可以季节性或间歇性运转，在停止运行一段时间后能迅速启动。

但是，厌氧生物处理法也存在下列缺点：①厌氧微生物增殖缓慢，因而厌氧生物处理的启动和处理时间比好氧生物处理长。②出水往往达不到排放标准，需要进一步处理，故一般在厌氧处理后串联好氧处理。③厌氧处理系统操作控制因素较为复杂和严格，对有毒有害物质较敏感。

5.4.2 原理

5.4.2.1 厌氧微生物降解有机物的过程

厌氧生物处理是一个复杂的微生物化学过程，依靠三大主要类群的细菌，即水解产酸菌、产氢产乙酸菌和产甲烷菌的联合作用完成。因而可粗略地将厌氧消化过程划分为三个连续的阶段，即水解酸化阶段、产氢产乙酸阶段和产甲烷阶段，如图 5-62 所示。

图 5-62 厌氧消化的三个阶段和 COD 转化率

第一阶段为水解酸化（水解发酵）阶段。复杂的大分子、不溶性有机物先在胞外酶的作用下水解为小分子、溶解性有机物，然后渗入细胞体内，分解为挥发性有机酸、醇、醛类等。这个阶段主要产生较高级脂肪酸。由于简单碳水化合物的分解产酸作用要比含氮有机物的分解产氨作用迅速，故蛋白质的分解在碳水化合物分解后发生。含氮有机物分解产生的 NH_3 除了提供合成细胞物质的氮源外，在水中部分电离，形成 NH_4CO_3，具有缓冲消化液 pH 的作用，故有时也把继碳水化合物分解后的蛋白质分解产氨过程称为酸性减退期。

第二阶段为产氢产乙酸阶段。在产氢产乙酸菌的作用下，第一阶段产生的各种有机酸被分解转化成乙酸和 H_2，在降解有机酸时还形成 CO_2。

第三阶段为产甲烷阶段。产甲烷将乙酸、乙酸盐、CO_2 和 H_2 等转化为甲烷。此过程由两组生理上不同的产甲烷菌完成，一组把 H_2 和 CO_2 转化成甲烷，另一组由乙酸或乙酸盐脱羧产生甲烷，前者约占总量的 1/3，后者约占 2/3。

上述三个阶段的反应速率因污水性质而异，在以纤维素、半纤维素、果胶和脂类等污染物为主的废水中，水解易成为限速步骤；简单的糖类、淀粉和一般的蛋白质均能被微生物迅速分解，对以含这类有机物为主的污水，产甲烷为限速阶段。

虽然厌氧消化过程分为以上三个阶段，但是在厌氧反应器中，三个阶段是同时进行的，并保持某种程度的动态平衡，这种动态平衡一旦被 pH、温度、有机负荷等外加因素破坏，则产甲烷阶段首先受到抑制，并导致低级脂肪酸的积累和厌氧进程的异常，甚至会导致整个厌氧消化过程停滞。

5.4.2.2　影响厌氧微生物处理的因素

扫视频扫

厌氧生物处理的影响因素

（1）温度。厌氧菌的活性与温度有关，一般可根据不同的温度将发酵过程分为 3 个类型：①低温发酵，温度为 5～15℃；②中温发酵，温度为30～35℃；③高温发酵，温度为 50～55℃。

温度的高低对厌氧反应速度影响较大。当发酵温度为 55℃左右时，消化时间为 10d 左右。但当消化温度为 35℃时，消化时间约 20d。当温度为10℃左右时，消化时间需 80～90d。

温度的高低对产气量也有一定的影响，高温发酵比中温发酵产气量多。高温发酵几乎能杀死全部病原菌和寄生虫卵，中温发酵则只能杀死其中的一部分。

由于低温发酵效率太低，高温发酵操作较为复杂，加热费用也较高，除非污水原来的温度较高或者有余热可利用，否则一般采用中温发酵。近年来，由于卫生要求的提高，粪便的处理常采用高温发酵。

（2）pH 及碱度。产甲烷菌生长最适宜的 pH 值为 6.8～7.2，pH 值低于 6 或高于 8 时，其生长将受到抑制。产酸菌对 pH 不及产甲烷菌敏感，其适宜的 pH 值范围也较广，为 4.5～8。由于产酸菌与产甲烷菌是共生关系，为了维持两者之间的平衡，避免产生过多的酸，应保持厌氧反应器的 pH 值在 6.5～7.5（最佳 6.8～7.2）。

在实际运行中，挥发酸数量的控制比 pH 更为重要，因为有机酸累积至足以降低 pH 时，厌氧消化的效率将显著降低。正常运行的消化池中，挥发酸（以醋酸计）浓度一般在 200～800mg/L，如果超过 2000mg/L，产气率将迅速下降，甚至停止产气。

挥发酸本身不毒害产甲烷菌，但当挥发酸数量增多时，氢离子浓度的提高和 pH 的下降会抑制产甲烷菌的生长。

若 pH 过低时，可通过投加石灰或碳酸钠加以调整。投加石灰比较便宜，但应注意不能加得太多，以免产生 $CaCO_3$ 沉淀。

（3）碳氮比。污泥（或污水）中有机物的碳氮比（C/N）对厌氧处理过程有很大的影响，如C/N 太高，则组成细菌的 N 量会不足，消化液中的重碳酸盐 HCO_3^- 碱度（以 NH_4HCO_3 形式存在）浓度低，缓冲能力差，pH 容易下降；反之，如果 C/N 太低，即 N 量过高，铵盐会大量积累。pH 值上升到 8 以上也会抑制细菌的生长。一般认为，C/N 以（10～20）：1 为宜，此时消化效果较好。城市污水处理厂的初次沉淀池污泥的 C/N 约为 10：1，活性污泥的 C/N 约为5：1，因此，活性污泥单独消化的效果较差。一般都是把活性污泥与初次沉淀池污泥一起消化。粪便单独厌氧消化，含氮量过高，C/N 太低，厌氧发酵效果受到一定影响，如能投加一些含 C 多的有机物，不仅可改善消化效果，还能提高沼气产量。污水厌氧法处理对氮和磷的需要量较低，BOD_5：N：P 约为 200：5：1。农村沼气池一般采用人畜粪便为发酵原料，常投加植物茎秆或杂草等以提高发酵效果和产气量。

（4）有机负荷率。正常运行的厌氧处理装置，污泥和污水在厌氧反应器内的停留时间是一定的，如果投加生污泥或有机物过多，则产酸速率超过产甲烷速率，有机酸会积累起来，超过缓冲能力后，反应器会发生酸化，产甲烷细菌将受到抑制。由此可知，控制合适的污泥投配率和有机负荷对反应器的稳定运行是十分重要的。

（5）搅拌。在污泥或高浓度有机污水的厌氧发酵过程中，定期进行适当的搅拌是很重要的。

搅拌有利于新投入的新鲜污泥（或污水）与熟污泥（或称消化污泥）的充分接触，使反应器内的温度、有机酸、厌氧菌分布均匀，并能防止消化池表面形成污泥壳，以利于沼气的释放。搅拌可提高沼气产量和缩短消化时间。

（6）有毒物质

① 重金属离子。重金属离子对厌氧过程的抑制作用主要表现在两方面：一是重金属离子与某些酶结合，使酶失去活性，使某些生化代谢不能进行；二是某些重金属离子及其氢氧化物的凝聚作用，使某些酶发生沉淀。

阴离子毒害作用较大的是硫化物，当硫化物的浓度大于 100mg/L 时，对产甲烷菌就有抑制作用。一般情况下，厌氧反应器中的硫化物是由硫酸盐还原而成的，所以控制污水中硫酸盐的含量是十分重要的。硫化物多的另一个危害是会使沼气中 H_2S 的含量增加，不利于沼气的利用。

② H_2S。当有机污水中含有硫酸盐等含硫化合物时，在厌氧条件下会产生硫酸盐还原作用，硫酸盐还原菌利用 SO_4^{2-} 和 SO_3^{2-} 作为最终电子受体，参与有机物的分解代谢，将乳酸、丙酮酸和乙醇转化为 H_2、CO_2 和乙酸，同时也以乙酸和 H_2 为基质，与产甲烷菌竞争基质，从而还原 SO_4^{2-} 和 SO_3^{2-}，产生的 H_2S 对甲烷菌有毒害作用。因此，当厌氧处理系统中 SO_4^{2-} 和 SO_3^{2-} 浓度过高时，产甲烷过程就会受到抑制。消化气中 CO_2 成分提高，并含有较多的 H_2S，H_2S 的存在降低消化气的质量并腐蚀金属设备（管道、锅炉等），其对产甲烷菌的毒害作用更进一步影响整个系统的正常工作。

③ 氨。当有机酸积累时，pH 降低，此时 NH_3 转变为 NH_4^+，当 NH_4^+ 浓度超过 150mg/L 时，消化受到抑制。

5.4.3 厌氧微生物处理的工艺与设备

5.4.3.1 厌氧消化池

污泥厌氧消化池是用来处理有机污泥的一种厌氧生物处理装置。通过厌氧处理，污泥中所含的有机物被分解，使污泥稳定且体积减小。由于污泥中固体含量高，当有机物的含量较多时，所需厌氧分解时间较长。所以，有机污泥在消化池内的停留时间较长。

（1）传统消化池。传统消化池又称低速消化池，一般在消化池内不设搅拌设备，因而池内污泥有分层现象，仅一部分池容积起有机物分解作用，池底部容积主要用于储存和浓缩熟污泥。由于微生物不能与有机物充分接触，消化速率很低，消化时间很长，池子的容积很大。传统消化池适于处理初次沉淀池污泥和二次沉淀池污泥，其构造原理如图 5-63 所示。

图 5-64 为一座典型的单级浮动盖消化池断面图。生污泥从池的中心或集气罩内投入消化池，从集气罩内进入的污泥能打碎在消化池液面形成的浮渣层。已消化过的污泥在池底排出，通过从消化池抽出的污泥经热交换器加热后再送回消化池进行消化池的加热。由于不设搅拌设备，消化池内出现了分层现象，顶部为浮渣层，消化了的熟污泥在池底浓缩，中间层包括一层清液（污泥水）和起厌氧分解作用的活性层。污泥水根据具体水层厚度从池子不同高度的污泥水管排出。浮盖由液面承托，可以上下移动。单级浮动盖消化池的功能为挥发性有机物的消化、熟污泥的浓缩和贮存，其特点是提供的贮存容积约等于池子体积的 1/3。

（2）高速消化池。在这种消化池中，生污泥连续或分批投入，并进行机械或沼气搅拌，使池内的污泥保持完全混合状态。温度一般维持中温 35℃左右。由于搅拌使池内有机物浓度、微生物分布、温度、pH 等都均匀一致，微生物得到了较稳定的生活环境，并与有机物均匀接触，因而提高了消化速率，缩短了消化时间。

图 5-63 传统消化池构造原理   图 5-64 单级浮动盖消化池断面图

高速消化池可采用固定盖或浮动盖，池子采用圆形，池径从几米至三四十米，池底呈圆锥形，以利排泥。采用固定盖时，进泥和出泥应同时进行，以防池内产生正压或负压。

高速消化池因有搅拌过程，池内污泥得不到浓缩。消化液不能分离出来，所以高速消化池必须串联一个二级消化池，如图 5-65 所示。

图 5-65 二级消化池系统

一级消化池装设搅拌设备和加热设备；二级消化池一般不加热，也不搅拌，主要起重力沉淀浓缩和贮存消化污泥的作用。消化池的搅拌设备常采用水泵、水射器和螺旋桨等机械搅拌设备或沼气循环搅拌设备。

消化池加热的方法有在池内用蒸汽直接加热或池外预热两种。在搅拌的同时，向池内直接送入蒸汽，设备比较简单，使用较普遍，但会增加污泥的含水率。由于增加了冷凝水，消化池的容积需增加 5%~7%。池外预热法是把污泥预先加热到所需温度后，再投配到消化池中。

污泥消化过程排出的上清液（污泥水）中有机物的含量较高，不能直接排放，必须送回到污水生物处理构筑物做进一步处理。

5.4.3.2 厌氧接触法

为了克服普通消化池不能停留或补充厌氧活性污泥的缺点，在消化池后设沉淀池，将沉淀污泥回流至消化池，形成了厌氧接触法（图 5-66）。

由于污泥的回流，消化池中能保持较多的产甲烷菌，污泥在消化池内的停留时间延长了，因而加快了有机物的分解速率，缩短了水力停留时间，提高了处理负荷率。回流量一般为污水投入量的 2~3 倍，可保持消化池中的总固体浓度为 12~15g/L。消化池出流悬浮固体（微生物）内的气体不利于沉淀，可用真空脱气器去除。

图 5-66　厌氧接触系统流程

1—混合接触池（消化池）；2—沉淀池；3—真空脱气器

图 5-67　厌氧滤池

厌氧接触法不仅可以用于处理溶解性有机废水，而且能处理 SS 含量高的高浓度有机废水。

5.4.3.3　厌氧滤池

为了在厌氧反应器内维持较多的生物量，并防止已生成的微生物随水流走，出现了厌氧滤池（图 5-67）。这种装置中填满了不同种类的填料，与生物滤池相似。整个填料浸没于水中，池子顶密封，一般是池底进水，池顶出水。由于厌氧微生物附着在填料表面，不随水流走，细胞平均停留时间可长达 100d。池中的生物量很多，所以可以获得较好的处理效果。这种池子的缺点是填料有堵塞的可能，必须根据污水的浓度和性质选取合适的填料。

5.4.3.4　升流式厌氧污泥床（UASB）反应器

UASB 反应器（图 5-68）污水处理可参考 HJ 2013。UASB 反应器是在厌氧滤池的基础上发展起来的。当采用升流式厌氧滤池处理高浓度有机废水时，大部分净化作用和积累的大部分厌氧微生物均在滤池的下层，便在池底部设置了一个不填充填料的区域来累积更多的生物量。后来干脆取消了池内全部填料，并在池子上部设置了一个沉淀区。这样池内污泥不会流失，使池内能维持很高的生物量。

UASB厌氧反应池

UASB 反应器在反应器的上部设置了一个气-液-固三相分离器（见图 5-69）。通过三相分离器，沼气首先被分离到气室，由导管不断引出。泥水混合液进入沉淀区，通过沉淀作用进行泥水分离。上清液不断从池顶流出，而污泥被截留下来，再返回到反应区。反应区可分为两个区，即污泥床区和污泥悬浮层区。污泥床区的污泥浓度很高，而污泥悬浮层区的污泥浓度较低。由于有沉淀区，污泥不会随水流走，使反应器内能保持较高的生物量，因此污泥龄很长。这就使反应器有很高的污泥负荷率。

图 5-68　UASB 反应器

图 5-69   三相分离器的 3 种构造图

要使 UASB 反应器内维持较高的生物量，使反应器有较高的容积负荷率，关键是厌氧污泥的颗粒化，这一点对处理浓度较低的有机废水更为重要。颗粒污泥的粒径一般在 0.1～2.0 mm，相对密度为 1.03～1.05，沉淀性能很好。颗粒污泥由厌氧菌组成，具有很高的产甲烷活性。要成功培养颗粒污泥，重要的是控制较高的污泥负荷和反应器适当的表面负荷，保持适宜的 pH 和碱度，防止有毒物质的干扰。

UASB 反应器之所以引起人们的重视，并在生产中获得广泛应用，除具有高效外，还具有不会堵塞（不装填料）、不设搅拌装置、运行管理方便、结构紧凑、占地面积省、造价低等优点，是一种具有很好发展前景的污水厌氧处理工艺。

5.4.3.5　厌氧颗粒膨胀床和流化床

厌氧颗粒膨胀床和流化床是更新的厌氧处理工艺，厌氧颗粒膨胀床污水处理可参考 HJ 2023，其流程如图 5-70 所示。

厌氧颗粒膨胀床和流化床基本上是相同的，只是在运行过程中床内载体膨胀率不同。一般

图 5-70   厌氧颗粒膨胀床流程

认为，当床内载体的膨胀率达到 40%以上，载体处于流化状态，称为厌氧流化床。膨胀床的膨胀率一般在 10%～30%。

厌氧颗粒膨胀床和流化床内装有一定量的细颗粒载体，其粒径小于 1mm，在其表面形成一层生物膜，生物膜的厚度取决于进水浓度和水流速度。当污水通过时，颗粒在水流的带动下膨胀或流化。由于有很大的比表面积，且生物膜附着于载体表面，不会流失，因此有很高的生物量，同时具有较好的传质条件，细菌易与营养物接触，代谢产物也较易排出去，细菌具有较高的活性，所以设备可以具有很高的容积负荷。

厌氧颗粒膨胀床和流化床为了使载体膨胀和流化，必须进行出水的循环（或沼气循环），污水浓度越高，回流比越大，从而增加了动力消耗。为了保持整个反应器均匀地膨胀和流化，必须保证配水均匀，否则只是局部膨胀和流化，形成死区，处理效能降低。当有机负荷率高时，厌氧颗粒膨胀床内微生物增长较快，必须进行载体脱膜，这些都增加了厌氧颗粒膨胀床和流化床运行的复杂性。

5.4.3.6　厌氧内循环反应器

厌氧内循环反应器又称 IC 反应器，是在 UASB 反应器的基础上开发出来的，其原理如

图 5-71 所示。污水进入第一反应室，与反应室内的厌氧颗粒污泥很好地混合，污水中的大部分有机物被转化为沼气，由第一反应室集气罩收集，进入沼气提升管，同时将混合液提升到气液分离室，气体被分离而液体沿回流管回到第一反应室，实现了回流混合。其稀释了的混合液进入第二反应室继续反应，达到了它比 UASB 反应器有更高的有机负荷和处理效果的目的。当处理高浓度有机污水时，有机容积负荷可达到 $30\sim50\text{kg COD/}(\text{m}^3\cdot\text{d})$。

图 5-71　厌氧内循环反应器构造原理　　　　图 5-72　厌氧折流板反应器原理

1—第一反应室集气罩；2—沼气提升管；3—气液分离室；
4—沉淀区；5—第二反应室集气罩；6—回流管；7—集气管

5.4.3.7　厌氧折流板反应器

厌氧折流板反应器如图 5-72 所示。废水进入反应器后以升流形式流经每一个折板反应区，由于产气和向上的流速，形成 n 个（视折板个数）升流污泥床反应器，床层可能形成颗粒污泥，也可以是絮体污泥形式运行。该反应器有如下特点：构造简洁，不需要填料，不需要特别的气体分离装置，无机械搅拌，很少堵塞，有较长的 SRT 和较短的 HRT，大部分有机废水都可以适应，能抗冲击负荷。

5.4.3.8　厌氧生物转盘

厌氧生物转盘的构造与好氧生物转盘相似，不同之处在于上部加盖密封，以收集沼气和防止液面上的空间氧对运行的影响。厌氧生物转盘的构造见图 5-73。污水处理靠盘片表面生物膜和悬浮在反应槽中的厌氧活性污泥共同完成。盘片转动时，作用在生物膜上的剪切力将老化的生物膜剥下，在水中呈悬浮状态，随水流出。沼气从转盘槽顶排出。

图 5-73　厌氧生物转盘的构造

厌氧生物转盘可承受较高有机负荷和冲击负荷，COD 去除率可达 90%以上；不存在载体堵塞问题，生物膜可经常保持较高活性，便于操作，易于管理。其缺点是造价较高，生物膜大量生长后转轴的负荷加大。

5.4.3.9　厌氧序批式反应器

厌氧序批式反应器工作过程如图 5-74 所示。其反应和固液分离在同一个反应器内进行，而良好的沉淀分离效果取决于是否形成了颗粒污泥。序批过程分别为：①进水；②反应；③沉淀；④出水（排水）；⑤待机（闲置）。根据进水浓度和设计有机负荷不同，序批时间在 6～24h。在处理奶制品废水时，在中温条件下和有机负荷为 1.2～2.4kg COD/（m³·d）时，可以达到 90%以上的 COD 去除率。沉淀时间的控制也是一个关键，一般取 30min。在反应阶段有机物去除比较充分，在反应阶段末期产气量降低，才能保障较好的沉淀效果。通常出水的 SS 在 50 ～100 mg/L，低温时出水的 SS 要高些。

图 5-74　厌氧序批式反应器工作过程

5.4.3.10　两段厌氧法和复合厌氧法

厌氧消化反应包括产酸阶段和甲烷化阶段，因此可分别在两个独立的反应器中进行，在每一个反应器内完成一个阶段的反应，故称为两段式厌氧消化法。按照所处理的污水水质的不同，两段法可以采用同类型或不同类型的消化反应器，图 5-75 所示是接触消化池-上流式厌氧污泥床两段消化工艺流程。

两段厌氧法具有如下特点：①耐冲击负荷能力强，运行稳定，避免了一段法不耐高有机酸浓度的缺陷；两阶段反应不在同一反应器中进行，相互影响小，可更好地控制工艺条件。②消化效率高，尤其适用于处理含悬浮物多、难消化降解的高浓度有机污水。但两段法设备较多，流程和操作复杂。

图 5-75　接触消化池-上流式
厌氧污泥床两段消化工艺流程
1—热交换器；2—水解产酸反应器；
3—沉淀分离；4—产甲烷反应器

图 5-76　纤维填料厌氧滤池-上流式
厌氧污泥床复合法工艺流程
1—废水箱；2—进水泵；3—流量计；
4—复合厌氧反应器；5—沉淀池

两段厌氧法是由两个独立的反应器串联组合而成，而复合厌氧法是在一个反应器内由两种厌氧法组合而成。由上流式厌氧污泥床与厌氧滤池组成的复合厌氧法系统如图 5-76 所示。

设备的上部为厌氧滤池，下部为上流式厌氧污泥床。它集两者优点于一体，反应器上部可充分发挥填料有效截留污泥的能力，提高反应器内的生物量，对水质和负荷的突然变化起缓冲和调节作用，从而使反应器具有良好的工作性能。

5.4.4　厌氧生物处理装置运行管理

扫视
一频
扫
一
扫

厌氧生物处理
装置的运行管理

厌氧生物处理装置的运行管理工作，包括厌氧反应装置的启动与启动后的正常运行管理两部分。两部分工作的内容与方法基本相同，只是各自控制工艺条件的过程不同。

5.4.4.1　厌氧生物处理装置的启动

启动是厌氧反应装置达到设计要求后正常运行的前期工作，是厌氧反应装置中微生物的培养和驯化过程，会直接影响厌氧处理系统能否顺利投入使用。启动一般进行污泥接种，所需时间一般较长，为 16～24 周不等，具体随水质与环境条件、工艺类型的不同而不同，但启动的方法、控制内容基本相同。

（1）接种。接种是向厌氧反应装置中接入厌氧代谢的微生物种菌。若不接种，靠反应装置本身积累厌氧污泥，启动会失败或所需时间比正常启动要长 3～5 倍。

① 接种物来源。接种物主要来源于各种污泥，如厌氧反应装置的污泥，下水道、化粪池、河道或池塘等处存积的污泥。其中工业废水厌氧反应器、城市污水处理厂消化池或农村的沼气池中存积的污泥是很好的接种物来源。此外，可用人畜粪便作为辅助接种物，因为人畜肠中也有厌氧微生物。

② 接种方法。采集接种污泥时，应注意选用比产甲烷活性值高、相对密度大的污泥，同时应除去其中夹带的大颗粒固体和漂浮杂物，运输过程中应避免与空气接触，尽量缩短运输时间。接种量依据水质特征、接种污泥性能、厌氧反应器类型和容积、启动运行条件（如时间限制、运输等）等来确定。一般来说，加大接种量有利于缩短启动时间。若按容积比计算，投加的接种污泥量一般为 20%～30%。若按接种后的混合液 MLVSS 计，接种污泥量为 5～10kg MLVSS/m³。接种部位应在反应装置底部，尽量避免接种污泥在接种和启动运行时流失。对于某些填料的厌氧反应装置，启动时甚至可以将填料取出，在另外的污泥池中预先挂膜，然后装入反应装置中。

（2）启动的基本方式

① 分批培养法。该法指当接种污泥投足后，控制工业废水分批进料，启动运行初期厌氧反应装置间歇运行的方法。每批废水进入后，反应装置在静止状态下进行厌氧代谢（或通过回流装置适时进行循环搅拌），让接种的污泥或增殖的污泥暂时聚集，或附着于填料表面，而不是随水流流失。经若干天厌氧反应后，大部分有机物被分解，第二批废水再进入。在分批进水间歇运行时，可逐步提高进水的浓度或工业废水的比例，逐步缩短反应的时间，直至最后完全适应工业废水（或有毒废水）并连续运行。这是一般常用的厌氧反应启动方法，多用于较难降解的工业废水。

② 连续培养法。对于易降解的高浓度有机工业废水或较难生物降解的工业废水，但不含有毒污染物，接种污泥性能好、数量多时，可采用连续培养法。当接种污泥投入厌氧反应装置后，每日连续投加工业废水或稀释后的工业废水，或工业废水与城市污水的混合物，所投加工业废水的流量或所占比例应小于设计流量，待连续运行数日后，有机物降解达到设计要求的 80%

左右时，可改变投加流量或比例。这种连续运行的污泥培养驯化法，要求严格控制启动过程中的有机质负荷和有毒污染物负荷，其控制的负荷比分批培养法更低。

（3）启动操作要点

① 启动初始，一次投足接种污泥，一般为反应器有效容积的 20%～30% 或 5～10kg MLVSS/m^3。

② 接种污泥的性能要好，一般要求污泥的 MLVSS 浓度为 20～40kg/m^3，比产甲烷活性为 100～150mL/g。

③ 启动初始污泥负荷应较低，一般为正常运行负荷的 1/6～1/4。

④ 合适的水力负荷有利于生物污泥的筛选，但太高易造成污泥流失，一般水力负荷（反应区）应控制为 0.25～1.0m^3/（m^2·h）。

⑤ 当可降解 COD 的去除率达到 80% 左右，出水 VFA 在 500mg/L 以下时，可逐步增加有机物负荷。

（4）启动障碍的排除。在启动过程中，常遇到的障碍是超负荷所引起的消化液挥发酸浓度上升、pH 降低，使厌氧反应效率下降或停滞，即酸败。解决的办法是：首先暂停进料以降低负荷，待 pH 恢复正常水平后，再以较低的负荷开始进料。若 pH 降低幅度太大，可能需外加中和剂。负荷失控严重（包括有毒污染物负荷过重），临时调整措施无效时，就需重新投泥，重新进水启动。

5.4.4.2　厌氧生物处理装置的运行管理

（1）运行控制指标

① 有机物降解指标：COD、BOD 等的去除率。

② 出水水质指标：出水的 pH、SS 等。

③ 运行负荷：测试并控制正常的污泥负荷、容积负荷、水力负荷。

④ 温度：控制厌氧反应较稳定的水温，温度变化不大于 1～2℃/d。

⑤ 生物相：可不定期检验污泥的生物相。

⑥ 沼气气压：一般应控制为 50～150mmH$_2$O（1mmH$_2$O=9.8Pa），过高或过低说明厌氧反应或沼气管路有问题。

（2）维护与管理

① 保证配水及计量装置的正常。

② 冬季做好对加热管道与换热器的清通与保温，防止进出水管、水封装置的冻结。

③ 每隔一定时间（如 1～3 年）清除浮渣与沉砂。

④ 防爆。在反应装置区及储气区严禁明火及电气火花。

⑤ "停车"维护。因污水来源或污水处理系统本身原因，厌氧处理装置会有一个停歇时段。在"停车"期间，宜尽量保持温度在 5～20℃；尽量避免管道管口或反应装置敞口直接与空气连通。

⑥ 调节污泥量。启动过程或正常运行的初期，厌氧反应装置不会有太多的剩余污泥。但当处理装置稳定运行较长时间后，就会有剩余污泥。需通过及时（定期）排泥或加大水力负荷冲去部分浮泥，或降低进水浓度让微生物进行内源呼吸，以自身氧化的方法来调节厌氧反应器的存泥量。

（3）主要故障及解决办法

① 产气量低或处理效率低。进水有机质负荷超负荷、进水 pH 下降或过高、环境条件变化（或水温）等可能会使厌氧微生物的代谢活动受到影响，有机物降解率降低，结果导致厌氧反应装置产气率降低，COD$_{Cr}$ 去除率降低，但此时厌氧消化作用仍在进行。解决办法是：调整进水

水量或水质，平衡有机物负荷；pH 变化太大时适当进行中和；采取保温绝热措施使装置在冬季或夏季维持稳定的温度。

② 沼气燃烧不了。若厌氧反应产生的沼气中 CO_2 含量高于 70%、CH_4 含量低于 30%，或沼气产生量很少、气压压力低于 $40mmH_2O$（$1mmH_2O=9.80665Pa$），沼气便会燃烧不了或燃烧很不稳定。出现以上现象的原因主要是产甲烷菌活性降低，如冲击负荷影响严重，进水 pH 过低（较高），或是其他细菌（如硫酸盐还原菌）与产甲烷菌竞争底物。也可能是进水中碳水化合物含量相对含氮化合物太高（失去缓冲能力）、VFA 过量积累所致，或进水有机质负荷太低所致。须根据具体原因采取相应措施。

③ 停止产气。过度的有机质负荷冲击、环境条件的严重恶化，尤其是有毒污染物负荷的少量增加，会破坏厌氧微生物的代谢能力，表现为产甲烷作用几乎完全停止。有关研究认为：厌氧微生物的酶系统遭到破坏，要恢复代谢机能需要 3～4 周的时间，仅比适应新基质少 20%～30% 的时间。有毒污染物的影响是严重的，解决这种影响的方法有：预处理去除有毒物质，如除油、光催化分解、电解、臭氧氧化等；稀释进水，降低有毒污染物浓度；某些情况下采取两相厌氧工艺。

④ 出现负压。对于运行多年的系统，若厌氧反应器、污泥管道或沼气管道漏气，或一次排泥量过大，有可能造成反应器中气室负压，会使沼气不纯，对厌氧反应状态也可能有一些影响。操作中应避免这种影响。

5.4.5　应用实例（某工厂淀粉废水处理工程）

5.4.5.1　概况

该工厂以玉米为原料生产淀粉。生产能力为年产玉米淀粉 20 万吨，日排放污水 $3600m^3$，对周围环境和地下水资源造成一定污染。废水处理工程上马后，对废水进行综合利用，回收废水中的黄粉并生产沼气。处理前高浓度有机废水水质指标如下：COD_{Cr} 为 15000mg/L；SS 为 3000mg/L；BOD_5 为 8000mg/L；pH 值为 4.5。

处理后出水水质达到《污水综合排放标准》（GB 8978—1996）的二级标准：$COD_{Cr}\leqslant$ 150mg/L；SS≤300mg/L；BOD_5≤60mg/L；pH 值为 6～9。

5.4.5.2　处理工艺

淀粉废水属可生化性较好的高浓度有机废水，因而采用厌氧生化处理和好氧生化处理相串联的主体工艺，工艺流程见图 5-77。

图 5-77　某工厂淀粉废水处理工艺流程

　　废水首先进入竖流沉淀池进行初步沉淀，回收部分黄粉，并减轻后续处理设施的负担；然后在调节池内进行水质、水量及 pH 的调节，再经过选择反应池的生物预处理后进入 UASB 反应器；之后出水进入好氧曝气滤池，进行进一步的生化处理，使废水最终达标排放。在该工程中首次采用了单池面积为 90m² 的生物曝气滤池（共 4 座），且运行情况良好。

　　厌氧处理单元采用在高浓度有机废水的治理中被广泛使用的 UASB 反应器。UASB 反应器内有大量高效颗粒化的厌氧污泥，可大大提高 COD_{Cr} 去除率，是传统厌氧消化池的 2～3 倍。

　　好氧处理采用好氧曝气滤池（BAF）。BAF 的最大特点是使用了一种新型的粒状滤料，在其表面生长有生物膜，池底曝气，废水中的有机物得到好氧分解，它能够作为活性污泥法与常规接触氧化法的革新替代技术。与国内现有的技术相比，其具有占地面积小、出水水质好、电耗低和抗冲击负荷能力强等优点。

任务 5　自然净化处理

　　污水的稳定塘、土地处理及人工湿地技术充分利用水体、土壤、植物和微生物去除污染物的功能，通过人工强化，形成一种具有处理成本低、运行管理简便的污水净化工艺。这类工艺具有可同时有效去除 BOD 病原菌、重金属、有毒有机物及 N、P 营养物质的特点，在村镇污水及分散生活污水的处理，面源污染控制，河流湖泊的生态修复，进一步降低污水处理厂出水中的低浓度污染物、氮和磷等营养盐方面具有一定的优势。

5.5.1　稳定塘

扫视频一扫

氧化塘

　　稳定塘又称氧化塘，是一种天然的或经一定人工构筑的池塘。污水在塘内经较长时间的停留、储存，通过微生物（细菌、真菌、藻类、原生动物等）的代谢活动，以及相伴随的物理的、化学的、物理化学的过程，使污水中的有机污染物、营养素和其他污染物质进行多级转换、降解和去除，从而实现污水的无害化、资源化与再利用。

5.5.1.1　稳定塘的类型及作用机理

　　稳定塘按塘中微生物优势群体类型和塘水中的溶解氧状况可分为好氧塘、兼性塘、厌氧塘和曝气塘。按用途又可分为深度处理塘、强化处理塘、储存塘和综合生物塘等。上述不同性质的塘组合成的塘称为复合稳定塘。此外，还可以根据排放间歇或连续、污水进塘前的处理程度或塘的排放方式（如果用到多个塘的时候）来进行划分。下面主要根据常用的溶解氧分类方式，对稳定塘进行分类介绍。

　　（1）好氧塘。为了使整个塘保持好氧状态，塘深不能太大，一般在 0.3～0.5m，阳光可直透塘底。塘中的好氧菌将有机物转化成无机物，使污水得到净化，其所需的氧气由生长在塘内的藻类进行光合作用来提供。藻类是自养型微生物，它利用好氧菌放出的 CO_2 作为碳源进行光合作用，所以好氧塘是一个菌藻互相依赖的共生系统。

　　一般污水在塘内停留 2～6d，BOD_5 去除率达 80% 以上。好氧塘出水中含有大量藻类，排放前要经沉淀或过滤等去除。与养鱼塘结合，藻类可作为浮游动物的饵料。

　　藻类是氧化塘内的主要供氧者，不同藻类放出氧的数量不同。藻类只有在进行光合作用时放出氧气，晚上藻类不产氧，而且因呼吸作用而耗氧，因此氧化塘一天内的溶解氧是变化的，白天可以是过饱和的，晚上的溶解氧会下降，甚至会接近零或无氧。塘内的 pH 也是变化的，光合作用时 pH 升高，而呼吸作用时 pH 降低。

（2）兼性塘。兼性塘是指在上层有氧、下层无氧的条件下净化污水的稳定塘，是最常用的塘型。其塘深通常为 1.0～2.0m。兼性塘上部有一个好氧层，下部是厌氧层，中间是兼性层。污泥在底部进行消化，常用的水力停留时间为 5～30d。兼性塘的运行效果主要取决于藻类光合作用产氧量和塘表面的复氧情况。

兼性塘常被用于处理小城镇的原污水以及中小城市污水处理厂一级沉淀处理后的出水或二级生物处理后的出水。在工业废水处理中，兼性塘接在曝气塘或厌氧塘之后作为二级处理塘使用。兼性塘的运行管理极为方便，较长的污水停留时间使它能经受污水水量、水质的较大波动而不致严重影响出水质量。此外，为了使 BOD 面积负荷保持在适宜的范围之内，兼性塘需要的土地面积很大。

储存塘和间歇排放塘属于兼性塘类型。储存塘可用于蒸发量大于降水量的气候条件。间歇排放塘的水力停留时间长而且可控制，当出水水质令人满意的时候，每年排放 1～2 次。

（3）厌氧塘。当用厌氧塘来处理浓度较高的有机污水时，厌氧塘内一般不可能有氧的存在。由于厌氧菌的分解作用，一部分有机物被氧化生成沼气，沼气把污泥带到水面，形成了一层浮渣，有保温和阻止光合作用的效果，维持了良好的厌氧条件，因此不应把浮渣层打破。厌氧塘出水可用好氧塘进一步处理。

（4）曝气塘。曝气塘一般水深 3～4m，最深可达 5m。曝气塘一般采用机械曝气，保持塘的好氧状态，并基本上得到完全混合，停留时间常介于 3～8d，BOD_5 去除率平均为 70%。曝气塘实际上是一个介于好氧塘和活性污泥法之间的污水处理法。曝气塘有两种：一种是完全悬浮曝气塘；另一种是部分悬浮曝气塘。前者塘内的悬浮固体全部悬浮，完全混合，后者只有部分悬浮固体处于悬浮状。前者所需的功率为 6W/m³，后者为 1W/m³。

5.5.1.2　稳定塘的优缺点

氧化塘处理污水有以下优点：基建投资低，运转费用低，能耗低，操作管理容易；因停留时间长，对水量、水质的变动有很强的适应能力；不仅能取得较好的 BOD 去除效果，还可以去除氮、磷营养物质及病原菌，重金属及有毒有机物；与养鱼、培植水生作物相结合，使污水得到综合利用。

其主要缺点是：污水停留时间长，占地面积大，使用上受到很大限制；受气温的影响很大，净化能力受季节性控制；在北方，冬季封冰，必须把冬季的污水储存起来，使氧化塘的占地面积更大；卫生条件较差，易滋生蚊蝇，散发臭气；如塘底处理不好，可能会引起对地下水的污染。

综上所述，氧化塘是一种较为经济的污水生物处理方法。当有洼地等可利用的地方时，有条件地采用氧化塘，既可治理污水，消除污染，又可节省投资，应该提倡。但是要科学地使用该技术，必须采用相应的工程措施，防止二次污染的发生。

5.5.2　污水的土地处理

利用污水灌溉农田，国内外已有千百年的历史，积累了丰富的经验。发达国家污水处理基本上已普及到二级处理水平，由于应用化学或物化等方法进行三级处理的费用很高，因而研究和开发土地处理方法作为进行污

污水的土地处理

水三级处理的手段，并在某些条件下，把污水土地处理方法作为二级处理的手段，取得了明显的经济效益与环境效益。目前的土地处理方法已由过去简单的污水灌溉发展到了污水的土地处理系统，成为环境工程的重要组成部分，从而受到人们的普遍重视。

土地处理系统是利用土壤及其中微生物和植物对污染物的综合净化能力来处理城市污水和某些工业废水，同时利用污水中的水和肥来促进农作物、牧草或树木的生长，并使其增产的一种工程设施。土地处理系统应包括污水的输送、污水的预处理（常用氧化塘）、污水的储存（如污水库）、污水灌溉系统和地下排水系统等部分。

5.5.2.1　土地处理法净化污水的机理

土地处理法净化污水的机理包括土壤的过滤、截留、物理或化学吸附、生物氧化和离子交换作用。其过程大体上是：污水通过土壤时，土壤把污水中悬浮及胶体状态的有机物截留下来，在土壤颗粒的表面形成薄膜，这层薄膜（相当于生物膜）里充满细菌，它能吸附和吸收污水中的有机物，并利用从空气中透进土壤空隙中的氧气，在好氧细菌的作用下将污水中的有机物转化成无机物，植物通过光合作用利用 CO_2、NH_3、NO_3^-、PO_4^{3-} 等为养料，进行自身的生长。由此可知，土地处理净化污水实际上是利用土地生态系统的自净能力消除环境污染。

保持污水-土壤-微生物-植物的生态平衡是十分重要的。生态系统的平衡一旦被破坏，不仅达不到污水净化的目的，土地环境还将受到污染。如灌溉的水力负荷或有机负荷率超过了土地或植物的净化能力，多余的有机物或无机物便会积累，使土壤和地下水等受到污染。正确使用土地处理法，可使二级处理出水中的 BOD_5 减少 85%～99%，基本上去除了全部 SS 和出水中绝大部分细菌、病毒。除非已超过了土壤去除磷酸盐的能力，一般磷酸盐很容易因土壤的吸附和沉淀作用去除。但是，氮能够渗入土壤，有地下水污染的潜在可能。

植物的生长和吸收是从土壤中去除氮和磷的一种有效且可预见的方法。种植在土地处理场的庄稼将吸收土壤中的氮。当收获时，植物吸收的养料就会从处理系统中除去，有害物转化成了有用物质。

5.5.2.2　污水要求和预处理

污水土地处理法的优点很多，但是必须注意这是有条件的。如污水水质控制不好，污水土地处理就会出现问题，其中主要是危害农作物，并通过食物链影响人类的健康，污染地下水。对土地处理污水的水质的总要求应该是：不使农作物枯干、减产；不使土壤盐碱化；不传染疾病或对人畜产生危害；不至于污染地面水和地下水源。

为了达到土地处理（灌溉）的水质标准，对生活污水和工业废水进行预处理是必要的。土地处理系统一般采用氧化塘进行预处理。这里要特别指出，重金属和难降解有机物必须在排入下水道前进行预处理。

5.5.3　湿地

湿地被称作地球的"肾"，是地球上的重要自然资源。湿地的定义有多种，目前国际上公认的湿地定义来自湿地公约：湿地是指不问其为天然或人工，长久或暂时性的沼泽、泥炭地或水域地带，静止或流动，淡水，半咸水，咸水体，包括低潮时水深不超过 6m 的水域。湿地包括多种类型，珊瑚礁、滩涂、红树林、湖泊、河流、河口、沼泽、水库、池塘、水稻田等都属于湿地。它们共同的特点是其表面常年或经常覆盖着水或充满了水，是介于陆地和水体之间的过渡带。但从广义上讲，湿地可分为天然湿地和人工湿地两种。

5.5.3.1　人工湿地的净化机理

人工湿地是人工建造和管理控制的工程化的湿地，是由水、滤料以及水生生物所组成，具有较高生产力和比天然湿地有更好的污染物去除效果的生态系统。

（1）填料、植物和微生物在人工湿地系统中的作用。填料、植物、微生物是构成人工湿地生态系统的主要组成部分。

① 填料。人工湿地中的填料又称基质，一般由土壤、细砂、粗砂、砾石等组成，根据当地建设的材料来源和处理需要，也可以选用废砖瓦、炭渣、钢渣、石灰石、沸石等。

填料不仅为植物和微生物提供生长介质，通过沉淀、过滤和吸附可以直接去除污染物。其中钢渣、石灰石等有很好的除磷效果，沸石有去除氨氮的能力。填料粒径大小也会影响处理效果，填料粒径小，有较大的表面积，处理效果好但容易堵塞，粒径太大会减少填料比表面积和有效反应容积，效果会差一些。

② 植物。湿地中生长的植物通常称为湿地植物，包括挺水植物、沉水植物和浮水植物。大型挺水植物在人工湿地系统中主要起固定床体表面提供良好的过滤条件、防止湿地被淤泥淤塞、为微生物提供良好根区环境以及冬季运行支承冰面的作用。人工湿地中的植物一般应具有处理性能好、成活率高、抗水能力强等特点，且具有一定的美学和经济价值。常用的挺水植物主要有芦苇、灯心草、香蒲等。某些大型沉水植物、浮水植物也常被用于人工湿地系统，如浮萍等。

人工湿地中种植的许多植物对污染物都具有吸收、代谢、累积作用，对 Al、Fe、Ba、Cd、Co、B、Cu、Mn、P、Pb、V、Zn 均有富集作用，一般来说植物的长势越好、密度越大、净化水质的能力越强。

③ 微生物。微生物是人工湿地净化污水不可缺少的重要组成部分。人工湿地在处理污水之前，各类微生物的数量与天然湿地基本相同。但随着污水不断进入人工湿地系统，某些微生物的数量将随之逐渐增加，并随季节和作物生长情况呈规律性变化。人工湿地中的优势菌属主要有假单胞杆菌属、产碱杆菌属和黄杆菌属。这些优势菌属均为快速生长的微生物，是分解有机污染物的主要微生物种群。人工湿地系统中的微生物主要去除污水中的有机物质和氨氮，某些难降解的有机物质和有毒物质可以通过微生物自身的变异，达到吸收和分解的目的。

（2）人工湿地系统净化污水的作用机理。人工湿地系统去除水中污染物的机理列于表 5-4 中。

表 5-4　人工湿地系统去除水中污染物的机理

反应机理		对污染物的去除与影响
物理	沉降	可沉降固体在湿地及预处理的酸化（水解）池中沉降去除，可絮凝固体也能通过絮凝沉降去除，从而使 BOD、N、P、重金属、难降解有机物、细菌和病毒等去除
	过滤	通过颗粒间相互引力作用及植物根系的阻截作用使可沉降及可絮凝固体被阻截而去除
化学	沉淀	磷及重金属通过化学反应形成难溶解化合物或与难溶解化合物一起沉淀去除
	吸附	磷及重金属被吸附在土壤和植物表面从而被去除，某些难降解有机物也能通过吸附去除
	分解	通过紫外辐射、氧化还原等反应过程，使难降解有机物分解或变成稳定性较差的化合物
生物	微生物代谢	通过悬浮的、底泥的和寄生于植物上的细菌的代谢作用将凝聚性固体、可溶性固体进行分解；通过生物硝化/反硝化作用去除氮；微生物也将部分重金属氧化并经阻截或结合而去除
植物	植物代谢	通过植物对有机物的代谢而去除，植物根系分泌物对大肠杆菌和病原体有灭活作用
	植物吸收	相当数量的氮、磷、重金属及难降解有机物能被植物吸收而去除

由表 5-4 可知，人工湿地系统通过物理、化学、生物的综合反应过程将水中可沉降固体、胶体物质、BOD、N、P、重金属、难降解有机物、细菌和病毒等去除，显示了强大的多方面净化能力。

5.5.3.2　人工湿地的类型

按照系统布水方式的不同或水在系统中流动方式的不同，一般可将人工湿地分为三种类型：①表面流湿地；②水平潜流湿地；③垂直流湿地。

（1）表面流湿地。图 5-78 所示为表面流湿地。向湿地表面布水，维持一定的水层厚度，一般为 10～30cm，这时水力负荷可达 $200m^3/(hm^2 \cdot d)$。水流呈推流式前进，整个湿地表面形成一层地表水流，流至终端，完成整个净化过程。湿地纵向有坡度，底部可用原土层，但其表层需经人工平整置坡。污水投入湿地后，在流动过程中与土壤、植物，特别是与植物根茎部生长的生物膜接触，通过物理的、化学的以及生物的反应过程得到净化。表面流湿地类似于沼泽，不需要砂砾等物质作填料，因而造价较低。它操作简单、运行费用低，但占地大，水力负荷小，净化能力有限。湿地中的氧来源于水面扩散与植物根系传输，系统受气候影响大，夏季易滋生蚊蝇。

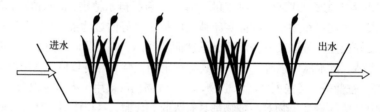

图 5-78　表面流湿地

（2）水平潜流湿地。水平潜流湿地是由基质、植物和微生物组成的系统，见图 5-79。床底有隔水层，纵向有坡度。进水端沿床宽构筑有布水沟，内置填料。污水从布水沟（管）进入进水区砾石层，然后呈水平渗滤从另一端出水沟流出。在出水端砾石层底部设置多孔集水管，与能调节床内水位的出水管连接，以控制、调节床内水位。水平潜流湿地可由一个或多个填料床组成，床体填充基质，床底设隔水层。水力负荷与污染负荷较大，对 BOD、COD、SS 及重金属等处理效果好，氧源于植物根系传输，但因为整个床层氧不足，氨氮去除效果欠佳。水平潜流一般卫生条件比表面流好。

图 5-79　水平潜流湿地

（3）垂直流湿地。垂直流湿地实质上是渗滤型土地处理系统强化的一种湿地形式，见图 5-80。渗滤湿地采取湿地表面布水方式，污水经过向下垂直的渗滤，在渗滤层（填料层）得到净化，净化后的水由湿地底部设置的多孔集水管收集并排出。垂直流湿地通过地表与地下渗滤过程中发生的物理、化学和生物反应使污水得到净化。在湿地中，床体处于不同的溶解氧状态，氧通过大气扩散与植物根系传输进入湿地。在表层由于溶解氧足够硝化能力强，下部因为缺氧适合于反硝化，如果碳源足够，垂直流湿地可以进行反硝化除去总氮，因而该工艺适合于处理氨氮含量高的污水。在运行上可以根据不同处理要求，采用落干/淹水交替或连续进水的方式运行。

图 5-80　垂直流湿地

（4）水平流和垂直流组合湿地系统。有时为了达到更好的处理效果，或者对脱氮有较高的要求，也可以采用水平流和垂直流组合的人工湿地，如图 5-81 所示。有时也将系统的出水回流到进水端，达到去除总氮的目的。

图 5-81　水平流和垂直流组合湿地系统

技能训练（一）　曝气池混合液耗氧速率测定

混合液耗氧速率的测定，是求解完全混合曝气池底物降解与需氧量间的关系、求其底物降解中用于产生能量的那一部分比值和内源呼吸耗氧率的重要前提，也可用以判断污水的可生化性。

1. 目的

（1）加深理解活性污泥的耗氧速率、耗氧量的概念，以及它们之间的关系。

（2）掌握测定污泥耗氧速率的方法。

（3）测定某处理厂曝气池混合液的耗氧速率。

2. 原理

污水好氧生物处理中，微生物在对有机物的降解过程中不断耗氧，在 F/M（有机底物与活性污泥的质量比值）、温度、混合等条件不变的情况下，其耗氧速率不变。根据这一性质，取曝气池混合液于一密闭容器内，在搅拌情况下，测定混合液溶解氧值随时间变化的关系，直线斜率即为耗氧速率，见图 5-82。

3. 设备及用具

（1）密闭搅拌罐、控制仪、微型空压机；

（2）溶解氧测定仪、记录仪、秒表；

（3）水分快速测定仪或万分之一天平、烘箱等；

（4）烧杯、锥形瓶、100mL 量筒、漏斗、滤纸等。

实验装置如图 5-83 所示。

图 5-82　耗氧速率

图 5-83　耗氧速率测定装置

1—搅拌罐；2—进样口；3—放气孔；4—布气管；5—搅拌器；

6—放空管；7—进气管；8—溶解氧探头；9—控制仪表

4. 步骤及记录

（1）打开放气孔，将生产运行或实验曝气池内的混合液由进样口的漏斗处加入密闭罐内，同时测定混合液浓度。

（2）开动空压机进行曝气，待溶解氧达到 4～5mg/L 时关闭空压机与进气阀门。

（3）取下漏斗，堵死进口，关闭阀门，开动搅拌装置，待溶解氧测定仪读数稳定（瞬间摆动），或将溶解氧测定仪与记录仪接通自动记录。

5. 注意事项

（1）熟悉溶解氧仪的使用及维护方法，实验前 1h 接通电源预热，并调好溶解氧仪零点及满度，具体使用详见溶解氧仪说明书。

（2）取出曝气池中的混合液，当溶解氧不足 4～5mg/L 时，宜曝气充氧；当溶解氧为 4～5mg/L 时，可直接进行测试。

（3）探头在罐内位置要适中，不要贴壁，以防水流流速不够影响溶解氧值测定。

（4）处理厂（站）实测曝气池内耗氧速率时，完全混合曝气池内由于各点状态基本一致，可测多点取其均值。推流式曝气池则不同，由于池内各点负荷等状态不同，各点耗氧速率也不同。

6. 数据整理

（1）根据实验记录，以时间 t 为横坐标、溶解氧值为纵坐标，在普通坐标纸上绘图。

（2）根据所得直线图解，或用数理统计法求解耗氧速率[单位为 $mg\,O_2/(h\cdot L)$ 或 $mg\,O_2/(h\cdot g$ 污泥）]。

 技能训练（二）　活性污泥污泥负荷与污水 BOD_5 去除率的关系

1. 实验目的

通过对活性污泥的重要参数——污泥负荷的研究，掌握评价活性污泥性能各项指标的工程意义，了解影响活性污泥工作性能的因素，能熟练运用光学显微镜观察活性污泥的组成变化。

2. 实验原理

在活性污泥法中，一般将有机底物与活性污泥的质量比值（F/M），即单位质量活性污泥，或单位体积曝气池（m^3）在单位时间（d）内所承受的有机物量称为污泥负荷，常用 L_s 表示。

$$L_s = \frac{QS}{VX}$$

式中　Q——废水流量；

　　　S——BOD_5浓度；

　　　V——曝气池容积；

　　　X——曝气池混合液污泥浓度。

有时为了表示有机物的去除情况，也采用去除负荷 L_{rs}，即单位质量活性污泥在单位时间内所去除的有机物质量。

$$L_{rs} = \frac{Q(S_0 - S_e)}{VX} = \eta L$$

式中　S_0——进水的底物浓度；

　　　S_e——出水的底物浓度；

　　　η——处理效率。

$$\eta = \frac{S_0 - S_e}{S_0}$$

污泥负荷与污水处理效率、活性污泥特性、污泥生成量、氧的消耗量有很大关系，污水温度对污泥负荷的选择也有一定影响。

3. 实验内容

（1）污泥负荷与处理效率的关系：在 $0 \sim 3.0\text{kg BOD}_5/(\text{kg MLSS·d})$ 的污泥负荷范围内选择不少于 5 个不同污泥负荷值的活性污泥，分别处理工业废水。常温条件下曝气 $10 \sim 15\text{h}$，测定废水的 BOD_5 值，根据原废水的 BOD_5 值，计算 BOD_5 的去除率。

（2）污泥负荷对活性污泥的影响：在观察污泥负荷与处理效率的关系的实验中，可同时测定活性污泥的沉降性能，并通过显微镜观察活性污泥中的生物相分布。

4. 注意事项

（1）为保证实验效果，水温控制在 $20 \sim 35℃$。

（2）由于废水中有机物的存在形式及运转条件不同，活性污泥的需氧量随着污泥负荷的增加而增大。

（3）为保证微生物正常生长所需的营养元素，要求水中 BOD_5：N：P=100：5：1。

（4）废水种类可根据实际条件进行调整。

（5）实验中所使用的材料和仪器可根据实验目的和要求做灵活选择。

思考与练习

1. 什么是微生物？
2. 微生物的特点有哪些？
3. 微生物酶的作用是什么？
4. 解释细菌的分批培养。
5. 生物处理类型有哪些？
6. 好氧生物处理与厌氧生物处理的区别是什么？
7. 简述好氧生物处理的基本原理。
8. 什么是活性污泥法？
9. 简述活性污泥净化污水的机理。

10. 活性污泥法的运行方式有哪几种？

11. 简述生物膜净化污水的基本原理。

12. 高负荷生物滤池在什么条件下需要进行出水回流？

13. 高负荷生物滤池回流的方式有哪几种？

14. 生物转盘的构造有哪几部分？为什么它比传统生物滤池处理能力高？

15. 生物接触氧化池中常用的填料有哪些？它们的优点是什么？

16. 简述厌氧生物法与好氧生物法的优缺点。

17. 简述影响厌氧生物处理的因素。

18. 厌氧处理装置的运行管理应注意哪些问题？

19. 某升流式厌氧污泥床反应器（UASB），进水 COD_{Cr} 浓度为 2000mg/L，平均污水流量为 50m³/h，反应器的直径为 9m，有效水深为 5.5m，计算反应器的水力停留时间。

项目六
污泥处理

项目导读

为什么要对污泥来源和性质进行分析？如何选择污泥浓缩和脱水设备？怎样确定污泥的处置方法？

学习目标

知识目标：熟知污泥来源和性质；掌握污泥浓缩、脱水和干化过程的运行知识；熟悉污泥的处置方法。

能力目标：学会选择污泥浓缩、脱水和干化设备；学会选择污泥的处置方法；能测定和分析污泥的性质。

素质目标：培养科学思维；提升解决环境污染问题的能力。

项目实施

项目共有 2 个任务，通过该项目的学习，达到会选择和应用污泥处理设施的目的。

任务 1　污泥分析

生活污水和工业废水在处理过程中分离或截流的固体物质统称为污泥。污泥中的固体物质可能是原污水中已存在的，如各种自然沉淀池中截留的悬浮物质；也可能是污水处理过程中转化形成的，如生物处理和化学处理过程中，由原来的溶解性物质和胶体物质转化而来的生物絮体和悬浮物质；还可能是污水处理过程中投加的化学药剂带来的。当所含固体物质以有机物为主时称之为污泥；以无机物为主时则称之为泥渣。

6.1.1 污泥的分类与性质

（1）污泥按所含主要成分的不同，可分为有机污泥和无机污泥两大类。

① 有机污泥，常称为污泥，其主要成分为有机物，是处理有机污水（包括生活污水）的产物。有机污泥中常含有肥料成分。但必须注意某些工业废水污泥中可能含有有毒物质，而生活污水、肉类加工等污水污泥中又含有病原微生物和寄生虫卵等。

② 无机污泥，常称为泥渣，它的主要成分为无机物，一般是用自然沉淀和化学法处理无机废水或天然水的产物。无机污泥中有时也会含有有毒物质和一定量的有机污染物，所以也应进行适当处理。

（2）按来源不同，污泥可分为以下几种。

① 初次沉淀池污泥：来自污水厂初次沉淀池的排泥，其性质随污水水质的不同而不同。城市污水厂的初次沉淀池污泥的主要成分为有机物（固体），还有大量病菌和寄生虫卵，其含水率一般为95%～97%。

② 剩余污泥：来自活性污泥法二次沉淀池的排泥，其主要成分为微生物细胞，含水率一般在99.2%～99.6%。

③ 腐殖污泥：来自生物膜法二次沉淀池的排泥，其主要成分为脱落的生物膜，其性质与剩余污泥相同，含水率一般为97%左右。

④ 厌氧污泥：上述 3 种污泥经厌氧消化后的污泥，也称消化污泥或熟污泥。污水厌氧处理装置排出的污泥一般称为厌氧污泥，其含水率一般为97%左右。

⑤ 化学污泥：用混凝沉淀法处理天然水或工业废水所排出的污泥。由于废水水质不同，成分较为复杂。

除了以上污泥外，污水厂排出的污泥中还包括栅渣和沉砂池沉渣。栅渣呈垃圾状，沉砂池沉渣中密度较大的无机颗粒含量较高，所以这两者一般作为垃圾处置。

本章重点讨论有机污泥的处理与处置。

6.1.2 污泥的主要特性

6.1.2.1 污泥固体的组分

污泥固体的组分与污泥的来源密切相关，如来自城镇污水处理厂的污泥固体组分主要为蛋白质、纤维素、油脂、氮、磷等；来自金属表面处理厂污水处理厂的污泥固体组分则主要为各种金属氢氧化物或氧化物；来自石油化工企业污水处理厂的污泥固体则含有大量的油。污泥固体组分不同，污泥的性质也就不同，与此对应的处理及处置方法也就不同。

6.1.2.2 含水率 p

污泥中所含水分的质量与污泥总质量之比的百分数称为含水率。当城市污泥含水率大于80%时，污泥体积与含水率之间的关系可表示为：

$$\frac{V_1}{V_2} = \frac{100 - p_2}{100 - p_1} \tag{6-1}$$

式中　V_1——含水率为 p_1 的污泥体积；

　　　V_2——含水率为 p_2 的污泥体积。

6.1.2.3 湿污泥密度

湿污泥密度等于湿污泥质量与同体积水质量的比值，也称污泥相对密度，而湿污泥质量等于其中所含水分质量与干固体质量之和。

当污泥的含水率大于 95%时，湿污泥的密度接近 1。如初沉池污泥含水率为 95%、VS/SS=0.65 时，湿污泥的密度为 1.008。

6.1.2.4 挥发性固体（VS）和灰分

挥发性固体能近似代表污泥中有机物的含量，又称灼烧减量。灰分则表示无机物含量，又称灼烧残渣。初次沉淀池污泥的 VS 含量约占污泥总质量的 65%，活性污泥和生物膜的 VS 含量约占污泥总质量的 75%。

6.1.2.5 污泥脱水性能及评价指标

未浓缩的活性污泥的含水率通常在99%以上，通过浓缩和脱水后污泥的容积大大减小，这为污泥的后续处理或外运带来便利。污泥脱水的难易程度或脱水性能通常用污泥过滤比阻（r）或毛细管吸水时间（CST）来衡量。

污泥过滤比阻的物理意义是在 $1m^2$ 过滤面积上截留 1kg 干污泥时，滤液通过滤纸时所克服的阻力（m/kg）。比阻值越大的污泥越难过滤，脱水性能也越差。一般认为，比阻值 $r > 9.81 \times 10^{13}$m/kg 时不易脱水；当 r 在 $4.9 \times 10^{12} \sim 8.83 \times 10^{13}$m/kg 时可以脱水；当 $r < 4.9 \times 10^{12}$m/kg 时易于脱水。

毛细管吸水时间（CST）是指污泥与滤纸接触时，在毛细作用下，污泥中的水分在滤纸上渗透 1cm 距离所需的时间。污泥的可滤性越高，毛细管吸水时间越短。一般 CST 值小于 20s 时脱水较容易。

6.1.3 污泥处理方法

污泥作为污水处理的副产物通常含有大量的有毒、有害和对环境产生负面影响的物质，包括有毒有害有机物、重金属、病原菌、寄生虫卵等。如果不进行无害化处理处置，会对环境造成二次污染。污泥的处理与处置是两个不同的阶段，处理必须满足处置的要求。因此污泥的处理技术措施是以达到在最终处置后不对环境产生有害影响为目标。不同的处置方式须对应相应的处理方法。

污泥处理的工艺路线选择需要强调污泥的减量化、稳定化和无害化，以及污泥的资源化综合利用。其中污泥的减量化是指通过一定的技术措施削减污泥的量和体积；稳定化是指将污泥中的有机物（包括有毒有害有机物）降解为无机物的过程。污泥在环境中的最终消纳方式包括土地利用、作建材的原料或进行无害化填埋等。

6.1.3.1 污泥好氧消化

污泥的好氧消化是通过长时间的曝气使污泥固体稳定。好氧消化常用于处理来自无初沉池污水处理系统的剩余活性污泥，通过曝气使活性污泥进行自身氧化，从而使污泥得到稳定，挥发性固体去除率40%～50%。延时曝气和氧化沟排出的剩余污泥已经好氧稳定，不必再进行厌氧或好氧消化。污泥好氧消化法一般仅适用于中小型污水厂。

6.1.3.2 污泥热处理

热处理是一种使污泥稳定化和改善污泥性能的有效方法。在一定压力下加热可以杀死污泥中的微生物和寄生虫卵，破坏有机物，并使污泥易于脱水。下面将介绍一种较新的热处理方法——湿式氧化法，也称湿烧法、无火焰燃烧和浸没燃烧等。对于含有害或有毒物质的高浓度有机污水，也可采用此法。

湿式氧化法的基本原理是在液相的水中，溶解的或悬浮的可燃物质在有氧或其他氧化剂存在下进行氧化的一种化学反应。由于被处理物含有大量水分，常压下温度只能达到100℃，所以必须加压才能达到氧化反应所需温度。同时，在加压状态下，又能把有机物的氧化温度降低，一般燃烧温度需750～1000℃，而在加压约10MPa的条件下，湿式氧化温度只需200～300℃。

这种方法的优点是在液态水存在的情况下进行氧化，可以处理未经脱水的湿污泥。处理后的污泥残渣脱水性能好，脱水后的滤渣含水率仅为50%左右。由于有机物在氧化过程中能放出大量热能，本法的能耗很低，甚至可以回收一部分能量。因处理系统是密闭的，基本上不产生臭味、粉尘和煤烟，处理后病原微生物已被全部杀灭。本法的缺点是技术设备复杂，要在高压下操作，一次性投资大。

任务2　污泥处理

6.2.1　污泥中的水分及其对污泥处理的影响

（1）污泥中的水分。污泥中水分的存在形式有以下三种。

① 游离水。存在于污泥颗粒间隙中的水，称为间隙水或游离水，占污泥水分的70%左右。这部分水一般借助外力可以与泥粒分离。

② 毛细水。存在于污泥颗粒间的毛细管中，称为毛细水，约占污泥水分的20%。也有可能用物理方法分离出来。

③ 内部水。黏附于污泥颗粒表面的附着水和存在于其内部（包括生物细胞内）的内部水，约占污泥中水分的10%。只有干化才能分离，但也不完全。

图6-1　污泥含水率与污泥状态的关系

通常，污泥浓缩只能去除游离水的一部分。

（2）污泥中的水分对污泥处理的影响。污泥处理的方法常取决于污泥的含水率和最终的处置方式。例如，含水率大于98%的污泥，一般要考虑浓缩，使含水率降至96%左右，以减少污泥体积，有利于后续处理。为了便于污泥处置时的运输，污泥要脱水，使含水率降至80%以下，失去流态。通常若污泥进行填埋，其含水率要在60%以下。

污泥含水率与污泥状态的关系见图6-1。

6.2.2 污泥浓缩

污泥浓缩的作用是去除污泥中大量的水分，从而缩小其体积，减轻其重量，以利运输和进一步处置及利用。

当污泥中含有大量水分时，在进行厌氧消化处理前需要浓缩，如剩余污泥含水率一般在99%以上，为了提高消化效果，在进入消化处理前必须先进行浓缩。在污泥进行脱水前，如含水率太高，一般也要先进行浓缩。浓缩方法有两种，即重力浓缩和气浮浓缩。

6.2.2.1 重力浓缩法

利用重力将污泥中的固体与水分离而使污泥的含水率降低的方法称为重力浓缩法，其处理构筑物为污泥浓缩池。一般常采用类似沉淀池的构造，如竖流式或辐流式污泥浓缩池。浓缩池可以间歇运行，也可以连续运行。重力浓缩池可以用于浓缩来自初沉池的污泥或初沉污泥和来自二沉池的剩余污泥的混合污泥，或初沉池污泥与生物膜法二沉池污泥的混合污泥，浓缩池也可直接浓缩来自曝气池的剩余污泥。

图6-2为间歇式污泥浓缩池。当浓缩二沉池污泥时，停留时间一般采用9～12h，池数两个以上轮换操作，不设搅拌装置。浓缩上清液可从不同高度排走。

图6-3为带刮泥机与搅拌装置的连续式污泥浓缩池。浓缩后泥从池中心通过排泥管排出。刮泥机附设竖向栅条，随刮泥机转动，起搅动作用，可加快污泥浓缩过程。污泥分离液含悬浮物200～300mg/L，BOD_5也较高，应送回重新处理。

图6-2 间歇式污泥浓缩池

连续式污泥浓缩池污泥浓缩面积应按污泥沉淀曲线决定的固体负荷率计算，当无试验资料时，对于含水率为95%～97%的初沉池污泥浓缩至含水率90%～92%，一般采用固体负荷率为80～120kg SS/（m²·d）。对于含水率为99.2%～99.6%的活性污泥浓缩至含水率97.5%左右，一般可采用固体负荷率为20～30kg SS/（m²·d）。浓缩池的有效水深一般为4.0m，当采用竖流式浓缩池时，上升流速一般不大于0.1mm/s。浓缩时间可采用10～16h。

6.2.2.2 气浮浓缩法

气浮一般用于浓缩活性污泥，也有用于浓缩生物膜的，能把含水率99.5%的活性污泥浓缩到94%～96%，其浓缩效果比重力浓缩法好，但是运行费用较高。

当投加化学混凝剂时，其负荷率可提高50%～100%，浮渣浓度可提高1%，化学混凝剂的投量为污泥干重的2%～3%。

图 6-3   连续式污泥浓缩池

6.2.3   污泥脱水

污泥脱水的目的是进一步减少浓缩后的污泥含水率,经机械脱水后的污泥含水率为 50%~70%。目前常采用的污泥脱水方法有过滤法和离心法。过滤法常用的设备有真空过滤机、板框压滤机和带式压滤机等。离心脱水法的设备主要是离心机。

6.2.3.1   污泥机械脱水的基本原理

污泥机械脱水是以过滤介质(如滤布)两面的压力差为推动力,使污泥中的水强制通过过滤介质成为过滤液,而固体则被截留在介质上成为滤饼,从而使污泥达到脱水的目的。机械脱水的推动力,可以是在过滤介质的一面形成负压(如真空过滤机),或在过滤介质的一面给污泥加压把水压过过滤介质(如压滤),或造成离心力(如离心脱水)等。

图 6-4   过滤过程

机械脱水的基本过程为：过滤刚开始时，滤液仅需克服过滤介质（滤布）的阻力。当滤饼层形成后，滤液不仅要克服过滤介质的阻力而且要克服滤饼的阻力，这时的过滤层包括滤饼层与过滤介质。过滤过程如图 6-4 所示。

6.2.3.2 污泥脱水前的预处理

浓缩污泥直接进行机械脱水，一般脱水效果不好，污泥的比阻大，脱水效率低，动力消耗大，因此应进行预处理。预处理方法有化学混凝法和淘洗-化学混凝法。

（1）化学混凝法。投加混凝剂，可使污泥中的胶体物质凝聚成大颗粒，因此容易脱水过滤，不易堵塞滤布。常用的混凝剂有三氯化铁、三氯化铝、硫酸铝、碱式氯化铝、石灰、高分子絮凝剂等，投加量需经试验确定。

投加石灰的目的是中和污泥中的碱度，减少混凝剂的用量，提高污泥的脱水性能。如消化污泥，碱度往往很高，加混凝剂后首先与碱度发生反应，因而会增加混凝剂用量。

（2）淘洗-化学混凝法。单纯采用化学混凝法，对于消化后的熟污泥来说所需的混凝剂量特别高，约 10%（以污泥干重计）以上。如将污泥预先进行淘洗，可使混凝剂用量大大降低，一般可少用 $FeCl_3$，并可不加石灰。

淘洗能减少混凝剂用量是由于污泥中的一部分碱度随淘洗水带走。淘洗可使消化污泥碱度从 2000mg/L（以 $CaCO_3$ 计）降低至 400～600mg/L。通过淘洗还可去除污泥中大部分细小的污泥颗粒，有利于提高污泥的过滤性能。

一般可采用处理厂出水或河水作淘洗水，淘洗水与湿污泥的体积比一般采用（2～4）∶1，最好通过试验确定。淘洗污水的 BOD_5 和悬浮固体均可高达 2000mg/L 以上，必须再次进行处理。

6.2.3.3 机械脱水设备

（1）过滤法脱水设备

① 真空转筒滤机。真空转筒滤机也称转鼓式真空滤机。转筒内部分成很多扇区格，每格可按需要单独承受内压或真空。浸在水面下的转筒部分为全部面积的 15%～40%，平均为 25%。转筒转速约为 1r/min，线速度为 1.5～5m/min。真空度保持 27～67kPa。滤布目前常用合成纤维如涤纶、尼龙等制成，经预处理的污泥过滤后滤饼厚 5～10mm。进入真空转筒滤机的污泥，其含水率宜小于 95%，最大不应大于 98%。脱水后泥饼的含水率一般在 80%左右。真空转筒滤机的缺点是能耗太大，在污泥脱水中已基本被淘汰。

② 板框压滤机。板框压滤机是一种较老式的脱水设备，但由于它使用了较高的压力和较长的加压时间，脱水效果比真空转筒滤机和离心机好，压滤后的污泥含水率可降至 50%～70%。图 6-5 是板框压滤机的工作原理。这种压滤机主要由一系列矩形的铸铁起脊的凹形板组成，以尼龙等材料为滤布。压滤机本身是封闭的，污泥通过压力（一般为 0.4MPa 以上）压入滤布间的空隙中，水受压通过滤布而固体则被截留形成滤渣。过滤液水质很差，应重新送至污水处理装置处理。目前国内已生产自动或半自动板框压滤机，使用较为方便，大大降低了劳动强度，提高了处理能力。板框压滤机的过滤能力与污泥性质、泥饼厚度、过滤压力、过滤时间和滤布的种类等因素有关。处理城市污水处理厂污泥时，过滤能力按干泥计算一般为

图 6-5 板框压滤机工作原理

$2\sim10kg/(m^2\cdot h)$。当消化污泥中投加 $4\%\sim7\%FCl_3$、$11\%\sim22.5\%CaO$ 时，过滤能力一般为 $2\sim4kg/(m^2\cdot h)$。过滤周期一般只需 $1.5\sim4h$。

③ 带式压滤机。带式压滤机是一种新型的污泥脱水装置，较常见的为滚压带式压滤机，其主要特点是不需要真空或加压设备，动力消耗较少，可连续运行。这种压滤机已在国外及国内被广泛用于污泥的机械脱水。滚压带式压滤机由滚压轴及滤带组成，压力施加在滤带上，污泥在两条压滤带间受挤压，由于滤布压力或张力实现脱水。其脱水过程为：污泥先经过浓缩段（主要依靠重力过滤），使污泥失去流动性，以免污泥在压榨段被挤出滤布，时间为 $10\sim20s$，然后进入压榨段压榨脱水，依靠滚压轴的压力与滤布的张力除去污泥中的水分，压榨时间为 $1\sim5min$。滚压的方式有两种：一种是滚压轴上下相对，见图 6-6(a)，压榨的时间几乎是瞬时的，压力大；另一种是滚压轴上下错开，见图 6-6(b)，依靠滚压轴施加于滤布的张力压榨污泥，因此，压榨的压力受滤布的张力限制，压力较小，压榨时间较长，在滚压过程中，对污泥有一种剪切力的作用，可促进泥饼脱水。

图 6-6　带式压滤机

在带式压滤机工艺中，通常需要进行混凝等预处理，一般采用合成有机聚合物。城镇污水处理厂污泥的调理，采用阳离子型聚丙烯酰胺最为有效，也可采用石灰和阴离子型聚丙烯酰胺，以及无机电解质和聚丙烯酰胺联合使用。无机药剂很少被单独使用，除非污泥中含有很多的纤维物质。

（2）离心脱水设备。利用离心力的作用将污泥脱水的过程称为离心脱水。离心脱水设备主要是离心机，离心机的种类很多，适用于污泥脱水的一般为卧式螺旋卸料离心脱水机。离心机是根据泥粒与水的密度不同来进行分离脱水的。常速离心机是污泥脱水常用的设备，其转筒转速为 $1000\sim2000r/min$。

图 6-7 为卧式螺旋离心机构造。这种设备的内外两转筒是同向旋转的，内转筒转速稍大，比外转筒快 $5\sim10r/min$。螺旋输送器上的螺旋刮刀与内转筒一起转动。

在离心分离前污泥也须进行混凝等预处理，以改善脱水效果，投加量一般为污泥干重的 $0.1\%\sim0.5\%$。通过离心机脱水后的泥渣含水率为 $70\%\sim85\%$。离心机动力以 $1m^3$ 污泥计约为 $1.7kW/(m^3\cdot h)$。

离心机的优点是设备小、效率高、分离能力强、操作条件好（密封、无气味）；缺点是制造工艺要求高、设备易磨损、对污泥的预处理要求高，而且必须使用高分子聚合电解质作为调理剂。

图 6-7 卧式螺旋离心机构造

6.2.4 污泥干化

污泥干化方法分为自然干化法和烘干法两种。

（1）自然干化法。自然干化法常采用污泥干化场（或称晒泥场），是利用天然的蒸发、渗滤、重力分离等作用使泥水分离，达到脱水的目的，是污泥脱水中最经济的一种方法。通过自然干化，污泥的含水率可降低到 75% 左右，污泥体积大大缩小。干化后的污泥压成饼状，可以直接运输。污泥自然干化比机械脱水经济，但占地面积很大，卫生条件差。它适用于气候比较干燥，有废弃的土地可利用以及环境卫生容许的地区。

（2）烘干法。污泥脱水后仍含有大量水分，其质量与体积仍较大，并可继续腐化。如用加热烘干法进一步处理，可使污泥的含水率降至 10% 左右，这时污泥的体积很小，包装运转也很方便。加热至 300~400℃ 时，可杀死残留的病原菌而肥分损失甚少。

污泥烘干要消耗大量能源，费用很高，只有当干污泥作为肥料所回收的价值能补偿烘干处理运行费用，或有特殊要求时，才有可能考虑此法。

6.2.5 污泥的处置

污泥的最终处置包括综合利用、弃置法和焚烧法。

（1）综合利用。城市污水处理厂污泥（或性质相同的工业废水污泥）可用作农肥，污泥中有许多肥分，一般其中的含氮量为 2%~6%，含磷（以 P_2O_5 计）量为 1%~4%、含钾（以 K_2O 计）量为 0.2%~0.4%，并含有大量有机质，是一种优质的有机肥。根据国外的使用经验，污泥肥效较人粪尿持久，能促进作物生长，有助于发芽、返青，而且使用范围广，各种农作物都能适用。污泥中含有约 14% 的腐殖质，可改善土壤性质，使土壤形成团粒结构，既能保水，又能保肥，通风情况也好，可提高土壤温度，有利于农作物生长发育。污泥中还有一些植物所需的微量元素，可促进农作物生长。

生污泥不宜直接用作农肥，必须经消化或堆肥后使用。利用污泥作农肥，要注意污泥中不能含有有害成分，如过量的重金属离子会危害生物生长。

当废水或沉渣中含有工业原料及产品时，应尽量设法予以回收利用。如酿酒废水中的酒糟，应尽可能利用。炼钢厂轧钢车间废水中的沉渣主要是氧化铁皮，其总量为轧钢质量的 3%~5%，回收利用价值很高。高炉煤气洗涤水中的沉渣含铁量也较高，均可加以综合利用。

（2）弃置法。弃置法有两种：一是填地；二是投海。污泥填地前必须脱水，使含水率小于 85%，填地必须采取相应的人工措施。若有废地（如废矿坑、荒山沟等）可利用，亦可作为污泥弃置场地，进行掩埋。将污泥用船或压力管送入海洋进行处置，是较为方便和经济的，但必须注意防止对近海水域的污染，采用此法要慎重。

（3）焚烧法。当污泥中含有大量的有害污染物（如含有大量重金属或有毒有机物）不能作为农肥利用时，任意堆放或填埋均会对自然环境造成很大的危害，这时往往考虑采用焚烧法处理。污泥焚烧前凡是能够进行脱水干化的，必须首先进行污泥的脱水和干化，这样可节省焚烧所需的热量。干污泥焚烧所需的热量可以由干污泥自身所含有的热量提供，若用干污泥所含的热量供燃烧有余，尚可回收一部分热量，只有当干污泥自身所含热值不能满足自身燃烧时才要外界提供辅助燃料。

常用的污泥焚烧炉有回转焚烧炉、立式焚烧炉和流化床焚烧炉等。焚烧产生的气体应引入气体净化器，以免大气受到污染。

 # 技能训练　污泥比阻的测定实验

1. 实验目的

（1）通过实验掌握污泥比阻的测定方法。

（2）掌握用布氏漏斗实验选择混凝剂。

（3）掌握确定污泥的最佳混凝剂投加量。

2. 实验原理

污泥比阻是表示污泥过滤特性的综合性指标，它的物理意义是单位质量的污泥在一定压力下过滤时在单位过滤面积上的阻力。求此值的作用是比较不同的污泥（或同一种污泥加入不同量的混凝剂后）的过滤性能。污泥比阻越大，过滤性能越差。

过滤时滤液体积 V（mL）与推动力 P（过滤时的压强降，g/cm^2）、过滤面积 F（cm^2）、过滤时间 t（s）成正比，而与过滤阻力 R [（$cm \cdot s^2$）/mL]、过滤黏度 μ [g/（cm·s）]成反比。

3. 实验设备与试剂

（1）实验装置如图 6-8 所示。

图 6-8　测污泥比阻实验装置

1—真空泵；2—吸滤瓶；3—真空度调节阀；4—真空表；5—布氏漏斗；6—吸滤垫；7—计量管

（2）秒表、滤纸。

（3）烘箱。

（4）$FeCl_3$、$Al_2(SO_4)_3$。

（5）布氏漏斗。

4. 实验步骤

（1）测定污泥的含水率，求出其固体浓度 C_0。

（2）配制 $FeCl_3$（10g/L）和 $Al_2(SO_4)_3$（10g/L）混凝剂。

（3）用 $FeCl_3$ 混凝剂调节污泥（每组投加一种混凝剂），投加量分别为干污泥质量的 0%、2%、4%、6%、8%、10%。

（4）在布氏漏斗（直径 65～80mm）上放置滤纸，用水润湿，紧贴斗底。

（5）开动真空泵，调节真空压力，大约比实验压力小 1/3[实验时真空压力采用 266mmHg（35.46kPa）或 532mmHg（70.93kPa）]，关掉真空泵。

（6）加入 100mL 需实验的污泥于布氏漏斗中，开动真空泵，调节真空压力至实验压力。达到此压力后，开始启动秒表，并记下开动时计量管内的滤液体积 V_0。

（7）每隔一定时间（开始过滤时可每隔 10s 或 15s，滤速减慢后可隔 30s 或 60s）记下计量管内相应的滤液量。

（8）一直过滤至真空破坏，如真空长时间不破坏，则过滤 20min 后即可停止。

（9）关闭阀门取下滤饼放入称量瓶内称量。

（10）称量后的滤饼于 105℃的烘箱内烘干称量。

（11）计算出滤饼的含水率，求出单位体积滤液的固体量 C。

（12）量取加 $Al_2(SO_4)_3$ 混凝剂的污泥（每组的加量与 $FeCl_3$ 量相同）及不加混凝剂的污泥，按实验步骤（2）～（11）分别进行实验。

5. 实验结果整理

（1）测定并记录实验基本参数：实验日期；原污泥的含水率及固体浓度 C_0；实验真空度（mm Hg，换算为 kPa）；不加混凝剂滤饼的含水率；加混凝剂滤饼的含水率。

（2）根据布氏漏斗实验所得数据计算 t/V，t 为不同时间段，V 为过滤水的体积。

（3）以 t/V 为纵坐标，以 V 为横坐标作图，求 b（直线图的斜率 $b = \dfrac{t/V}{V} = \dfrac{uac}{2PF^2}$）。

（4）根据原污泥的含水率及滤饼的含水率求出污泥浓度 C。

（5）计算污泥比阻值 $r = \dfrac{2b\rho A^2}{\mu c}$。式中 b 为直线斜率；ρ 为推动力（压差），g/cm²；A 为有效过滤面积，cm²；μ 为过滤水的黏度，0.1Pa·s（泊）；c 为单位体积过滤水产生的滤饼质量，g/cm³。

思考与练习

1. 污泥是怎样分类的？

2. 什么是污泥好氧消化？

3. 某城市污水厂污泥产量 1100m³/d，含水率 99%，经机械压缩后含水率为 95%，计算压缩后的污泥产量（m³/d）。

4. 污泥浓缩和脱水有哪些方法？

5. 简述污泥的最终处置方法。

项目七
物理化学法处理污水

项目导读

污水为什么要进行吸附、离子交换、膜分离和吹脱处理？如何查找与选择吸附和膜分离设施的设计参数？怎样操作吸附和膜分离设施？

学习目标

知识目标：熟知吸附、离子交换设备、膜分离和吹脱的作用；掌握吸附和膜分离设施的运行知识；掌握离子交换和吹脱原理。

能力目标：学会选择、设计和运行吸附设施；学会选择、设计和运行膜分离设施；能应用离子交换和吹脱设施。

素质目标：培养环境质量意识；培养精益求精的职业精神。

项目实施

项目共有 4 个任务，通过该项目的学习，达到会分析、设计和应用吸附、离子交换、膜分离和吹脱处理设施的目的。

任务 1　吸附处理

吸附是一种物质附着在另一种物质表面上从而被富集的过程，它可以发生在气-液、气-固、液-固两相之间。在污水处理中，吸附则是用多孔性固体吸附剂吸附污水中的一种或多种污染物，使污水净化的过程。这种方法主要用于污水的深度处理及低浓度工业废水的处理。

7.1.1 吸附基本原理

吸附过程是一种界面现象，其作用过程在两个相的界面上。例如活性炭与污水相接触，污水中的污染物会从水中转移到活性炭的表面上，这就是吸附。具有吸附能力的多孔性固体物质称为吸附剂，而污水中被吸附的物质称为吸附质。

扫视频一扫

吸附法

7.1.1.1 吸附机理及类型

固体吸附剂与吸附质之间的作用力有静电引力、分子引力（范德华力）和化学键力，根据固体表面吸附力的不同，吸附分为三种基本类型。

（1）物理吸附。物理吸附是吸附质与吸附剂之间的分子引力产生的吸附，其特征为吸附时放热较小，约 42kJ/mol，吸附时表面能降低。物理吸附基本没有选择性，对于各种物质来说，只不过是分子间力的大小不同，分子引力随分子量增大而增加，在同类化合物中，吸附能力随分子量增大而增大。例如，活性炭吸附气体时，吸附能力的次序为 $H_2 < O_2 < CO_2 < Cl_2$；吸附水中的有机酸时，吸附能力的次序为 $C_2H_4O_2 < C_3H_6O_2 < C_4H_8O_2$ 等。低温下就能进行吸附，吸附不是化学反应，不需要活化能。吸附质在吸附剂表面上由于热运动，可以自由转移，因此吸附质较易解吸。

（2）化学吸附。化学吸附是吸附质与吸附剂之间由于化学键力的作用，发生了化学反应，形成牢固的吸附化学键。其特征为吸附时放热量大，与化学反应的反应热相近，为 84～420kJ/mol。吸附有选择性，一种吸附剂只对某种或特定几种物质有吸附作用，一般为单分子层吸附。在低温时，吸附速度较小，通常需要一定的活化能。吸附质分子不能在吸附剂表面上自由移动。再生较困难，必须在高温下才能脱附，脱附下来的物质可能是原吸附质，也可能是新的物质。

（3）离子交换吸附。吸附质的离子由于静电引力聚集到吸附剂表面的带电点上，并置换出原先固定在这些带电点上的其他离子。离子所带电荷越多，吸附越强。

在污水处理中大多数的吸附现象往往是上述 3 种吸附作用的综合结果，即几种造成吸附作用的力常常相互作用。

物理吸附与化学吸附的比较如表 7-1 所示。

表 7-1　物理吸附与化学吸附的比较

项目	物理吸附	化学吸附
吸附剂	一切固体	某些固体
温度范围	在较低温度下吸附	在较高温度下吸附
吸附热	8～25kJ/mol，很少超过凝结热	通常大于 80kJ/mol
活化能	低，脱附时小于 80kJ/mol	高，脱附时大于 80kJ/mol，对非活化化学吸附此值较低
覆盖度	多层吸附	单层吸附或不满一层
可逆性	高度可逆	常为不可逆
应用	测定固体表面积、孔大小；分离或净化气体或液体	测定表面浓度、吸附和脱附速率；估计活性中心面积

7.1.1.2 吸附平衡与吸附等温式

（1）吸附平衡与吸附容量。吸附过程为一可逆过程，当污水、吸附剂两相经充分接触后，最终达到吸附与脱附的动态平衡。当达到动态平衡时，吸附速度与脱附速度相等，吸附质在吸附剂及溶液中的浓度都将不再改变，此时，吸附质在液相中的浓度称为平衡浓度。

吸附剂对吸附质的吸附效果一般用吸附容量来衡量。吸附容量指单位质量吸附剂所吸附的吸附质的质量。吸附容量可由式（7-1）计算。

$$q = \frac{V(c_0 - c)}{w} \tag{7-1}$$

式中　　q——吸附容量，g/g；

　　　　V——污水体积，L；

　　　　c_0——原水中吸附质浓度，g/L；

　　　　c——吸附平衡时水中剩余的吸附质浓度，g/L；

　　　　w——吸附剂投加量，g。

显然，吸附容量越大，单位吸附剂处理的水量就越大，在温度一定的条件下，如 V、c_0 一定，改变吸附剂的投入量，则发现水中剩余的溶质平衡浓度 c 及 q 也随之变化。描述吸附容量与吸附浓度变化规律的曲线称为吸附等温线。

（2）吸附等温式。描述吸附等温线的数学表达式称为吸附等温式。吸附等温式种类繁多，常用的有朗格缪尔（Langmuir）吸附等温式和弗罗因德利希（Freundich）吸附等温式。

① 朗格缪尔吸附等温式。朗格缪尔吸附的基本假设为吸附剂表面均匀，各处吸附能力相同；吸附是单分子层吸附，其吸附量达到最大值；一定条件下，吸附与脱附可达到动态平衡。根据动力学方法可以推导出朗格缪尔吸附等温式：

$$q = N_m \frac{kc}{1 + kc} \tag{7-2}$$

式中　　q——平衡吸附量，g/g；

　　　　N_m——单分子层覆盖的饱和值，与温度无关，g/g；

　　　　k——吸附系数，k 的大小代表了固体表面吸附能力的强弱，又称吸附平衡常数；

　　　　c——吸附质的浓度，g/L。

为计算方便起见，将式（7-2）以 $1/q$ 对 $1/c$ 作图，能得到一条直线，如图 7-1（a）所示，称为朗格缪尔吸附等温线。则式（7-2）变为一个线性式：

$$\frac{1}{q} = \frac{1 + kc}{N_m kc} = \frac{1}{N_m kc} + \frac{1}{N_m} = \frac{1}{N_m k} \times \frac{1}{c} + \frac{1}{N_m} \tag{7-3}$$

② 弗罗因德利希吸附等温式。弗罗因德利希吸附等温式经验公式：

$$q = kc^{1/n} \tag{7-4}$$

式中　　k——弗罗因德利希吸附系数；

　　　　n——常数，通常大于 1；

　　　　其他符号意义同前。

式（7-4）虽为经验式，但与实验数据相当吻合，通常将该式绘制在双对数坐标纸上以便确定 k 与 n 的值，将式（7-4）取对数，得：

$$\lg q = \lg k + \frac{1}{n} \lg c \tag{7-5}$$

由实验数据按式（7-5）作图得一直线，如图 7-1（b），其斜率等于 $1/n$，截距等于 $\lg k$，一般认为，$1/n$ 值介于 0.1～0.5 时易于吸附，$1/n > 2$ 时难以吸附。

弗罗因德利希吸附等温式在一般浓度范围内与朗格缪尔吸附等温式比较接近，但在高浓度时不像朗格缪尔吸附等温式那样趋向于一个定值，在低温时也不会还原成一条直线。当污水中的物质吸附难易程度不同时，等温线不呈直线。

（a）朗格缪尔吸附等温线 （b）弗罗因德利希吸附等温线

图 7-1 吸附等温式常数图解法

表 7-2 列举了活性炭吸附污水中酚、醋酸等时的 k 值和 n 值，可供参考。

表 7-2 活性炭在某些物质水溶液中的吸附参数

吸附质	温度/℃	k	n	吸附质	温度/℃	k	n
酚	20	17.18	0.23	醋酸	50	0.08	0.66
酚	70	2.19	0.47	醋酸	70	0.04	0.75
甲酚	20	2.00	0.48	醋酸戊酯	20	4.80	0.49
醋酸	20	0.97	0.4				

【例 7-1】 用活性炭吸附水中色素的实验方程为：$q = 3.9 c^{0.5}$。今有 100L 溶液，色素浓度为 0.05g/L，欲将色素除去 90%，需加入多少活性炭？

解：平衡时
$$c = 0.05 \times (1 - 90\%) = 0.005 \text{（g/L）}$$
$$q = 3.9 \times 0.005^{0.5} = 0.276 \text{（g/g）}$$
$$w = \frac{V(c_0 - c)}{q} = \frac{100 \times (0.05 - 0.005)}{0.276} = 16.3 \text{（g）}$$

7.1.1.3 影响吸附的因素

影响吸附的因素有吸附剂的性质、吸附质的性质和吸附过程的操作条件。了解这些因素的目的是便于选用合适的吸附剂，控制合适的操作条件。

（1）吸附剂的性质。吸附量的多少随着吸附剂表面积的增大而增加，吸附剂的孔径、颗粒度等都影响比表面积的大小，从而影响吸附性能。不同的吸附剂，用不同的方法制造的吸附剂，其吸附性能也不相同。吸附剂的极性不同，对不同吸附质的吸附性能也不一样。

扫视频一扫

吸附的影响因素

① 孔的大小。吸附剂内孔的大小和分布对吸附性能影响很大。孔径太大，表面积小，吸附能力差；孔径太小，不利于吸附质扩散，并对直径较大的吸附质起阻碍作用。活性炭的吸附量主要受微孔支配，炭料表面的吸附微不足道，仅起通道作用。由于活性炭的原料和制造方法不同，微孔的分布情况可能相差很大，而且再生次数也会影响孔的构造。孔的大小及排列结构会显著影响活性炭的吸附特性。

② 比表面积。吸附剂的比表面积越大，吸附能力越强，吸附容量越大。活性炭的比表面积一般在 500～1000m²/g，其吸附能力可近似地以碘值（对碘的吸附量，mg/g）来表示。活性炭粒径越小，或是微孔越发达，其比表面积越大。活性炭的比表面积越大，其吸附量将越大。

③ 表面氧化物。活性炭本身是非极性的，在制造过程中，易与其他元素如氧、氢等结合形成各种表面氧化物，如羟基、羧基、羰基等，氧化物含量、性质及电荷因原料组成、活化条件的不同而异。低温（<500℃）活化的炭可以生成表面酸性氧化物，水解后可以放出 H^+，因此能降低蒸馏水的 pH；高温（800～1000℃）活化的炭可以生成表面碱性氧化物，水解后可放出 OH^- 基团，因此能提高蒸馏水的 pH。由于活性炭表面具有微弱极性，使其他极性溶质竞争活性炭表面的活性位置，导致水中某些金属离子将产生离子交换吸附或络合反应，提高处理效果。此外，活性炭还是一种催化剂，具有催化氧化及催化还原作用，使水中金属如二价铁氧化成三价铁、二价汞离子还原成金属汞而被吸附去除。

④ 吸附剂种类。吸附剂种类和颗粒大小对吸附效果影响很大。一般认为，极性分子型吸附剂易吸附极性分子型吸附质，非极性分子型吸附剂易吸附非极性分子型吸附质；吸附剂颗粒小，吸附速度大。

（2）吸附质的性质。吸附质在水中溶解度越小，越容易吸附，而不易解吸。分子极性、分子量大小对吸附的影响已如前述。能使液体表面张力降低越多的吸附质，越易被吸附。吸附质浓度对吸附量的影响可由吸附等温线看出。

（3）吸附过程的操作条件

① pH。溶液的 pH 影响溶质处于分子、离子或络合状态的程度，也影响活性炭的表面电荷特性（电荷正、负性及电荷密度等）。活性炭表面电荷为电中性时，达到等电点，此时的 pH 称为电荷零点 pH，不同的活性炭有不同的电荷零点 pH。研究表明，在等电点处可发生最大的吸附，说明中性物质的吸附为最大。活性炭本身有更多的孔隙参与吸附，溶质较易扩散进入其内部孔隙。

② 温度。升温利于脱附，降温利于吸附。由于吸附是放热反应，因而温度升高，吸附量减少；反之则吸附量增加。温度对气相吸附的影响比对液相吸附的影响大。

③ 接触时间。在进行吸附操作时，应保证吸附质与吸附剂有一定的接触时间，使吸附接近平衡，以充分利用吸附剂的吸附能力。吸附平衡所需的时间取决于吸附速度。

④ 流通截面。如增大流通截面，降低流量以延长接触时间，虽能提高处理效果，但并不太显著，而且要增加设备费用，需要考虑技术的经济统一。有条件时宜通过试验确定最佳接触时间，一般不超过 1h。

⑤ 共存物质。其影响较复杂，有的可以相互诱发吸附，有的能独立地被吸附，有的则相互起干扰作用。水溶液中有相当于天然水含量的无机离子共存时，对有机物的吸附几乎没有什么影响。当有汞、铬、铁等金属离子在活性炭表面氧化还原发生沉积时，会使活性炭的孔径变窄，其结果是妨碍了有机物的扩散。悬浮物会堵塞吸附剂的孔隙，油类物质会在吸附剂表面形成油膜，均对吸附有很大的影响。

（4）微生物作用。在水处理，特别是在污水处理中，活性炭使用一段时间之后，在活性炭表面上会繁殖微生物，参与去除有机物的过程，使活性炭的去除负荷及使用寿命成倍地增长。这是因为活性炭巨大的表面积将水中的有机物富集，为生长在上面的微生物提供了丰富的养料。同时也带来不利的影响，例如在炭柱装置中会增加水头损失，需要经常反冲洗，容易产生硫化氢臭气等。

7.1.2　吸附剂及其再生

广义而言，一切固体物质的表面都有吸附作用。但实际上，只有多孔性物质或磨得极细的物质，由于具有很大的比表面积，才有明显的吸附能力，也才能作为吸附剂。工业应用的吸附剂必须满足下列要求：吸附能力强，吸附选择性好，吸附平衡浓度低，容易再生与再利用，化学稳定性好，机械强度高，来源广及价格低廉等。一般工业吸附剂很难同时满足以上要求，应根据不同场合选用合适的吸附剂。

7.1.2.1　吸附剂

扫视频一扫

吸附剂

所有的固体表面可以说都或多或少地具有吸附作用，而作为工业用的吸附剂，必须具有较大的比表面积，较高的吸附容量，良好的吸附选择性、稳定性、耐磨性、耐腐蚀性和较好的机械强度，并且具有价廉易得等特点。

（1）常用吸附剂及特征。水处理中用到的吸附剂种类很多，如活性炭、活性炭纤维和炭分子筛、磺化煤、焦炭、木炭、泥煤、高岭土、硅藻土、硅胶、炉渣、木屑、活性氧化铝以及其他合成吸附剂（树脂吸附剂、腐殖酸吸附剂）等。工业用颗粒吸附剂的基本特征如表 7-3 所示。

表 7-3　工业用颗粒吸附剂的基本特征

项目	炭分子筛	活性炭	沸石分子筛	硅胶	铝凝胶
密度/（g/cm³）	1.9～2.0	2.0～2.2	2.0～2.5	2.2～2.3	3.0～3.3
颗粒密度/（g/cm³）	0.9～1.1	0.6～1.0	0.9～1.3	0.8～1.3	0.9～1.0
装填密度/（g/cm³）	0.55～0.65	0.35～0.6	0.6～0.75	0.5～0.75	0.5～1.0
孔隙率/%	0.35～0.41	0.33～0.45	0.32～0.4	0.4～0.45	0.4～0.45
孔隙容积/（cm³/g）	0.5～0.6	0.5～1.1	0.4～0.6	0.3～0.8	0.3～0.8
比表面积/（m²/g）	450～550	700～1 500	400～750	200～600	150～350
平均孔径/nm	0.4～0.7	1.2～2	—	2～12	4～15

（2）活性炭。污水处理中主要以活性炭作为吸附剂，其结构、性能如下所述。

① 活性炭的结构。活性炭是最常用的吸附剂，是用含碳为主的物质作原料，如煤、木材、骨头、硬果壳、石油残渣等，经高温炭化和活化而成。炭化温度为 920～960℃时，通入水蒸气，造成炭内部十分发达的孔隙（见图 7-2）。微孔占的容积一般为 0.15～0.9mL/g；微孔表面积占总面积 95%以上。其外观为暗黑色，有粒状和粉状两种。目前工业上大量采用粒状活性炭。活性炭的主要成分为碳，除此之外还含有少量的氧、氢、硫等元素，以及水分、灰分。它具有良好的吸附性能和稳定的化学性质，耐强酸、强碱，能经受水浸、高温、高压作用，不易破碎。国外使用的粒状炭多为煤质或果壳无定形炭，国内多用柱状煤质炭。国产活性炭型号的命名按国家标准 GB 12495—90 进行，规定用大写汉语拼音字母和一组或两组阿拉伯数字表示颗粒活性炭的尺寸。如 MWY15 表示煤质原料，经物理活化，直径为 1.5mm 的圆柱形颗粒活性炭。纤维活性炭是一种由有机炭经活化处理后形成的新型高效吸附材料，具有发达的微孔结构、巨大的表面积以及众多的官能团，因此，其吸附性能大大超过目前普遍的活性炭。

② 活性炭的性能。活性炭的性能主要指比表面积、密度、粒径、均匀系数、孔隙容积、碘值、磨损值、灰分等。污水处理适用的粒状活性炭的性能如表 7-4 所示，活性炭的基本性能及用途如表 7-5 所示。

图 7-2　活性炭内部气孔分布

表 7-4　污水处理适用的粒状活性炭的性能

序号	项目		数值	序号	项目	数值
1	比表面积/(m²/g)		950～1500	5	孔隙容积/（cm³/g）	0.85
2	密度/（g/cm³）	堆积密度 颗粒密度 真密度	0.44 1.3～1.4 2.1	6	碘值（最小）/（mg/g）	900
3	粒径/mm	有效粒径 平均粒径	0.8～0.9 1.5～1.7	7	磨损值（最小）/%	70
4	均匀系数		≤1.9	8	灰分（最大）/%	8

表 7-5　活性炭基本性能及用途

活性炭 形状	原料	活化 法	颗粒大小 /目	孔隙 率/%	气孔 率/%	充填密度 /（g/cm³）	比表面积 /（m²/g）	溶剂吸 附量/%	用途
粉末	木材	药品	—	—	—	—	700～1500	—	净水，液相脱水、脱臭、精制
	木材	气体	—	—	—	—	800～1500	—	
	其他	气体	—	—	—	—	750～1350	—	
破碎状	果壳	气体	4/8，8/32	38～45	50～60	0.38～0.55	900～1500	33～50	气体精制净化，溶剂回收
	煤	气体	8/32，10/40	38～45	50～70	0.35～0.55	900～1350	30～45	
球状	煤	气体	8/20，8/32	35～42	50～65	0.40～0.58	850～1250	30～40	液体脱色，溶剂回收
	石油	气体	20/36	33～40	50～65	0.45～0.62	900～1350	33～45	
成型	果壳	气体	4/6，6/8	38～45	52～65	0.38～0.48	900～1500	33～48	溶剂回收，气体精制净化
	其他	气体	4/6，6/8	38～45	52～65	0.38～0.48	900～1350	30～45	
纤维状	其他	气体	—	—	—	—	1000～2000	33～50	溶剂回收净水

7.1.2.2　吸附剂再生

吸附剂再生的目的就是在吸附剂本身结构不发生或极少发生变化的情况下，用某种方法将吸附质从吸附剂的细孔中除去，以便能够重复使用。

活性炭的再生主要有以下几种方法。

（1）加热再生法。这是最常用也是最有效的再生方法。加热再生分低温加热再生和高温加热再生两种方法。前者适用于吸附低分子碳氢化合物和芳香族有机化合物等后的活性炭再生，后者适用于对污水中酚、木质素、萘酚等污染物进行吸附操作之后的活性炭再生。高温加热再生过程主要分 5 步进行。

① 脱水：使活性炭和输送液体进行分离。

② 干燥：加热到 100～300℃，使含水率达 40%～50%的饱和炭干燥，同时部分低沸点的有机物进行挥发，另一部分被炭化，留在活性炭的细孔中。干燥所需热量约为再生总能耗的 50%，所需容积占总再生装置的 30%～40%。

③ 炭化：加热到 300～700℃，高沸点的有机物由于热分解，一部分成为低沸点的有机物而挥发，另一部分被炭化，留在活性炭的细孔中。升温速度和炭化温度依吸附剂类型及特性而定。

④ 活化：升高温度到 700～1000℃，通入水蒸气、二氧化碳、氧等活化气体，将残留在微孔中的碳化物分解为一氧化碳、二氧化碳和氢等，达到重新造孔的目的。

⑤ 冷却：活化后的活性炭用水急剧冷却，防止氧化。

影响再生的因素很多，如活性炭的物理及化学性质、吸附性质、吸附负荷、再生炉型、再生过程中操作条件等。再生后吸附剂性能恢复率可达95%以上，烧损率在5%以下。该再生法适合于绝大多数吸附质，不产生有机废液，但能耗及设备造价均较高。

上述干燥、炭化、活化三步是在再生炉中进行的。再生炉的炉型很多，如回转炉、移动床炉、立式多段炉、流化床炉及电加热再生炉等。目前应用最广的是立式多段再生炉，其结构如图7-3所示。

再生炉体为钢壳，内衬耐火材料，内部分成4～9段炉床，中心轴转动时带动耙柄使活性炭由上段向下段移动。图7-3所示再生炉为6段，1、2段用于干燥，3、4段用于炭化，5、6段用于活化。

图7-3　立式多段再生炉的结构

从再生炉排出的废气含有甲烷、氢、过剩氧等。为了防止废气污染大气，可将废气送入燃烧器燃烧后再进入水洗塔，以除去灰尘和臭味物质。

立式多段炉的特点是：占地面积小，炉内有效面积大，活性炭在炉内停留时间短，再生质量均匀，再生损失一般为7%左右。但该炉型结构复杂，操作严格。

（2）溶剂再生法。在饱和吸附剂中加入适当的溶剂，可以改变体系的亲水-憎水平衡，改变吸附剂与吸附质之间的分子引力，改变介电常数，从而使原来的吸附崩解，吸附质离开吸附剂进入溶剂中，达到再生和回收的目的。

常用的有机溶剂有苯、丙酮、乙醇、异丙醇、卤代烷等。有机吸附剂从污水中吸附酚类后，一般采用丙酮或甲醇脱附；吸附了三硝基甲苯（TNT）后，采用酮脱附；吸附了双对氯苯基三氯乙烷（DDT）类物质后，采用异丙醇脱附。

无机酸碱也是很好的再生剂，如吸附了苯酚的活性炭可以用热的NaOH溶液再生，生成酚钠盐回收利用。

对于能电离的物质最好以分子形式吸附，以离子形式脱附，即：酸性物质宜在酸里吸附，在碱里脱附；碱性物质在碱里吸附，在酸里脱附。

溶剂及酸碱用量应尽量节省，控制2～4倍吸附剂体积为宜。脱附速度一般比吸附速度慢一倍以上。

溶剂再生时吸附剂损失较小，再生可以在吸附塔中进行，无须另设再生装置，而且有利于回收有用物质。缺点是再生效率低，再生不完全。

（3）酸碱洗涤法。用酸或碱进行洗涤，使被吸附的物质变成很难吸附的盐类，从而从吸附剂上解吸下来。

7.1.3　吸附操作、设备及应用

吸附操作可以间歇方式进行，也可以连续方式进行。但不论何种方式，吸附操作均应包括下列三个步骤：

① 流体与固体吸附剂进行充分接触，使流体中的吸附质被吸附在吸附剂上；

② 将已吸附吸附质的吸附剂与流体分离;

③ 进行吸附剂的再生或更换新的吸附剂。

因此,在吸附工艺流程中,除吸附装置本身外,一般都须具有脱附及再生设备。

7.1.3.1 吸附操作

在污水处理中,吸附操作分为静态吸附和动态吸附两种。

（1）静态吸附。静态吸附指污水在不流动的条件下进行的吸附。显然静态吸附是间歇操作。静态吸附的工艺过程是把一定量吸附剂投入欲处理的污水中,不断进行搅拌,达到吸附平衡后,再用沉淀或过滤的方法使污水与吸附剂分开。如一次吸附后出水水质达不到要求,往往采用多次静态吸附操作。多次吸附由于比较麻烦,在污水处理中应用较少。静态吸附常用的设备为一个池子、桶或搅拌槽等。

（2）动态吸附。动态吸附就是污水在流动条件下进行的吸附,它是把欲处理的污水连续地通过吸附剂填料层,使污水中的杂质得到吸附。吸附剂经过一定时间的吸附后,吸附能力逐渐降低,吸附后出水中未被吸附的污染物逐渐增多,当超过规定的浓度后,再流出水的水质就不符合要求,这种现象称为穿透。从吸附开始到穿透点为止,这一段工作时间称为吸附床的有效工作时间。一般在达到有效工作时间之前就应对吸附剂进行再生或更新。从穿透点到接近活性炭的饱和吸附点之间的吸附剂滤层称为吸附带。吸附带与吸附剂的性质、被吸附物质的成分、生产运行条件等因素均有密切关系。以时间为横坐标、出水中污染物的浓度为纵坐标,所作曲线即为穿透曲线,如图 7-4 所示。

图 7-4   吸附带的移动和穿透曲线

图 7-4 中对应的 C_c 点为穿透点,当出水溶质浓度达到进水浓度的 90%～95%,即 C_d 时,即可认为吸附剂的吸附能力已经耗尽,该点即为吸附终点 C_d。根据吸附带的移动和穿透曲线可以了解吸附剂的性质、被吸附物质的成分和实际运行操作的情况。随着吸附带被饱和部分和吸附部分的增长,流出液中杂质浓度也相应增大。当吸附剂中的溶质达到饱和时,则流出液中的杂质浓度剧增。

在实际进行吸附操作时,吸附带的长度与吸附速度有密切关系。当污水流速很低,即与吸附剂的接触时间很长时,吸附带长度就短,反之则长。所以在实际运行中应该使污水与活性炭具有较充分的接触时间,获得较好的净化效果。

由上述分析可知，在动态吸附中，当吸附剂再生时，吸附柱上下层的吸附剂并未全部达到吸附饱和状态。所以，在动态吸附操作时，单位吸附剂的吸附量即吸附剂动活性永远小于吸附剂静活性。一般活性炭的动活性为静活性的 80%～85%，而硅胶的则为 60%～70%。

7.1.3.2　吸附设备

吸附设备常用动态吸附设备，主要有固定床、移动床、流化床三种。

扫动画一扫
活性炭吸附塔

（1）固定床。固定床是污水处理中常用的吸附装置，如图 7-5 所示。当污水连续地通过填充吸附剂的设备时，污水中的吸附质便被吸附剂吸附。吸附剂数量足够时，从吸附设备流出的污水中吸附质的浓度可以降低到零。吸附剂使用一段时间后，出水中的吸附质的浓度逐渐增加，当增加到一定数值时，应停止通水，将吸附剂进行再生。吸附和再生可在同一设备内交替进行，也可将失效的吸附剂排出，送到再生设备进行再生。因这种动态吸附设备中，吸附剂在操作过程中是固定的，所以叫固定床。

固定床根据水流方向又分为升流式和降流式两种。降流式固定床中，水流自上而下流动，出水水质较好，但吸附后水头损失较大。而且处理悬浮物较多的污水时，为了防止悬浮物堵塞吸附层，需定期进行反冲洗，有时在吸附层上部设有反冲洗设备。在升流式固定床中，水流自下而上流动，发现水头损失增大时，可适当提高水流流速，使填充层稍膨胀（上下层不要互相混合）即可达到自清洁的目的。升流式固定床的优点是由于层内水头损失增加较慢，所以运行时间较长；缺点是对污水入口处吸附层的冲洗比降流式难，并且由于流量或操作一时失误就会使吸附剂流失。

图 7-5　固定床

固定床根据处理水时原水的水质和处理要求可分为单床式、多床串联式和多床并联式三种（图 7-6）。对于单床式、多床串联式固定床需考虑备用设备。

（2）移动床。移动床的运行操作方式如图 7-7 所示。原水从吸附塔底部流入和吸附剂进行逆流接触，处理后的水从塔顶流出。再生后的吸附剂从塔顶加入，接近吸附饱和的吸附剂从塔底间歇地排出。移动床的优点是占地面积小，连接管路少，基本不需要反冲洗；缺点是难以均匀地控制吸附剂层，操作要求严格，不能使塔内吸附剂上下层互混。

图 7-6　固定床吸附操作

(a) 单式床　(b) 多床串联式　(c) 多床并联式

图 7-7　移动床的吸附操作

（3）流化床。吸附剂在塔中处于膨胀状态，塔中吸附剂与污水逆向连续流动。流化床是一种较为先进的床型，与固定床相比，可使用小颗粒的吸附剂，吸附剂一次投加量较小，无须反洗，设备小，生产能力大，预处理要求低。但运转中操作要求高，不易控制，同时对吸附剂的机械强度要求较高，目前应用较少。

7.1.3.3　吸附法在污水处理中的应用

在污水处理过程中，吸附法处理的主要对象是污水中用生化法难以降解的有机物或一般氧化法难以氧化的溶解性有机物。这些难分解的有机物包括木质素、氯或硝基取代的芳烃化合物、杂环化合物、洗涤剂合成染料、杀虫剂、DDT 等。当采用粒状活性炭对这类污水进行处理时，不仅能够吸附这些难分解的有机物，降低 COD，还能使污水脱色、脱臭，把污水处理到可以回用的程度。所以，吸附法在污水的深度处理中得到了广泛的应用。

我国一大型炼油污水活性炭吸附处理工业装置的工艺流程如图 7-8 所示。

图 7-8　活性炭三级处理炼油污水工艺流程

1—吸附塔；2—冲洗罐；3—新炭投加斗；4—集水井；5—水泵；6—真空泵；7—脱水罐；8—储料罐；

9—沸腾干燥床；10—引风机；11—旋风分离器；12—烟囱；13—干燥罐；14—进料机；15—再生炉；16—冷罐

炼油污水经隔油、气浮、生化和砂滤后，自下而上流经吸附塔活性炭层，到集水井，由水泵送到循环水场，部分水作为活性炭输送用水。处理后挥发酚低于 0.1mg/L、氰化物低于 0.05mg/L、油含量低于 0.3mg/L，主要指标达到或接近地面水标准。

吸附塔为移动床型 $\phi 4400 \times 8000$，共 4 台，每台处理量 150t/h，再生炉除外。热式回转再生炉 $\phi 700 \times 15700$，处理能力为 100kg/h。

活性炭吸附法应用较多的是去除给水中的微量有害物质，在污水处理中常用于深度处理，用于去除难以降解或难以氧化的少量有害物质。

【例 7-2】　某纺织厂在合成高聚物后，洗涤水采用活性炭吸附。处理水量 Q =150m³/h，原水 COD_{Cr} 平均为 90mg/L，要求出水 COD_{Cr} 小于 30mg/L，试确定吸附塔的基本尺寸。

根据动态吸附试验结果，决定采用并联降流式固定床（如图 7-9 所示），其设计参数如下：①该活性炭的吸附量 q =0.12g COD_{Cr}/g 炭；②污水在塔中的下降流速 v_2 =6m/h；③接触时间 t = 40min；④炭层密度 ρ =0.43t/m³。

图 7-9　并联降流式固定床

解：（1）吸附塔的面积

$$A = \frac{Q}{v_2} = \frac{150}{6} = 25 \quad (\text{m}^2)$$

采用二塔并联降流式固定床，如图 7-9 所示。

（2）每个塔的面积

$$A' = \frac{A}{n} = \frac{25}{2} = 12.5 \ (m^2)$$

（3）吸附塔直径

$$D = \sqrt{\frac{4A'}{\pi}} = \sqrt{\frac{4 \times 12.5}{\pi}} = 3.99 \ (m)$$

（4）吸附塔炭层高度

$$h = v_2 t = 6 \times \frac{40}{60} = 4 \ (m)$$

（5）每个吸附塔炭层的容积

$$V = A'h = 12.5 \times 4 = 50 \ (m^3)$$

（6）每个塔填充活性炭质量

$$G = V\rho = 50 \times 0.43 = 21.5 \ (t)$$

（7）每个塔每天应处理的水量

$$Q_1 = \frac{Q}{2} \times 24 = \frac{150}{2} \times 24 = 1800 \ (t)$$

（8）每个吸附塔每天应吸附的 COD_{Cr} 值

$$W = Q_1 (C_o - C) = \frac{(90 - 30) \times 1800}{1000} = 108 \ (kg/d)$$

（9）活性炭再生周期

$$T = \frac{Gq}{W} = \frac{21.5 \times 1\,000 \times 0.12}{108} = 24 \ (d)$$

任务 2   离子交换处理

离子交换的目的是借助离子交换剂上的离子与污水中的离子进行交换反应从而除去污水中的有害离子。离子交换过程是一种特殊吸附过程，所以在许多方面都与吸附过程相类似。但与吸附相比较，离子交换过程的主要特点在于：它主要吸附水中的离子，并与水中的离子进行等量交换。

离子交换法

离子交换法在工业上首先被用于给水处理，如软化、脱碱、除盐、除氟、制备纯水等，在废水处理中的应用也日益广泛，主要用来回收金、银等贵重金属离子和铜、铬、锌、镍等重金属离子，分离、净化放射性物质和某些有机盐等。

离子交换的实质是不溶性离子化合物（离子交换剂）上的交换离子与溶液中的其他同性离子的交换反应，是一种特殊的吸附过程，通常是可逆性化学吸附。

离子交换是可逆反应，对 $RA + B^+ \rightleftharpoons RB + A^+$ 的反应，在平衡状态下，树脂中及溶液中的反应物浓度符合下列关系式：

$$K = \frac{[RB][A^+]}{[RA][B^+]} = \frac{[RB]/[RA]}{[B^+]/[A^+]} \tag{7-6}$$

式中　[RB], [RA]——树脂中 B^+、A^+ 的离子浓度；

　　　　[A$^+$], [B$^+$]——溶液中 A^+、B^+ 的离子浓度；

　　　　　　 K——平衡选择系数，同一种树脂对不同离子交换反应的平衡选择系数不同。

K 值为树脂中 B^+ 与 A^+ 浓度的比率与溶液中 B^+ 与 A^+ 浓度的比率之比。选择系数大于 1，说明该树脂对 B^+ 的亲和力大于 A^+ 的亲和力，亦即有利于进行 B^+ 交换反应。

7.2.1　离子交换剂

具有离子交换作用的物质称为离子交换剂。离子交换剂按母体不同可分为无机和有机两大类。无机离子交换剂有天然沸石和人工合成沸石，是一类硅质的阳离子交换剂，也能用作吸附剂，成本较低，但不能在酸性条件下使用。有机离子交换剂有磺化煤和离子交换树脂。磺化煤是烟煤或褐煤经发烟硫酸磺化处理后制成的离子交换剂，交换容量低，机械强度和化学稳定性差。目前水处理中广泛采用离子交换树脂，它具有交换容量高、化学稳定性好、成本低等优点。

7.2.1.1　离子交换树脂的结构及分类

离子交换树脂的结构见图 7-10，由骨架和活性基团两部分组成。骨架又称为母体，是离子

图 7-10　离子交换树脂结构

交换树脂的结构主体。它是以一种线型结构的高分子有机化合物为主，加上一定数量的交换剂，通过横键架桥作用构成的空间网状结构。活性基团由固定离子和活动离子组成。固定离子固定在树脂骨架上，活动离子则依靠静电引力与固定离子结合在一起，两者电性相反、电荷相等，处于电性中和状态。活动离子遇水离解并能在一定范围内自由移动，可与其周围水中的其他同性离子进行交换反应，又称为可交换离子。能与溶液中阳离子交换的树脂叫作阳离子交换树脂；能与溶液中阴离子交换的树脂叫作阴离子交换树脂。

阳离子交换树脂的活性基团是具有酸性的基因，按其活性基团的酸性强弱，阳离子交换树脂可分为强酸性和弱酸性两类。酸性树脂可交换的活动离子均为 H^+，故又称为氢型阳离子交换树脂，可简写成 RH，其中 R 表示树脂母体。若将酸性阳树脂 HR 上的可交换离子 H^+ 转换为 Na^+，则得到钠型阳离子交换树脂 NaR。

阴离子交换树脂的活性基团呈碱性，按其碱性强弱可分为强碱性和弱碱性两类。其上可交换离子都是 OH^-，故又称为 OH 型阴离子交换树脂，可简写成 ROH，其中 R 表示树脂母体。若将碱性阴树脂 ROH 上的可交换离子 OH^- 转换为 Cl^-，则得到氯型阴离子交换树脂 RCl$^-$。

交换树脂的母体一般为苯乙烯-二乙烯苯共聚物。二乙烯是交联剂，它在离子交换树脂中所占的质量分数称为树脂的交联度。树脂交联度的大小和分布状况决定了树脂的紧密程度。交换树脂按交联度的大小可分为低交联度（2%～4%）、中交联度（7%～8%）和高交联度（12%～20%）三种。考虑到交联度还对离子交换能力有重要影响，故一般采用的交联度以 8%～12% 为宜。

根据交联度大小与分布所决定的孔隙状况，树脂的结构有凝胶型、巨孔型和均孔型三种。凝胶型的交联度高，孔隙小而少，孔隙率为 0.004～0.018mL 孔/mL 树脂，制造简单，但容易被高分子有机物污染堵塞。巨孔型的孔隙大小不一，孔隙率为 0.27～0.48mL 孔/mL 树脂，其中一部分孔隙比凝胶型的大，故防止有机物污染的性能较好。均孔型的孔隙率大，约为 0.97mL 孔/mL 树脂，而且比较均匀，防止有机物污染的性能最优。

7.2.1.2　主要性能指标

（1）形状。离子交换树脂制成球形，因为球体的通气性能好，水流阻力小。在一定的容积内，球形树脂的装载量最大。出厂的树脂一般要求圆球率大于 90%。

（2）粒度。粒度是表示离子交换树脂的粒径范围和不均匀程度的量。粒度小的树脂交换能力大，但树脂层的水流阻力也大；而粒度大的树脂水流阻力小，交换能力也小。树脂颗粒的大小与形状对其力学性能和操作条件有重要影响。根据其粒径大小分为大粒径（0.6～1.2mm）、中粒径（0.3～0.6mm）和小粒径（0.02～0.3mm）三种，中粒径以上的树脂用途较广。出厂树脂的粒径一般在 0.3～1.2 mm（相当于 50～16 目）。

（3）颜色。离子交换树脂的颜色有乳白、浅黄、深黄至深褐色等多种。即使是同一型号的树脂，其颜色也不相同，所以从树脂的颜色不能分辨出树脂的型号。树脂的颜色并不影响树脂的使用，所以在选购树脂时不需考虑颜色。但树脂在使用过程中如果颜色改变，则可能是树脂受到了污染。

凝胶型树脂呈透明或半透明状态；大孔型（包括巨孔型和均孔型）树脂由于毛细孔道对光的折射，呈不透明状态。

（4）含水率。在离子交换树脂骨架的空间都充满着水，其中的含水量与树脂质量的百分比称为含水率。

$$含水率 = \frac{湿树脂质量 - 干树脂质量}{湿树脂质量} \times 100\% \tag{7-7}$$

树脂的含水率与交联度有密切关系，其交联度越低，含水率就越大。例如，树脂的交联度为 1%～2%时，含水率可达 80%以上。这样的树脂就会像胶水那样，不能保持一定的形状。锅炉水处理应用的树脂的交联度在 7%左右，含水率为 45%～55%。对于凝胶型树脂，其含水率可反映树脂的孔隙率，即含水率越高，树脂的孔隙率就越大。

树脂在使用过程中，如果含水率发生变化，说明树脂的结构可能遭到了破坏。

（5）溶胀性。干树脂浸泡于水中时，体积胀大，成为湿树脂；湿树脂转型，例如由钠型转换为氢型时，体积也有变化。树脂的这种性质称为溶胀性。前一种所发生的体积变化称为绝对溶胀度。这是由于树脂内部的反离子浓度大，与树脂接触的水中反离子浓度很小，在树脂的内外存在浓度差，产生了渗透压，使水通过树脂表面向内部渗透，从而使树脂的体积膨胀起来，直至渗透压力与树脂分子间的交联拉力平衡时，这种溶胀现象才停止。后一种所发生的体积变化称为相对溶胀度。这是离子的水合作用所致，因为不同的离子水合半径不相同，所以树脂的体积也不同。

树脂的溶胀性与树脂的交联度、交换基团的电离度、水合离子半径及水溶液中反离子浓度等因素有关。树脂的交联度越小或交换基团电离度越大或水合离子半径越大，则溶胀度就越大；溶液中反离子浓度增大（电解质浓度增大），渗透压就降低，则溶胀度减小。例如，强酸性阳离子交换树脂由钠型转变成氢型时，体积增加 5%以上；强碱性阴离子交换树脂由 Cl 型转变成 OH 型时，体积增大 10%左右；弱酸性丙烯酸系阳离子交换树脂由 H 型转变成 Na 型时，体积增大 150%～190%。

（6）密度。树脂的密度根据含水情况可分为干态密度和湿态密度（以下简称湿密度）。前项指标实用意义不大，所以不常用。根据树脂层的体积是否包括树脂颗粒之间的空隙又可分为真密度和视密度。具有实际意义的指标是树脂的湿真密度和湿视密度。

① 湿真密度，指树脂溶胀后的质量与其本身所占的真实体积（不包括树脂之间的空隙）之比。

$$\text{湿真密度（g/mL）}=\frac{\text{湿树脂质量}}{\text{湿树脂的真实体积}} \qquad (7\text{-}8)$$

② 湿视密度，指树脂溶胀后的质量与其堆积体积（包括树脂颗粒之间的空隙）之比，也称为堆积密度。

$$\text{湿视密度（g/mL）}=\frac{\text{湿树脂质量}}{\text{湿树脂的堆积体积}} \qquad (7\text{-}9)$$

树脂的湿真密度是确定树脂层的反洗强度、膨胀率及混合床和双层床树脂的分层的一项重要参考指标。而树脂的湿视密度则用来计算离子交换器所需装填湿树脂的质量。

【例 7-3】　离子交换器的直径为 2m，树脂装填高度为 1.5m，计算 1 台交换器需装填 001×7 树脂（湿视密度 $D=0.8\text{g/mL}$）的质量。

解：由直径 d 和树脂层高度 h 计算体积 V 的公式为：

$$V=\left(\frac{d}{2}\right)^2 \pi h=\frac{\pi}{4}d^2 h=0.785d^2 h$$

计算装填树脂质量 G 的公式为：

$$G=VD=0.785d^2 hD$$

将题中数据代入上式即可计算出 1 台交换器所需 001×7 树脂的质量：

$$G=0.785\times 2^2 \times 1.5\times 0.8=3.768（t）$$

（7）有效 pH 范围。强酸、强碱树脂的活性基团电离能力强，其交换容量基本上与 pH 无关。弱酸树脂在水中的 pH 较低时不电离或仅部分电离，因而只在碱性溶液中才有较高的交换能力，一般 pH 值为 7～14。弱碱树脂则相反，只在酸性溶液中有较大的交换能力，一般 pH 值为 1～7。

（8）交换容量。离子交换树脂交换能力的大小以交换容量来衡量。交换容量是以可供利用的活性基团的数量来表示的。所谓可供利用的活性基团的数量，就是在规定条件下能够供给最多交换离子的活性基团数量。离子交换树脂的交换容量有以下 3 种表示方法。

① 总离子交换容量，又称全离子交换容量，是指离子交换树脂内全部可交换的活性基团的数量。它仅取决于活性基团的数量与性质，与外界溶液条件无关，是一个常数，通常用滴定法测定。

② 平衡离子交换容量，是指在一定的外部条件（温度、操作技术等）下，离子交换树脂同一定浓度的溶质离子达到离子交换平衡时所能交换离子的数量。它与交换剂的内部性能和溶质离子的种类、性质及其浓度都有很大的关系。

③ 工作离子交换容量，又称实用离子交换容量，是指离子交换装置在正常运转（出水水质符合要求）期间，交换树脂总体达到的交换容量。例如，在交换柱进行交换的运行过程中，当出水中开始出现需要脱除的离子时，交换树脂所达到的实际交换容量。

由上可知，树脂的总离子交换容量最大，平衡离子交换容量次之，工作离子交换容量最小。后两项只是总离子交换容量的一部分。离子交换容量的单位可用单位质量干树脂所能交换的离子数量来表示，也可用单位体积湿树脂所能交换的离子数量来表示。离子交换容量是代表交换树脂交换性能的主要指标，其中工作离子交换容量的变动较大，其与装置结构、运行方式和各种操作控制条件有关，是离子交换法设计运行的重要参数之一。

（9）离子交换树脂的选择性。离子交换树脂对水中各种离子的吸附能力不同，其中某些离子很容易吸附而另一些离子却很难吸附。树脂在再生时，有的离子容易被置换下来，而有的离子却很难被置换。离子交换树脂对某种离子能优先吸附的性能称为选择性，它是影响离子交换法处理效率的一个重要因素。常温和低浓度溶液中，各种树脂对不同离子的选择性大致规律如下。

强酸性阳离子交换树脂的选择性顺序为：$Fe^{3+}>Co^{3+}>Al^{3+}>Ca^{2+}>Mg^{2+}>Ag^+>K^+>Na^+>H^+>Li^+$。

弱酸性阳离子交换树脂的选择性顺序为：$H^+>Fe^{3+}>Al^{3+}>Ca^{2+}>Mg^{2+}>K^+>Na^+>Li^+$。

强碱性阴离子交换树脂的选择性顺序为：$Cr_2O_7^{2-}>SO_4^{2-}>CrO_4^{2-}>NO_3^->Cl^->OH^->F^->HCO_3^->HSiO_3^-$。

弱碱性阴离子交换树脂的选择性顺序为：$OH^->Cr_2O_7^{2-}>SO_4^{2-}>NO_3^->Cl^->HCO_3^-$。

应当指出，由于实验条件不同，各研究者所得出的选择性顺序不完全相同。从上述选择次序可以说明，如果阳离子树脂为氢型，则强酸性树脂容易进行交换反应而难以进行再生反应，弱酸性树脂难以进行交换反应而容易进行再生反应，OH 型强碱性阴离子树脂交换容易再生难，OH 型弱碱性阴离子树脂则是再生容易而交换难。根据这种特性，在实际应用中针对水质情况可以对强弱型树脂进行选择。

【例 7-4】 实际测得 001×7 阳离子交换树脂的工作交换容量为 1.2mmol/L，原水硬度为2.0mmol/L，计算每立方米的树脂能制取多少软化水？

解：工作交换容量=1.2mmol/L

原水硬度=2.0mmol/L，则每立方米的树脂可制得的软化水为：

$$\frac{1\times1.2}{2.0}=0.6(m^3)$$

7.2.2 离子交换工艺

7.2.2.1 钠离子树脂软化除硬

目前在水处理中，钠离子树脂软化水用得最多，主要用来去除水中能产生水垢的两种主要盐类物质（硬度），即钙、镁盐类物质。在钠离子交换器中装入阳离子交换树脂，原水流过钠离子交换树脂时，交换树脂中的 Na^+ 与水中的 Ca^{2+}、Ma^{2+} 进行置换反应，使水得到软化，其反应式如下：

$$Ca(HCO_3)_2+2NaR \longrightarrow CaR_2+2NaHCO_3$$
$$Mg(HCO_3)_2+2NaR \longrightarrow MgR_2+2NaHCO_3$$
$$CaSO_4+2NaR \longrightarrow CaR_2+Na_2SO_4$$
$$CaCl_2+2NaR \longrightarrow CaR_2+2NaCl$$
$$MgSO_4+2NaR \longrightarrow MgR_2+Na_2SO_4$$
$$MgCl_2+2NaR \longrightarrow MgR_2+2NaCl$$

由以上各式可见，钠离子交换可除去水中的钙、镁硬度，但不能除碱。另外，按等物质量的交换规则，$1mol\ Ca^{2+}$（40.08g）与 2mol 的 Na^+（45.98g）进行交换反应，使得软水中的含盐量有所增加。

随着交换软化过程的进行，交换剂中的 Na^+ 逐渐被水中的 Ca^{2+}、Mg^{2+} 所代替，交换剂由 NaR 型逐渐变为 CaR_2 或 MgR_2 型。当软化水的硬度超过某一数值后，水质已不符合给水水质标准的要求时，则认为交换剂已经"失效"，此时应立即停止软化，对交换剂进行再生（还原），以恢复交换剂的软化能力。常用的再生剂是食盐 NaCl，方法是让质量分数为 5%～8%的工业食盐水溶液流过失效的交换剂层进行再生，再生反应如下：

$$CaR_2 + 2NaCl \longrightarrow 2NaR + CaCl_2$$

$$MgR_2 + 2NaCl \longrightarrow 2NaR + MgCl_2$$

再生成物 $CaCl_2$ 和 $MgCl_2$ 易溶于水，可随再生废水一起排掉。再生后，交换剂重新变成 NaR 型，又恢复其置换水中 Ca^{2+}、Mg^{2+} 的能力。

理论上每交换 1mol 的钙、镁需要消耗 2mol NaCl 即 117g，但实际食盐耗量应为理论耗盐量的 1.2~1.7 倍才能使交换完全。一般采用食盐耗量为 140~200g/mol。

钠离子交换软化系统工艺主要由原水的硬度和相应的用软水对象决定，在实际工程中主要采用并联、串联、串并联等几种方式。

7.2.2.2　氢-钠离子树脂软化脱碱

钠离子交换软化的主要缺点是不能除碱，对于碱性水，采用此法往往会使水中碱度过高。采用氢-钠离子交换可达到降低碱度的目的。

阳离子交换剂如果不用食盐水而用酸（HCl 或 H_2SO_4）溶液去还原，则可得到氢离子交换剂（HR），原水流经氢离子交换剂层后，同样可以得到软化，其反应如下：

$$Ca(HCO_3)_2 + 2HR \longrightarrow CaR_2 + 2H_2O + 2CO_2 \uparrow$$

$$Mg(HCO_3)_2 + 2HR \longrightarrow MgR_2 + 2H_2O + 2CO_2 \uparrow$$

$$CaSO_4 + 2HR \longrightarrow CaR_2 + H_2SO_4$$

$$CaCl_2 + 2HR \longrightarrow CaR_2 + 2HCl$$

$$MgSO_4 + 2HR \longrightarrow MgR_2 + H_2SO_4$$

$$MgCl_2 + 2HR \longrightarrow MgR_2 + 2HCl$$

由此可见，氢离子交换软化法在消除碱度和降低含盐量方面具有明显的优越性。然而由于出水呈酸性和用酸作再生剂，氢离子交换器及其管道应采取防腐措施，因此它不能单独使用。通常它和钠离子交换器联合使用，即氢-钠离子交换器，使氢离子交换产生的游离酸与经钠离子交换后水中的碱相中和达到除碱的目的，即：

$$H_2SO_4 + 2NaHCO_3 \longrightarrow Na_2SO_4 + 2H_2O + 2CO_2 \uparrow$$

$$HCl + NaHCO_3 \longrightarrow NaCl + H_2O + CO_2 \uparrow$$

中和所产生的 CO_2 可用除 CO_2 设备除去，这样既消除了酸性、降低了碱度，又消除了硬度，并使水的含盐量有所降低。失效的氢离子交换剂还原时，用质量分数为 2%左右的硫酸，或质量分数不超过 5%的盐酸。

图 7-11　氢-钠并联离子交换软化和脱碱系统

1—氢离子交换器；2—钠离子交换器；3—盐溶解器；4—稀酸溶液箱；5，6—反洗水箱；

7—除 CO_2 器；8—中间水箱；9—离心鼓风机；10—中间水泵；11—水流量表

氢-钠离子交换系统工艺有并联、串联、串并联等几种方式，并联系统如图 7-11 所示。原水按一定比例一部分经过钠离子交换器，其余的水则经过氢离子交换器，然后两部分软化水汇集后，经除 CO_2 设备除去生成的 CO_2，软水存入水箱由水泵送走。为了保证软水混合后不产生酸性水，计算水量分配比例时，应使混合后的软水带有一定的碱度，通常为 $0.3\sim0.5mmol/L$。串联系统如图 7-12 所示。进水可分为两部分，一部分原水进入氢离子交换器，其出水与另一部分原水混合，出水中的酸度和原水中的碱度中和，中和反应产生的 CO_2 由除 CO_2 器去除，再经钠离子交换器，除去未经氢离子交换器的另一部分原水中的硬度，其出水即为除硬脱碱的软化水。

图 7-12　氢-钠串联离子交换软化和脱碱系统

1—氢离子交换器；2—钠离子交换器；3—盐溶解器；4—稀酸溶液箱；5，6—反冲洗水箱；

7—除 CO_2 器；8—中间水箱；9—离心鼓风机；10—中间水泵；11—混合器

氢-钠串联离子交换软化脱碱系统中，一定要先除去 CO_2，再经钠离子交换，以免 CO_2 形成碳酸后再流经钠离子交换器使出水中又重新出现碱度。其反应为：

$$NaR+ H_2CO_3 \longrightarrow HR+ NaHCO_3$$

同样，为保证出水不呈酸性，应使出水具有一定的残留碱度。

7.2.2.3　氢-氢氧型离子树脂除盐

将原水通过 H 型阳离子交换器（也称阳床）和 OH 型阴离子交换器（也称阴床），经过离子交换树脂反应，将水中阴离子、阳离子除掉，从而制得纯水。

（1）混床离子树脂除盐工艺。在实际生产中经常用混床制得纯水，它是将阴离子、阳离子交换树脂装入同一交换器（混床）直接进行化学除盐的设备。在混床中，由于阴树脂、阳树脂是均匀混合的，所以在运行时，水中的阴离子、阳离子几乎同时发生交换反应，从而制得纯水。混床再生时利用阴树脂、阳树脂的湿真密度差异分别进行再生。再生结束后用除盐水进行清洗至合格，用压缩空气将两种树脂混合均匀即可再投入运行。

混床的阀门、管系如图 7-13 所示。

由于混床再生操作比较复杂，对于含盐量较高的水质，不能直接采用混床进行除盐。在实际除盐系统中，一般是将混床置于阳床、阴床之后，用于深度除盐。

（2）氢-氢氧型离子树脂除盐工艺

① 一级复床系统工艺。原水经阳树脂、阴树脂一次交换，称为一级交换，其交换过程由阳床和阴床完成，称为复床。所以，将这种系统称为一级复床系统，如图 7-14 所示。该系统是由阴床、阳床和除 CO_2 器组成，因此又称为二床三塔系统。在处理水量较大的情况下，往往需设置若干个阳床和阴床。根据阳床和阴床管道连接形式的不同，又可以分为两种系统：一种是一台阳床对应一台阴床，以串联方式运行，称为单元制系统；另一种是各台阳床出水都送入一条

管道（称母管）内，然后通过母管分别送至各个阴床，称为母管制系统。

图 7-13　混床的阀门、管系

1—运行进水；2—反洗排水；3—反洗进水；4—运行出水；5—正洗排水；6—进盐液；

7—放空气；8—进酸液；9—进压缩空气；10—中间装置排水；11—取样；12—氢氧化钠入口；

13—正洗水回收；14—盐酸、硫酸入口；15—再生液回收及正洗水回收；16—喷射器进水

图 7-14　一级复床除盐系统

1—阳床；2—除 CO_2 器；3—中间水箱；4—阴床

图 7-15　一级复床加混床系统

1—阳床；2—除 CO_2 器；3—中间水箱；4—阴床；5—混床

② 一级复床加混床系统。对于水质要求较高的单位，例如电子工业、化验室、制药企业等，通常采用一级复床加混床系统，如图 7-15 所示，该系统也称为三床四塔除盐系统。

7.2.3　离子交换器常见故障及其处理方法

扫视
一频
扫

离子交换运行
操作中注意的问题

离子交换器在运行过程中常见的故障及处理方法见表 7-6。

表 7-6　离子交换器常见的故障及处理方法

故障情况	可能产生的原因	处理方法
交换剂工作交换能力降低，周期制水量减少	原水中 Fe^{3+}、Al^{3+} 含量高，使交换剂"中毒"（这时树脂颜色变深，呈暗红色）	用酸清洗复苏交换剂
	反洗不够彻底，交换剂被悬浮物污染，有结块现象，产生偏流	彻底反洗或清洗交换剂层，尽量降低进水的悬浮物含量
	再生剂用量太少或浓度太低；食盐（如加碘低钠盐）中钠离子含量过低	适当增加再生剂用量或提高再生液浓度；使用含钠量高的工业盐
	交换剂层高度太低或交换剂逐渐减少	适当增加交换剂层高度
	再生流速太快或再生方法不对	严格按正确的再生方法操作
	原水水质突然恶化，或运行流速太快	掌握水质变化规律，适当降低运行流速

续表

故障情况	可能产生的原因	处理方法
运行或再生反洗过程中有交换剂流失	排水装置如排水帽破裂	检修排水装置，更换排水帽
	反洗强度太大	反洗时注意观察树脂膨胀高度，当树脂膨胀接近顶部时，适当降低反洗强度
整个软化过程中，交换器出水总是有硬度	反洗阀门或盐水阀门泄漏，关不严	及时检修阀门
	交换剂层高度不够或运行流速太快	添加交换剂，调整运行流速
	交换剂"中毒"变质，已失去交换能力	处理或更换交换剂
	原水硬度太高或钠盐浓度太大	采用二级软化
	化验试剂中有硬度或指示剂失效	检查或更换试剂，正确进行化验操作
软化水氯离子含量增加	再生时错开出水阀或运行时误开盐阀	谨慎操作，防止差错
	盐水阀或正在再生的交换器出水阀渗漏	及时检修阀门
	再生后正洗不彻底或水源水质变化	正洗至进、出水氯离子含量基本一致，检测原水中氯离子含量是否增加
软化水或再生排废水，有时呈黄色，即交换剂产生溶胶现象	水温过高或pH太高，超出交换剂稳定范围，使交换剂焦化	控制进水或再生液的温度和pH在交换剂中的稳定范围
	交换剂失水后，遇水突然膨胀，造成破碎	避免交换剂失水，一旦失水后，须先用浓盐水浸泡，使其逐渐膨胀
	交换剂停备用时未转型	交换剂停备用时应转型成出厂的形式

7.2.4 离子交换法在工业废水处理中的应用

7.2.4.1 处理含铬废水

含铬废水是一种常见的废水，主要含有以 CrO_4^{2-} 和 $Cr_2O_7^{2-}$ 形态存在的六价铬以及少量以 Cr^{3+} 形态存在的三价铬。离子交换法处理含铬废水，目前国内多采用复床式工艺，如图 7-16 所示。

图 7-16 含铬废水离子交换处理流程

含铬废水经预处理后，先用阳离子交换树脂去除三价铬和其他阳离子，出水呈酸性。当 pH 值下降到 4 以下时，废水中六价铬大部分以 $Cr_2O_7^{2-}$ 形式存在。此时，阳柱出水开始时只进入阴柱 I，水中的六价铬用阴树脂去除。其交换反应如下，以强酸性阳离子交换树脂 RH 和强碱性阴离子交换树脂 ROH 为例。

三价铬的交换：

$$3RH+Cr^{3+} \Longleftrightarrow R_3Cr+3H^+$$

六价铬的交换：

$$2ROH+ Cr_2O_7^{2-} \Longleftrightarrow R_2Cr_2O_7+2OH^-$$

$$2ROH + CrO_4^{2-} \Longleftrightarrow R_2CrO_4 + 2OH^-$$

当出水中六价铬达到规定浓度时，树脂中的 OH^- 基本上被废水中的 $Cr_2O_7^{2-}$、CrO_4^{2-}、SO_4^{2-}、Cl^- 取代。树脂层中的阴离子按其选择性大小，从上到下分层，显然下层没有完全被 $Cr_2O_7^{2-}$ 饱和，为了提高重铬酸的浓度和纯度，将阴柱Ⅱ串联在阴柱Ⅰ后，并继续向阴柱Ⅰ内进水，则阴柱Ⅰ内 $Cr_2O_7^{2-}$ 和 R_2CrO_4 含量逐渐增加，SO_4^{2-}、Cl^- 含量逐渐减少，最后当阴柱Ⅰ出水中六价铬浓度与进水中相同，其中的树脂几乎全部被 $Cr_2O_7^{2-}$ 饱和时，才使阴柱Ⅰ停止工作，进行再生。这种流程称为双阴柱全酸全饱和流程。

经阳柱和阴柱处理后，原水中金属阳离子和六价铬转到树脂上，树脂上的 H^+ 和 OH^- 被替换下来结合成水，所以可得纯度较高的水。

树脂失效后，阳树脂可用一定浓度的 HCl 溶液再生，阴树脂可用一定浓度的 NaOH 溶液再生。反应为：

$$R_3Cr + 3HCl \Longleftrightarrow 3RH + CrCl_3$$

$$R_2CrO_4 + 2NaOH \Longleftrightarrow 2ROH + Na_2CrO_4$$

$$R_2Cr_2O_7 + 4NaOH \Longleftrightarrow 2ROH + 2Na_2CrO_4 + H_2O$$

为了回收铬酸，阴树脂的洗脱液再经一级 H 型阳离子交换进行脱钠，即得到铬酸。

$$4RH + 2Na_2CrO_4 \Longleftrightarrow 4RNa + H_2Cr_2O_7 + H_2O$$

当阴柱Ⅰ再生时，废水由阳柱直通阴柱Ⅱ，当 $Cr^{6+} \geqslant 0.5mg/L$ 时，再由阳柱向阴柱Ⅰ通水，并再生阴柱Ⅱ。

7.2.4.2 处理含锌废水

用离子交换法处理含锌废水也是比较成熟的方法。某厂的酸性废水主要含有 $ZnSO_4$、H_2SO_4 和 Na_2SO_4 等，用 Na 型阳树脂交换其中的 Zn^{2+}，用芒硝再生失效的树脂，即可得到 $ZnSO_4$ 的浓缩液。其交换及再生反应如下。

交换反应：$2RNa + ZnSO_4 \Longleftrightarrow R_2Zn + Na_2SO_4$

再生反应：$R_2Zn + Na_2SO_4 \Longleftrightarrow 2RNa + ZnSO_4$

图 7-17 是某化纤厂采用的处理含锌酸性废水的流程。利用此系统处理含锌废水，回收的 $ZnSO_4$ 浓缩液可直接回用于酸浴，交换器出水含有较浓的 H_2SO_4 和 Na_2SO_4，可以作为软化设备的再生剂。

图 7-17　含锌废水离子交换处理流程

7.2.4.3 处理电镀含氰废水

氰化电镀废水中的氰化物有"游离氰"（即钠、钾的氰化物）和"配合氰"（即氰与铜、镉、铁、锌等金属离子的配合物）两种存在形态，其中大部分为"配合氰"。由于阴离子交换树脂对配阴离子的结合力很大，所以利用阴离子交换树脂交换既能消除氰化物及重金属离子的污染，还能将废水中的氰化物和重金属回收利用。如某厂的氰化镀镉废水经大孔型（包括巨孔型和均孔型）弱碱性阴树脂处理后，水质可达国家排放标准，树脂的再生洗脱液用化学法回收氧化镉，纯度达98.5%以上，只是其工艺较复杂和再生剂用量较大等，有待进一步研究改进。

7.2.4.4 处理有机废水

离子交换法也可用于处理有机废水，如洗涤烟草过程中产生含有烟碱 $C_{10}H_{14}N_2$ 的废水可以用阳树脂回收后作杀虫剂，树脂失效后用醇胺再生。

此外，离子交换法还可以用于净化放射性废水（尤其是浓度较低的放射性废水）等。离子交换法的优点是去除离子的效率高，设备比较简单，操作易于掌握等。存在的问题是目前受到树脂品种、产量、成本的限制，有时树脂的再生和再生洗脱液的处置也是一个难题。这些问题随着我国工业和科学技术的进一步发展将逐步得到解决，离子交换法将更加广泛地用于工业废水处理。

任务3 膜分离处理

膜分离是利用特殊的薄膜对液体中某些成分进行选择性透过的统称。溶剂透过膜的过程称为渗透，溶质透过膜的过程称为渗析。在溶液中凡是一种或几种成分不能透过，而其他成分能透过的膜，叫作半透膜。膜分离法是将溶液用半透膜隔开，使溶液中某种溶质或者溶剂（水）渗透出来，从而达到分离溶质的目的。

膜分离法

扫一扫
扫视频

常用的膜分离方法有电渗析、反渗透、超滤、微滤等。近年来，膜分离技术发展速度极快，在城市污水处理、工业废水处理、化工、生化、医药、造纸等领域广泛应用，膜分离法污水处理可参考 HJ 579。膜分离法的类型及区别见表7-7。

表 7-7 膜分离法的各种类型及区别

项目方法	推动力	透过物	截留物	膜类型	用途
电渗析	电位差	电解质离子	非电解质大分子物质	离子交换膜	分离离子，用于回收酸、碱，苦咸水淡化
反渗透	压力差 $1\sim10MPa$	水溶剂	溶质、盐、悬浮物、大分子离子	反渗透膜	分离水溶剂，用于海水淡化，去除无机离子或有机物
超滤	压力差 $0.1\sim1.0MPa$	水、溶剂、离子及小分子（分子量<1000）	生物制品、胶体、大分子	超滤膜	用于分离分子量大于500的大分子，去除细菌、蛋白质等
微滤	压力差约100MPa	水、溶剂、溶解物	悬浮物、颗粒纤维	微孔膜	用于分离微粒、亚微粒、细微粒（组分直径0.03～15μm）
液膜	化学反应和浓度差	溶质（电解质离子）	溶剂（非电解质离子）	液膜	用于医药、生物、环境保护

　　膜分离法的优点有：膜分离过程不发生相变；操作在常温下进行；不仅适用于有机物，还适用于无机物；装置简单，操作容易且易控制，便于维修且分离效率高。缺点是处理能力较小，消耗能量。

　　膜的分类：①按分离机理分类，分为反应膜、离子变换膜、渗透膜等；②按膜性质分类，分为天然膜（生物膜）、合成膜（有机膜、无机膜）；③按膜结构分类，分为平板型、管型、螺旋型、空心纤维型。

7.3.1　电渗析

扫视
一频
扫

电渗析

　　电渗析是在直流电场的作用下，利用阴离子、阳离子交换膜对溶液中阴离子、阳离子的选择透过性（即阳膜只允许阳离子通过，阴膜只允许阴离子通过），从而使溶液中的溶质与水分离的一种物理化学过程。图 7-18 所示为最基本的电渗析原理，该电渗析器由电解槽与一对阴膜、阳膜组成，槽内装有氯化钠溶液。阴膜、阳膜将槽分成三个室，将阳极置于阴膜侧的一室，阴极置于阳膜侧的一室。当电极通过电流后，在阴膜、阳膜之间溶液中的 Na^+ 透过阳膜向阴极迁移，Cl^- 透过阴膜向阳极迁移，阳极室溶液中的 Na^+ 由于阴膜的阻碍而不能透过，阴极室溶液中的 Cl^- 由于阳膜的阻碍也不能透过阳膜，因此中间隔室中的离子逐渐被移出而成为淡化水，阴极室、阳极室的溶液则不断浓缩。同时由于水的电离，H^+ 向阴极移动，得到电子变成 H_2；OH^- 向阳极移动，失去电子变成 O_2；Cl^- 向阳极移动，失去电子变成 Cl_2。由上述反应可知，在电渗析过程中，阴极不断排出氢气，阳极不断排出氧气和氯气，此时阴极室呈碱性，阳极室呈酸性。

　　在工业生产中，根据上述原理组成多膜电渗析器，如图 7-19 所示。根据各隔室中溶液杂质变化情况，多膜电渗析器中分为淡水室、浓水室、极水室。原水不断通过这些水室，就可在淡水室制取含盐量很低的淡水。浓水室的出水排放掉，两极水室的水引出后相互混合，使其酸碱中和。

图 7-18　电渗析原理

图 7-19　多膜电渗析器

1—阳极进水；2—阴极进出水；3—淡化进出水；4—浓缩进出水

电渗析所用的离子交换膜种类繁多，按膜体结构分类可以分为异相膜、半均相膜及均相膜等；按活性基团分类可分为阳离子交换膜（简称阳膜）、阴离子交换膜（简称阴膜）及两极膜、两性膜、表面涂层膜等具有特种性能的离子交换膜。

电渗析法最早应用于海水淡化制取饮用水及工业用水。在污水处理中，根据污水组成和处理目的的不同，浓室和淡室可以进不同组成的溶液。例如，用电渗析法从酸洗废液中回收硫酸和铁（图 7-20）时，在正极与负极之间放置阴膜，阴极室通入含硫酸及硫酸亚铁的酸洗废液，阳极室通入稀硫酸。通以直流电后，利用电极反应生成的氢离子与透过阴膜的硫酸根离子结合成纯净的硫酸；阴极板上则可以回收纯铁。如阴膜两侧都进酸洗废液则得不到纯净的硫酸。

电渗析法在废水处理实践中应用最普遍的还有：①处理碱法造纸废液，从浓液中回收碱，从淡液中回收木质素；②从芒硝废液中制取硫酸和氢氧化钠；③从含金属离子的废水中分离和浓缩重金属离子，然后对浓缩液进一步处理或回收利用，如含 Cu^{2+}、Zn^{2+}、Ni^{2+}、Cr^{6+} 等金属离子的废水都适宜用电渗析法处理；④处理电镀废水和废液等；⑤从放射性污水中分离放射性元素，然后将其浓缩液掩埋。

用电渗析法处理含镍废水，可将镍浓缩 100～300 倍，这样的浓水可直接回镀镍槽使用，处理流程见图 7-21。废液进入电渗析设备前须经过过滤处理，以去除其中的悬浮杂质和部分有机物，然后进入电渗析器。经过电渗析处理后，浓水中镍的浓度增高，可以返回镀槽重复使用。

图 7-20　利用电极反应回收酸和铁的单膜装置　　　　图 7-21　电渗析法处理含镍废水流程

7.3.2　反渗透

用一张半透膜将淡水和某种溶液隔开，如图 7-22 所示，该膜只让水分子通过，而不让溶质分子通过，淡水会自然地透过半透膜进入溶液，这种现象叫作渗透。相应浓溶液的液面上升，淡水液面下降，直至两侧液面不再变化时达渗透平衡。此时两液面之间的高度差为这种溶液的渗透压。如果在溶剂一侧施加大于渗透的压力 P，则溶液中的水分子就会通过半透膜流向淡水，使盐水浓度增加，这种现象称为反渗透，其中的半透膜称为反渗透膜。

扫一扫 视频

反渗透

图 7-22　反渗透原理

可见，反渗透过程的实现必须具备两个条件：一是必须有一种高选择性和高透水性的半透膜；二是操作压力必须大于溶液的渗透压。

渗透压是区别溶液与纯水性质的一种标志，它以压力来表示，与溶液的性质无关。其值可用下式表示：

$$\pi = \frac{n}{V}RT = cRT \tag{7-10}$$

式中　π——溶液的渗透压，Pa；

　　　R——理想气体常数，8.314J/（mol·K）；

　　　n——溶液中溶质的物质的量，mol；

　　　V——溶质的体积，m^3；

　　　c——溶液中溶质的物质的量浓度，mol/m^3；

　　　T——热力学温度，K。

若为电解质溶液，当电解质完全离解时，上式需乘以校正系数 $\Phi=2$。例如，温度 25℃条件下，0.5mol/L 的 NaCl 溶液的渗透压：

$$\pi = \Phi cRT = 2 \times 500 \times 8.314 \times 298 = 24.8 \times 10^5 （Pa）（实验值为 22.8 \times 10^5 Pa）$$

目前应用最为广泛的是醋酸纤维素膜（简称 CA 膜），外观为乳白色，半透明，有一定的韧性，其厚度为 100～250μm，表皮层的孔隙大小为（10～20）×10^{-10}m。如果膜的孔径太大，则溶质会从膜孔中通过，使分离效率下降。如果膜的孔径太小，虽然可以增加溶质脱除率，但透水性显著下降。

膜的透水量取决于膜的物理性质（如孔隙率、厚度等）及膜的化学组成，以及系统的操作条件，如水的温度、膜两侧的压力差、与膜接触的溶液浓度和流速等。实际操作过程中，膜的物理特性、水温、进出水浓度、流速等在特定的过程中是固定不变的，因此透水量仅为膜两侧压力差的函数。透水量可以用下式表示：

$$F_{水} = K_w（\Delta p - \Delta \pi） \tag{7-11}$$

式中　$F_{水}$——膜的平均透水量，g/（cm^2·s）；

　　　K_w——膜的透水系数，g/（cm^3·s·MPa）；

　　　Δp——膜两边的压力差，即供水压力与淡水压力之差，MPa；

　　　$\Delta \pi$——膜两边的渗透压力差，即供水渗透压力与淡水渗透压力之差，MPa。

为使反渗透过程能够进行，必须满足 $\Delta p > \Delta \pi$，但为了使透水量增加以及使溶质被浓缩时溶液的渗透压升高等，实际工作压力一般比溶液初始渗透压力大 3～10 倍。如海水的渗透压力约为 2.7MPa，而工作压力为 10.5MPa。

单位面积的透盐量可以用下式表示：

$$F_{盐}=P_{y}\frac{c_{f}-c_{p}}{\delta}=\beta\Delta c \tag{7-12}$$

式中 $F_{盐}$——透盐量，$g/(cm^2 \cdot s)$；

    P_{y}——溶质在膜内的扩散系数，cm^2/s；

    δ——膜的有效厚度，cm；

  c_{f}，c_{p}——供水、淡水的盐浓度，g/cm^3；

    β——膜的透盐系数，表示特定膜的透盐能力，cm^2/s；

    Δc——供水、淡水的盐浓度差，g/cm^3。

与透水量不同，正常的透盐量与工作压力无关。工作压力升高，可使透水量增加，但透盐量不变，结果得到了更多的净化水。

目前在水处理领域广泛应用的有醋酸纤维膜和聚酰胺复合膜两种，其他的膜尚在研制中。为了使反渗透装置正常运行，必须对原水进行预处理。预处理的方法有物理法（如沉淀、过滤等）、化学法（如氧化、还原、pH 调节等）和光化学法。选择哪种方法进行预处理，不仅取决于原水物理、化学和生物学特性，还取决于膜和装置的构造。预处理包括去除悬浮固体、油，调节 pH，消毒，防止微溶性物质在膜的表面沉积。

反渗透的应用领域随反渗透材料的发展、高效膜组件的出现，除海水淡水化、苦咸水的脱盐之外，在锅炉给水、纯水制备、电镀污水、印染废水、造纸废水、照相洗印废水、酸性尾矿水、石油化工废水、医院污水、放射性废水、城市污水深度处理等场所得到了广泛应用。

美国已把反渗透法作为处理低水平放射性废水的一种典型方法加以推荐。低水平放射性废水的一般处理工艺方法如图 7-23 所示。低水平裂变产物废液中的 ^{90}Sr、^{137}Cs、^{144}Ce 和 ^{147}Pm 等核素可以回收利用，浓缩后的废液埋入地下比较容易处置。

图 7-23   低水平放射性废水处理工艺

7.3.3 超滤

超滤与反渗透相似，也是依靠压力和膜进行工作。超滤膜的孔径比反

超滤

渗透膜大，能够在较小的压力（0.1～0.5MPa）下工作，而且有较大的通水量。

超滤的过程并不是单纯的机械截留、物理筛分，而是存在着以下三种作用：①溶质在膜表面和微孔孔壁上发生吸附；②溶质的粒径大小与膜孔径相仿，溶质嵌在孔中，引起阻塞；③溶质的粒径大于膜孔径，溶质在膜表面被机械截留，实现筛分。为了避免在孔壁上的吸附和膜孔的阻塞，应选用与被分离溶质之间相互作用弱和膜孔结构外密内疏的不对称构造的超滤膜。

超滤的过程是动态过滤，即在超滤膜的表面既受到垂直于膜面的压力，使水分子得以透过膜面并与被截留物质分离，同时又产生一个与膜表面平行的切向力，以将截留在膜表面的物质冲开。所以，超滤运行的周期可以较长。在运行方面，还可短时间地停止透水而增加切面流速，即可达到冲洗膜面的效果，使透水率得到恢复。这样的运行方式使超滤（膜）-活性污泥法这种新型的处理工艺得以实施和发展，具体可参考 HJ 2010。

超滤一般用来分离分子量大于 500 的物质，如细菌、蛋白质、颜料、油类等。

超滤设备与反渗透相似（图 7-24），是由多孔性支撑体和膜构成，装在坚固的壳内，有管式及板式两种。为防止在膜面上产生沉积，应使沿膜表面平行流动的水的流速大于 3～4m/s，使溶质不断地从膜界面层送回到主流层中，以减小界面层的厚度，保持一定的通水速度和截留率。

某厂用超滤技术分离电泳涂漆废液的流程如图 7-25 所示。

图 7-24   超滤与反渗透

图 7-25   电泳涂漆废液的超滤水洗流程

1—预滤；2—超滤；3—过滤水存储槽

从电泳槽抽出一定流量的电泳槽液，先通过预滤器除去较粗粒子，然后送入超滤器。从超滤器出来的过滤水则送到冲洗区，用来冲洗工件表面的浮漆，同时稀释循环冲洗水，使循环冲洗水浓度保持在 1%以下。其中一小部分回流到预冲洗槽，余下的冲洗水送回电泳槽以调整浓度，这样就避免了废水的产生。超滤器的进口压力为 0.3MPa，出口压力为 0.14MPa，膜面水流流速为 4.5m/s，透水率为 25～35L/（m²·h），固体物的去除率达到 98%。

在超滤运行中应注意防止霉菌繁殖，霉菌使溶液发臭并堵塞滤膜，使膜变质。因此，在料液中宜定期投加适量的防霉剂。另外，超滤器中流速一般为 3～4m/s，会引起摩擦发热，需要在电泳槽中采取降温措施。

7.3.4 微滤

微滤又称微孔过滤，所分离的组分直径为 0.03～15μm，主要除去微粒、亚微粒和细粒物质。微孔过滤是以静压力为推动力，利用筛网状过滤介质膜的"筛分"作用进行分离的膜过程，又称精密过滤。微孔滤膜的截留机理大体可分为以下几种：机械截留；吸附截留；架桥截留。网络型膜的截留机理为网络内部截留作用。图 7-26 为微孔膜多种截留作用示意图。

扫视频
一扫

微滤

图 7-26 微孔膜多种截留作用示意图

微孔滤膜材质不同，品种较多，膜体孔径各异，主要包括硝酸纤维素滤膜、醋酸纤维素膜、混合纤维素膜、聚酰胺滤膜、聚氯乙烯疏水性滤膜、再生纤维滤膜、聚四氟乙烯强憎水性滤膜。常见的微孔滤膜又称滤芯，长 245mm、外径 70mm、内径 25mm。其体积小，孔隙率大，过滤面积大，滤速快，强度高，滤孔分布均匀，使用时间长；过滤时介质不会脱落，没有杂质溶出，无毒，使用和更换方便；适用于过滤悬浮的微粒和微生物。

微孔过滤多用于半导体工业超纯水的终端处理和反渗透的首端预处理，在啤酒与其他酒类的酿造中用以除去微生物与异味等，其过滤对象还有细菌、酵母、血细胞等微粒。

在城市污水的深度处理中，微孔过滤发挥了重要的作用。由于水资源紧缺，许多国家都积极将城镇污水处理后回用，即中水处理技术。日本中水处理工艺如图 7-27 所示。在城市污水处理工艺中，微孔过滤作为深度处理技术，使处理水达到回用水标准。

图 7-27 日本中水处理工艺

任务 4　吹脱处理

扫视频
一扫

吹脱法

水和废水中会含有溶解气体，例如：用石灰石中和含硫酸废水时会产生大量 CO_2；水在软化除盐过程中，经过氢离子交换器后，产生大量 CO_2；某些工业废水中含有 H_2S、HCN、CS_2 及挥发性有机物等。这些物质可能会对系统产生侵蚀，或者本身有害，或者对后续处理有不利影响，因此必须除去，这些气体可以用吹脱法除去。

7.4.1　吹脱的基本原理

吹脱法的基本原理是气液相平衡及传质速度理论。在气液两相体系中，溶质气体在气相中的分压与该气体在液相中的浓度成正比。传质速度正比于组分平衡分压与气相分压之差。气液相平衡关系及传质速度与物系、温度、两相接触状况有关。对于给定的物系，可以通过提高水温、使用新鲜空气或者采用负压操作增大气液接触面积和时间，减少传质阻力，均可降低水中溶质浓度、增大传质速度。

吹脱过程是将空气通入水中，空气与溶解性气体可产生以下两种作用。

（1）化学作用：化学氧化只对还原性物质起作用。例如：

$$2H_2S+O_2 \longrightarrow 2H_2O+2S$$

对 CO_2，则不能起氧化作用。氧化反应程度与溶解气体的性质、浓度、温度、pH 等因素有关，要由实验确定。

（2）吹脱作用：使水中溶解状挥发性物质由液相转为气相，扩散到大气中，属于传质过程。其推动力为废水中挥发性物质的浓度与大气中该物质的浓度差。水经过自然放置也有上述作用，但天然吹脱费时长、占地大，工程上一般用人工吹脱。进行人工吹脱的构筑物有吹脱池、吹脱塔（内装填料或筛板）等。

7.4.2　吹脱常用设备

在工程上一般采用的吹脱设备有吹脱池和吹脱塔。

7.4.2.1　吹脱池

吹脱池为一矩形水池，如图 7-28 所示。水深 1.5m，曝气强度 $25\sim30m^3/(m^3\cdot h)$，吹脱时间 $30\sim40min$，压缩空气量 $5m^3/m^3$ 水，空气用塑料穿孔管由池底送入，孔径 10mm，孔间距 5cm。吹脱后，游离 CO_2 由 700mg/L 降至 $120\sim140mg/L$，出水 pH 值为 $6\sim6.5$。存在的问题是布气孔易被 $CaSO_4$ 堵塞，造成曝气不均匀。当废水中含有大量表面活性物质时，易产生泡沫，影响操作和环境卫生，可采用高压水喷射或加消泡剂进行除泡。

7.4.2.2　吹脱塔

采用塔式装置吹脱效率较高，有利于回收有用气体，防止二次污染。在塔内设置栅板、瓷环填料或筛板，以促进气液两相混合，增加传质面积。

填料塔的主要特征是在塔内装置一定高度的填料层，废水由塔顶往下喷淋，空气由鼓风机从塔底送入，在塔内逆流接触，进行吹脱与氧化。废水吹脱后从塔底经水封管排出。自塔顶排出的气体可进行回收或进一步处理。工艺流程如图 7-29 所示。

图 7-28 某纤维尼纶厂吹脱池   图 7-29 吹脱塔工艺流程

填料塔的缺点是塔体大，传质效率不如筛板塔高。当废水中悬浮物浓度较高时，易发生堵塞现象。

板式塔的主要特征是在塔内装有一定数量的塔板，废水水平流过塔板，经降液管流入下一层塔板。空气以鼓泡或喷射的形式穿过板上水层，相互接触传质。塔内气相和水相组成沿塔高呈阶梯变化。

7.4.3 吹脱物回收方法

从废水中吹脱出来的挥发性物质，可用下述方法回收。

（1）碱性溶液回收法：用碱性溶液吸收含挥发性物质的气体。例如，用 NaOH 溶液吸收 HCN，产生 NaCN；吸收 H_2S 产生 Na_2S，然后再将饱和溶液蒸发结晶。或者用废碱渣作为 H_2S 的吸收剂，生成 Na_2S，达到以废治废、变废为宝的目的。用此法回收气体时，要注意气体中杂质或水分的含量，以免影响回收产品的纯度或浓度。例如，当吹脱塔出来的气体中含有大量 CO_2 时，则在碱液回收过程中会产生碳酸钠，影响纯度。气体中水分夹带较多时，回收的产品需要较长的蒸发、结晶过程，增加了回收的困难及成本。

（2）活性炭回收法：用活性炭吸附含挥发性物质的气体，饱和后用溶剂解吸。例如，活性炭吸附 H_2S 饱和后用亚氨基硫化物的溶液浸洗 1h 进行解吸，反复浸洗几次后，往活性炭中通入水蒸气清洗，饱和的溶剂经过蒸发后可回收硫。

7.4.4 影响吹脱的因素

在吹脱过程中，影响吹脱的因素很多，主要有以下几个。

（1）温度。升高水的温度，水的蒸发就会加快。在挥发性物质由液相转为气相的过程中，提高温度对吹脱是有利的。例如，剧毒物质氰化钠在水中水解成氰化氢：$CN^- + H_2O \longrightarrow HCN + OH^-$。当水解温度在 40℃ 以上时，水解速度迅速增加，HCN 的吹脱效率也就相应提高。

（2）气液比。空气量过小，气相与液相接触不够；空气量过大，将造成液泛，即废水被气流带走，破坏了操作。最好使气液比接近液泛极限（超过此极限的气流量将产生液泛），这时气相与液相在充分湍流条件下，传质效率最高，工程上常按液泛极限的气液比的 80% 设计。

（3）pH。在不同的 pH 条件下，挥发性物质的存在状态是不同的。例如，游离 H_2S 在硫化物中的含量和游离 HCN 含量与 pH 的关系见表 7-8。只有游离 H_2S 才能被吹脱，电离后则难以吹脱。因此，吹脱时必须在偏酸性条件下进行。如某化工厂电石炉气体的洗涤废水含氰化物 20～30mg/L，pH 值为 10～13。用吹脱法将化合氰吹出，将石灰窑废气（含 CO_2 35%～40%）吹进废水，在降低废水 pH 的同时使化合氰酸化成氰化氢，同时又起到了吹脱的作用。

表 7-8　游离 H_2S 和游离 HCN 含量与 pH 的关系

pH 值	5	6	7	8	9	10
游离 H_2S/(%)	100	95	64	15	2	0
游离 HCN/(%)	—	99.7	99.3	93.3	58.1	12.2

（4）油类物质。废水中的油类物质会阻碍挥发性物质向大气中扩散，而且会阻塞填料，影响吹脱，应在预处理中除去。

7.4.5　吹脱塔设计

（1）填料的特性。吹脱塔内填料有瓷环或栅板，其特征见表 7-9。

表 7-9　填料特性

填料种类	每个填料单元的尺寸/mm³	比表面积/(m²/m³)	装填量单元/m³
瓷环 （不规则排列）	15×15×2	330	205000
	25×25×3	200	48700
	35×35×4	140	18000
	50×50×5	90	5830
木制栅板	10×100，板间距 10	100	
	10×100，板间距 20	65	
	10×100，板间距 30	48	

（2）吹脱塔内所需填料表面积：

$$F = \frac{G}{K \cdot \Delta C} \tag{7-13}$$

$$G = Q（C_0 - C） \tag{7-14}$$

$$\Delta C = \frac{C_0 - C}{2.3\lg\dfrac{C_0}{C}} \tag{7-15}$$

式中　F——填料表面积，m²；

　　　G——由水中吹脱的溶解性气体的数量，kg/h；

　　　K——吹脱系数，m/h；

　　　Q——进水量，m³/h；

　C_0，C——进水、出水中的溶解性气体的浓度，kg/m³；

　　　ΔC——吹脱过程中的平均推动力，kg/m³。

（3）吹脱系数。吹脱系数 K 与气体性质、温度等有关。吹脱水中 CO_2 气体时，其吹脱系数 K_{CO_2} 见表 7-10。

表 7-10　吹脱系数 K_{CO_2}

温度/℃	5	10	15	20	25	30	35	40	45	50
K_{CO_2}/(m/h)	0.26	0.31	0.36	0.41	0.46	0.51	0.56	0.6.3	0.69	0.76

吹脱水中 H_2S 气体时，其吹脱系数为：

$$K_{H_2S} = \frac{760}{m(50.7 + \frac{110}{f^{0.234}})} \tag{7-16}$$

式中　m——常压下 H_2S 在水中的溶解度，见表 7-11；

　　　f——吹脱塔截面积，m^2。

表 7-11　H_2S 在水中的溶解度

温度/℃	0	10	20	30	40	50	60	80	100
溶解度/(m³/m³ 水)	7.1	5.1	3.9	3	2.4	1.9	1.5	0.8	0

（4）塔内喷淋密度（喷淋速度）。吹脱塔水喷淋密度为 40～60m³/(m²·h)。

（5）鼓风机风量、风压值。鼓风机风量为 30～40m³/m³ 水。

鼓风机风压为：

$$h \geq 1.2 \times (AH + \Delta h) \tag{7-17}$$

式中　A——填料阻力，瓷环填料每米高度的阻力约 294Pa；

　　　H——填料高度，m；

　　　Δh——塔内局部阻力总和，一般按 294～392Pa 计算。

7.4.6　吹脱应用实例

7.4.6.1　脱除硫化氢

某炼油厂从冷凝器排出的污水中含有大量石油及腐蚀性强的硫化氢，为了脱除污水中的硫化氢，使废水除油，加热后，先酸化至 pH<5，使 H_2S 全部以游离态存在，再经吹脱塔使其脱除。加热废水可强化吹脱效率。从吹脱塔排出的解吸气体送至该厂硫酸车间回收硫化氢，处理后循环使用。

7.4.6.2　脱除氰化氢

在选矿污水中，氰化氢主要以氰化钠形式存在，它是一种强碱弱酸盐，在水溶液中易水解为氰化氢，加酸可促进水解反应的进行。生成的氰化氢用吹脱法脱除后，再用 NaOH 碱液吸收，可回收氰化钠，重新用于生产。如采用真空闭路循环系统，可使输送氰化氢气体的管路处于负压下，可防止漏气中毒，还可避免新鲜空气中所含 CO_2 对碱液的消耗。

 技能训练　混凝沉淀实验

1. 目的

（1）通过本实验确定某水样的最佳投药量。

（2）观察矾花的形成过程及混凝沉淀效果。

2. 水样

（1）污水处理厂二沉池出水。

（2）某种工业废水。

3. 设备

（1）无级调速六联搅拌机 1 台。

（2）1000mL 烧杯。

（3）pH 计。

（4）温度计。

（5）有关测定水质的药剂和仪器。

（6）秒表。

4. 步骤

（1）测定水样的水温及水质（浊度、COD_{Cr}、SS 及 pH）。

（2）用量筒分别量取 1000mL 水样置于 6 个烧杯中。

（3）基于污水处理厂、工业废水处理站单位污染物经验投加量确定实验最小混凝剂投加量，之后按最小投加量的 100%、110%、120%、130%、140%和 150%的计量设计混凝剂投加量。

（4）将 6 个烧杯置于搅拌机中，开启搅拌机，快速搅拌 30s（300～500r/min），之后中速搅拌 4.5min（120～150r/min），最后再慢速搅拌 10min（50～80r/min）。

（5）搅拌过程中，注意观察并记录矾花形成过程、矾花外观及大小等；搅拌结束后，静置沉淀 10min，观察矾花沉淀过程、沉降速度快慢、密实程度，并记录在表 7-12 中。

（6）沉淀结束后，测定混凝沉淀出水或上清液的浊度（或其他主要污染物，如 COD_{Cr}、SS）、pH，并填入表 7-13 中。

（7）基于实验结果，并结合混凝沉淀过程所观察到的现象、相关原理，对实验结果进行讨论分析。如果实验结果不够理想，可基于实验结果重新设计实验，重复上述实验步骤。

表 7-12 混凝沉淀实验观察记录

实验组号	观察记录		小结
	水样编号	矾花形成及沉淀过程的描述	
	1		
	2		
	3		
	4		
	5		
	6		

表 7-13 实验数据记录表

水样编号	1	2	3	4	5	6
原水浊度						
原水 COD_{Cr}						
原水 SS						
原水 pH 值						
加药量/mL						
剩余浊度						

续表

水样编号	1	2	3	4	5	6
剩余 COD_{Cr}						
剩余 SS						
沉淀后 pH 值						

5. 注意事项

（1）混凝沉淀实验取水时，所取用水水样要搅拌均匀，要一次量取，以避免所取水样水质不均匀。

（2）混凝沉淀出水或静置沉淀上清液取样时，要在烧杯的相同深度或位置上取上清液，并避免把沉淀的矾花扰动起来。

思考与练习

1. 什么叫吸附等温线？

2. 吸附柱有几种运行方式？在处理废水时通常采用哪种运行方式？

3. 比较吸附设备中固定床和移动床的优缺点。

4. 某企业工业废水拟采用活性炭吸附有机物（以 COD_{Cr} 计），原水 COD_{Cr} 为 120mg/L。在 2L 废水中投加 2g 活性炭，经充分吸附后达到吸附平衡，平衡浓度为 24mg/L。计算此条件下活性炭的平衡吸附量。

5. 某化工厂每小时排出 COD_{Cr} 浓度为 30mg/L 的污水 $50m^3$，拟采用活性炭吸附处理，将 COD_{Cr} 降至 3mg/L 作为循环水使用。由吸附实验的吸附等温式 $q=0.058c^{0.5}$，计算需加多少活性炭？

6. 离子交换树脂有哪些性能？它们各有什么实用意义？

7. 影响离子交换树脂交换能力的因素有哪些？

8. 什么是电渗析？

9. 采用超滤装置回收洗毛废水中的羊毛脂，已知废水水量为 $600m^3/d$，超滤装置的设计膜通量为 $40L/(m^2 \cdot h)$，浓缩倍数为 5，该超滤装置每天过滤运行时间为 17h。计算需要多大面积的超滤膜。

10. 什么情况下需要回收吹脱出来的挥发性物质？

11. 影响吹脱的因素有哪些？

项目八
污水处理厂设计与运行管理

 项目导读

如何参与污水处理厂设计工作？如何选择水处理工艺流程？污水处理构筑物的选择与设计应注意什么？怎样解决污水处理厂运行过程中的问题？

学习目标

知识目标：熟知污水处理厂设计原则；掌握污水处理工艺流程、构筑物设计原则；掌握污水处理厂运行管理知识。

能力目标：学会根据原始条件和限制要求选择污水处理工艺流程；会正确设计污水处理构筑物；能胜任污水处理厂（站）的一线运行工作。

素质目标：培养科学规范意识；提升解决工程问题的能力。

项目实施

项目共有 5 个任务，通过该项目的学习，达到会选择、设计和运行污水处理工程的目的。

任务 1 设计程序分析

在进行污水处理厂的工程设计时，应遵循一定的设计程序，由浅入深逐步进行。污水处理厂的设计一般可分为 3 个阶段：①设计前期工作；②初步设计；③施工图设计。对于大中型污水处理厂，在初步设计之前，须先进行环境影响评价和工程可行性研究，由主管部门审批后再开始设计。如工程规模大，技术复杂，应在初步设计之后增加技术设计。

8.1.1　可行性研究

8.1.1.1　任务和要求

（1）主要任务。可行性研究是在项目建议书批准之后，对本工程项目的可行性进行论证。根据任务的工程目的和基础资料，运用工程学和经济学原理，对技术、经济以及效益等诸方面进行综合分析、论证、评价和方案比较，提出本工程的最佳可行方案。可行性研究是项目前期工作中最重要的内容，它从项目建设和生产经营的全过程考察分析项目的可行性，目的是回答项目是否有必要建设、是否可能建设和如何进行建设的问题。

（2）要求。城市污水处理厂项目可行性研究报告的组成及深度应符合市政工程设计前期工作一般规定的要求。

①　工程可行性研究应以批准的项目建议书和委托书为依据，其主要任务是：在充分调查研究、评价预测和必要的勘察工作基础上，对项目建设的必要性、经济合理性、技术可行性、实施可能性进行综合性的研究和论证，对不同建设方案进行比较，提出推荐建设方案。

②　可行性研究的工作成果是提出可行性研究报告，批准后的可行性研究报告是进行初步设计的依据。

③　可行性研究的投资估算与初步设计概算之差应控制在±10%以内。

8.1.1.2　可行性研究报告编制原则

①　在城市污水处理与利用总体规划指导下，实行排水统一排出规划，严格保护城市水源（地面水和地下水）和环境。

②　发展和推广污水处理高效节能、简便易行的新工艺、新技术以及污水和污泥的综合利用技术。

③　发展和推广节能技术（节电、沼气发电、余热利用等）。

④　发展采用先进的新材料、新设备。

⑤　采用现代化技术手段，逐步实现科学自动化管理，做到技术可靠、经济合理。

8.1.1.3　主要内容

①　编制依据和范围。

②　项目概况，包括废水的水量、水质、生产工艺、构筑物种类、处理要求。

③　工程方案，包括处理工艺选择与多方案比较、污泥处理工艺选择、选址与用地、人员编制等。

④　投资、资金来源及工程经济效益分析。

⑤　工程量估算及工程进度安排。

⑥　存在的问题及建议。

⑦　附图及附件。

8.1.2　初步设计

初步设计是在可行性研究报告或初步设计得到审批后进行的具体工程方案设计过程，包括以下几个部分。

8.1.2.1　初步设计程序

城镇污水处理工程初步设计的主要任务是明确工程规模、设计原则和标准，深化可行性研究报告提出的推荐方案并进行必要的局部方案比较，提出拆迁、征地范围和数量，以及主要工程数量、主要材料设备数量，编制设计文件及工程概算。

初步设计的主要依据是批准的可行性研究报告（方案设计）。对没有可行性研究（方案设计）的设计项目，初步阶段应进行方案比选工作，并应达到规定的深度。

8.1.2.2　设计说明书

编制初步设计说明书是设计工作的重要环节，其内容视设计对象而定。一般包括如下内容：①设计委托书批准的文件，与本项目有关的协议与批件；②该地区（企业）的总体规划、分期建设规划、地形、地貌、地址、水文、气象、道路等自然条件资料；③污水资料，水量、水质资料，包括平均值、现状值、预测值；④说明选定方案的工艺流程、处理效果、投资费用、占地面积、动力及原材料消耗、操作管理等情况，论证方案的合理性、先进性、优越性和安全性；⑤对系统作物料衡算、热量衡算、动力及原材料消耗计算、主要设备及构筑物工艺尺寸计算、主要工艺管渠的水力计算、高层布置计算等，阐述主要设备及构筑物的设计技术数据、技术要求和设计说明；⑥污水处理厂位置的选择及工艺布置的说明，主要包括规划、工艺、布置、施工、操作、安全等方面；⑦设计中采用的新技术及技术措施说明；⑧说明对建筑、电气、照明、自动化仪表、安全施工等方面的要求和配合；⑨提出运转和使用方面的注意事项、操作要求及规程；⑩劳动定员及辅助建筑物。

8.1.2.3　工程量

经计算列出工程所需要的混凝土量、挖土方量、回填土方量等。

8.1.2.4　材料与设备量

列出工程所需要的设备及钢材、水泥、木材的规格和数量。

8.1.2.5　工程概算书

根据当地建材、设备供应情况及价格，工程概算编制定额及有关租地、征地、拆迁补偿、青苗补偿等的规定和办法，编制本项目的工程概算书。

8.1.2.6　图纸

图纸主要包括污水处理厂总平面布置图、工艺流程图、高层布置图、管道沟渠布置图、主要设备及构筑物平面图、立面图、剖面图等。

设计说明书是工程技术人员对工程设计任务和要求进行的必要的说明，其作用首先是上级有关部门（生态环境部门、主管部门）对该工程在技术经济上的审查依据，其次是工程技术人员在下一步工程技术设计中的一份有效依据，也是给施工、安装单位在施工中的一份指导书。

8.1.3　施工图设计

城市污水处理工程施工图设计的主要任务是提供能满足施工、安装、加工和使用要求的设计图纸、说明书、材料设备表和要求设计部门编制的施工预算。在初步设计被批准后，以初步设计图纸和说明书为依据，绘制建筑施工图和设备加工的正式详图，具体包括如下内容。

（1）施工图设计说明：①工程概况及工程范围，说明设计规模、采用的工艺、设计范围。②设计依据，包括初步设计批准的机关、文号、日期及主要审批内容，采用的标准和规范，详细勘测资料，其他施工图设计资料依据等。③设计内容，包括工艺设计、结构设计、建筑设计、电气设计、自控仪表设计、园林工程设计等。

（2）主要材料及设备表：每个单体建（构）筑物均应按不同的专业单独列出设备、材料表，注明该单体建（构）筑物所涉及的全部设备的名称、详细的规格、型号、数量、主要技术参数，所有材料的名称、规格、材质、数量等。

（3）施工图设计图纸：①总图，包括污水处理厂总平面图、坐标定位图、工艺流程图、竖向布置图、管线综合图、管线设计图、绿化布置图等；②单体建（构）筑物设计图，包括工艺图、建筑图、结构图等；③室内外给排水安装图；④电气设计图；⑤仪表及自动控制设计图；⑥机械设计图。

施工图设计应以批准的初步设计为依据，如与批准的初步设计有较大变动时，须经原审批部门批准；若建设单位提出重大变更时，须通过计划管理部门重新安排任务。

小型污水处理建设项目，经主管部门同意，可一次进行施工图设计。

8.1.4 设计后期工作

污水处理工程设计后期工作的主要任务是配合施工、参加工程试运转和设计回访质量复评与设计总结。

施工开始后，应安排有关设计人员定期到现场配合施工。配合施工的要求是：施工图设计交底，加工及安装交底，解决与设计有关的施工问题，局部变更设计或会签施工洽商单，处理施工中发生的质量事故、参加隐藏工程及工程竣工验收等，并编写配合施工报告。

大型或技术复杂的工程，待工程完成后，应组织设计人员参加试运行，进行必要的测试验证设计和优化生产运行。工程运行一定时间后，应组织设计人员进行回访，了解工艺运行及设备运转情况，征求对设计的意见。回访后应编写设计回访报告。

大型或技术复杂的工程，应在施工、试运行、设计回访的基础上，全面总结设计的优缺点和经验教训，并做出设计质量复评。

任务 2　处理工艺流程选择

水在生活与工业生产过程中的用途大致可分为下列 7 个类型：饮用水，食品、饮料及其他工业产品的原料，洗涤用水，生产蒸汽，传热介质，消防，原料或废物的输送介质。每种类型随着用水对象的不同，对水质的要求也截然不同，处理水的工艺流程也就不同。

按现代水处理发展的特点，水处理的任务就是将水质不合格的原料水（天然水源中的水或用过的水）加工成符合需要的产品水。当产品水用于饮用或工业生产过程中时，这样的水处理过程就属于给水处理；当产品水只是为了符合排入水体或其他处置方法的水质要求时，这样的水处理过程就属于污水（废水）处理。

8.2.1 工艺流程选择影响因素

处理工艺流程选择，一般需考虑以下因素。

8.2.1.1 水处理程度

水处理程度是水处理工艺流程选择的主要依据，而水处理程度又取决于原料水的水质特征、处理后水的去向和流入水体的自净能力。

① 水质特征：表现为水中所含污染物的种类、形态及浓度，它直接影响水处理程度及工艺

流程。

②　处理后水的去向：取决于水处理工程的处理深度，若处理的产品水是为了农田灌溉，则应使原料水经二级生化处理后才能排放；如原料水经处理后必须回用于工业生产，则处理深度和要求以及流程选择因回用的目的不同而异。

③　水体自净能力应作为确定水处理工艺流程的依据之一，这样既能较充分地利用水体自净能力，使污水处理工程承受的处理负荷相对减轻，又能防止水体遭受新的污染，破坏水体正常的使用价值。

8.2.1.2　建设及运行费用

考虑建设与运行费用时，应以处理水达到水质标准为前提条件。在此前提下，工程建设及运行费用低的工艺流程应得到重视。此外，减少占地面积也是降低建设费用的重要措施。

8.2.1.3　工程施工难易程度

工程施工的难易程度也是选择工艺流程的影响因素之一，如地下水位高、地质条件差的地方，就不适宜选用深度大、施工难度高的处理构筑物。

8.2.1.4　当地的自然和社会条件

当地的地形、气候等自然条件也对污水处理流程的选择有一定的影响。如当地气候寒冷，则应采用在低温季节也能够正常运行并保证取得达标水质的工艺。当地的社会条件，如原材料、水资源与电力等也是处理工艺流程选择应当考虑的因素。

8.2.1.5　水量波动

除水质外，污水的水量也是影响因素之一。对于水量、水质变化大的污水，应选用耐冲击负荷能力强的工艺，或考虑设立调节池等缓冲设施以尽量减少不利影响。

8.2.1.6　二次污染问题

应考虑处理过程是否会造成二次污染。例如，化肥厂产生的废气、废水在采用沉淀、冷却处理后循环利用；冷却塔尾气中含有氰化物，对大气造成污染。农药厂乐果废水处理中，以碱化法降解乐果，如采用石灰作碱化剂，产生的污泥会造成二次污染等。

8.2.2　天然水给水处理

天然水给水处理应主要考虑以下几个问题。

8.2.2.1　原水水质

①　如取用地下水，由于水质较好，常不需任何处理，仅经消毒即可，如含铁、锰、氟量超过生活饮用水标准，应采取除铁、除锰、除氟的措施。

②　如取用地面水，一般经过混凝—沉淀—过滤—消毒工艺，水质即可达到生活饮用水标准。如原水浊度较低（如 150mg/L 以下），可考虑省去沉淀构筑物，原水加药后直接经双层滤料过滤即可。

③　如用湖水，水中含藻类较多，可考虑采用气浮代替沉淀，或采用微滤机做预处理，以延长滤池的工作周期。

④　如取用高浊度水，为了达到预期的混凝沉淀效果，减少混凝剂用量，应增设预沉池，使水质达到用水标准需要。

8.2.2.2 给水对象

各种给水对象（生活饮用水、生活杂用水、工业生产过程用水）对水质的要求往往不同，因此，不必将全部水都处理到生活饮用水的标准，只需达到用水水质要求即可，这样可以大大节省处理费用。

8.2.2.3 药剂的选择

混凝剂的选择应结合原水水质及用水对象的特点来考虑，一般通过混凝沉降实验即可确定适宜的混凝剂种类及投量。如水温过低，往往还需投加助凝剂以帮助混凝，提高混凝沉淀效果。

如给水对象是对含铁量敏感的工作（造纸、纺织、印染等），则不宜采用铁盐作混凝剂。如水中含单宁或腐殖质，当水的 pH>6 时，铁离子能与之生成复杂的暗黑色化合物，使水的色度增加，可用铝系混凝剂替代。

8.2.3 城镇生活污水处理

城镇生活污水的特征较有规律，处理要求也较统一，主要是降低污水的生化需氧量和悬浮物浓度。一般的城镇生活污水可采用以传统活性污泥法为主的二级生化处理。工艺流程如图 8-1 所示。

图 8-1 二级污水处理厂典型流程

8.2.4 工业废水处理

工业废水水质千差万别，种类繁多，不同行业产生的废水水质不同，甚至同一行业也会排出多种类型的废水。因此，工业废水处理不可能提出单一的处理流程，只能针对具体的水质进行具体分析，最好通过试验或经验确定工艺流程。

在具体确定工业废水处理流程前，首先要调查下列问题：a.污染物的种类及来源；b.循环给水及降低废水量的可能性；c.回收利用废水中有毒物质的方式方法；d.废水排入城市下水道的可能性。

8.2.5 工业废水与城市污水共同处理

应充分认识到工业废水与城镇污水共同处理能节省建设费用和运行费用的好处，同时工业废水的水量、水质的波动得到城镇污水的缓冲，有害物质的影响也由于城镇污水的稀释得到减弱，因此，只要管理得当，共同处理大多能得到较好的处理效果。

但也要注意到共同处理可能引起的问题，并采取适当的措施予以解决，才能更好地解决工业废水与城镇污水的污染问题。正确的方针应当是：首先由各工厂分别预处理各自的特殊污染物水质，再排入下水道，然后送往城镇污水处理厂与城镇污水共同处理。排入城镇下水道前，应处理达到《污水排入城镇下水道水质标准》，使废水水质能够达到城镇污水处理厂的接纳要求，既不致损坏下水道，也不会影响微生物活动。

上述几点并不能包括选择处理工艺流程时应考虑的全面问题，设计者应当在调查研究、科学试验的基础上进行详细的技术经济比较，才能确定最佳的处理工艺流程。

任务 3　污水处理厂构筑物设计分析

污水厂的总体布置应根据厂内各建筑物（构筑物）的功能和流程要求，结合厂址地形、气象和地质条件等因素，经过技术经济比较确定，并应便于施工、维护和管理。污水和污泥的处理构筑物宜根据情况尽可能分别集中布置，处理构筑物的间距应紧凑、合理，并应满足各构筑物的施工、设备安装和埋设各种管道以及养护维修管理的要求。

生产管理建筑物和生活设施宜集中布置，其位置和朝向应力求合理，并应与处理构筑物保持一定距离。

污水厂区内各建筑物造型应简洁美观，选材恰当，并应使建筑物和构筑物群体的效果与周围环境协调。

8.3.1　平面布置

污水处理厂的建（构）筑物组成包括生产性处理构筑物、辅助建筑物和连接各构筑物的渠道。在对其进行平面规划布置时，应考虑的原则有以下几条。

① 布置应尽量紧凑，以减少污水处理厂的占地面积和连接管线的长度。

② 生产性处理构筑物作为处理厂的主体构筑物，在进行平面布置时，必须考虑各构筑物的功能要求和水力要求，结合地形和地质条件合理布局，以减少投资并降低运行费用，方便管理。

③ 对于辅助建筑物，应根据安全、方便等原则布置。如泵房、鼓风机房应尽量靠近处理构筑物，变电所应尽量靠近最大用电户，以节省动力与管道。办公室、分析化验室等均应与处理构筑物保持一定距离，并处于构筑物的上风向，以保证良好的工作条件。储气罐、储油罐等易燃易爆建筑的布置应符合防爆、防火规程。污水处理厂内的道路应方便运输等。

④ 污水管渠的布置应尽量短，避免曲折和交叉。此外，还必须设置事故排水渠和超越管，以便发生事故或进行检修时污水能越过该处理构筑物。

⑤ 厂区内给水管、空气管、蒸汽管以及输电线路的布置应避免相互干扰，既要便于施工和维护管理，又要占地紧凑，当很难敷设在地上时，也可敷设在地下或架空敷设。

⑥ 要考虑扩建的可能，留有适当的扩建余地，并考虑施工方便。

生产性构筑物包括泵房、风机房、加药间、消毒间、变电所等，辅助性建筑物包括化验室、修理间、库房、办公室、车库、浴室、食堂、厕所等，其面积可参考表 8-1。

表 8-1　辅助性建筑物使用面积　　　　　　　　　　　　单位：m²

序号	建（构）筑物名称	污水处理水厂规模/(10⁴m³/d)		
		0.5～2	2～4	5～10
1	化验室（理化、细菌）	45～55	55～65	65～80
2	修理部门（机修、电修、仪表）	65～100	100～135	135～170
3	库房（不含药剂库）	60～100	100～150	150～200
4	值班宿舍	按值班人员确定		
5	车库	按车辆型号、数量确定		

总之，在工艺设计计算时，除应满足工艺设计上的要求外，必须符合施工、运行的要求。对于大中型污水处理厂，还应作多种方案比较，以便找出最佳方案。

8.3.2　高程布置

高程布置是为了合理处理各构筑物在高程上的关系。具体来说，就是通过水头损失的计算，确定各构筑物的标高以及连接构筑物的管渠尺寸和标高，从而使废水能够按处理流程在处理构筑物间顺畅流动。

8.3.2.1　高程布置的原则

尽量利用地形特点使构筑物接近地面高程布置，以减少施工量，节约基建费用；尽量使废水和污泥利用重力自流，以节约运行动力费用。

8.3.2.2　构筑物的水头损失

为达到重力自流目的，必须精确计算污水流经处理构筑物的水头损失。水头损失包括下列内容：①流经处理构筑物的水头损失，包括进出水管渠的水头损失，在进行初步设计时可参照表 8-2 所列数据估算；②流经管渠的水头损失，包括沿程水头损失和局部水头损失；③流经量水设备的水头损失，按所选类型计算得出。

表 8-2　污水流经处理构筑物的水头损失

构筑物名称	水头损失/cm	构筑物名称		水头损失/cm
格栅	10～25	普通快滤池		200～250
沉砂池	10～25	压力滤池		500～600
平流沉淀池	20～40	通气滤池		650～675
竖流沉淀池	40～50	生物滤池	装有旋转布水器	270～280
			装有固定喷洒布水器	450～475
辐流沉淀池	50～60	曝气池	污水潜流入池	25～50
反应池	40～50		污水跌水入池	50～150

8.3.2.3　高程布置应考虑的因素

① 初步确定各构筑物的相对高差，只要选定某一构筑物的绝对高程，其他构筑物的绝对高程亦确定。

② 要选择一条距离最长、水头损失最大的流程，按远期最大流量进行水力计算。同时还留有余地，以确保系统出现故障或处于不良工况下时仍能进行工作。

③ 当污水和污泥不能同时保证重力自流时，因污泥少，可用泵提升污泥。

④ 高程布置应考虑出水能自流排入接纳水体。

⑤ 地下水位较高时，应适当提升构筑物设置高度，减少水下施工的工程量。

图 8-2 列出了某市污水处理厂污水处理流程高程布置图。

图 8-2　某市污水处理厂污水处理流程高程布置图

8.3.3　厂址选择

污水处理厂厂址的选择应结合城市或工厂的总体规划、地形、管网布置、环保要求等因素综合考虑，设计人员必须进行现场勘察，进行多方案的技术经济比较，一般应考虑以下几个问题。

① 在地形及地质条件方面有利于处理构筑物的平面与高程的布置及施工，不受洪水威胁，考虑防洪措施，地质条件地基好，地下水位低，岩石较少。

② 少占农田，尽可能不占良田。

③ 污水处理厂应布置在城镇集中给水水源的下游，距城镇或生活区 300m 以上，并便于处理后的污水用于农田灌溉。污水处理厂应尽可能设在夏季主风向的下方。

④ 减少管网的基建费用，污水处理厂如果是为几个流域或几个区服务，则厂址应结合管网布置进行优化设计，使总体投资最低。

⑤ 要考虑发展的可能，留有扩建余地。处理厂占地面积的大小与处理水量、处理方法等有关。表 8-3 的有关资料可供选址时参考。

表 8-3　给水厂及污水处理厂占地面积

给水厂		污水处理厂			
规模/(10⁴m³/d)	占地/(亩/10⁴m³)	规模/(10⁴m³/d)	一级处理占地/(亩/10⁴m³)	二级处理占地/(亩/10⁴m³)	
				生物滤池	曝气池或高负荷滤池
>100	5	10	15~20	60~90	30~37
50~100	4.5	7.5	12~18	60~90	22~30
30~50	3.5	5	9~13	60~90	17~23
20~30	2.5	2	8~12	60~90	15~22
10~20	1.5	1	7.5~10	60~90	15~20
>50	1.2	0.5	7.5~10	60~90	15~19

注：1 亩=1/15 hm²。

任务 4　构筑物的结构要求及运行分析

8.4.1　构筑物设计原则

① 构筑物要满足工艺需求,要进行必要的试验研究,获得相应的试验数据,并能保证稳定运行,符合水力运行规律。

② 构筑物上安装的装置要便于人员操作、检修,巡检要有安全通道及防护措施。

③ 与构筑物相连接的管线设施要容易清理疏通。

8.4.2　构筑物的结构要求

根据工艺原理设计构筑物时应满足以下 3 个方面的要求。

8.4.2.1　进水

构筑物进水位置一般处于构筑物中心或进水侧高程中部。进水要尽可能地采取缓冲手段,防止进水速度过大,因惯性直线前进,影响构筑物正常功能的发挥。一般采用放大口径进水和多孔进水方式以降低水流速度。同时,中心管进水还需设置外套稳流筒,起缓冲作用。

8.4.2.2　出水

出水有两种类型:一种是澄清型出水;另一种是非澄清型出水。澄清型出水是指沉淀池、浓缩池等构筑物需要控制出水含带悬浮物等杂质的出水方式,主要有集水孔出水和锯齿堰出水等方式。由于集水孔出水小孔易堵,通常应用锯齿堰较多,但要有较好的施工质量和密封手段,以保证锯齿堰处出水均匀流出,但堰口承受负荷较低,尤其活性污泥法的二次沉淀中,污泥密度低,持水性强,沉淀效果不好,单层堰口出水流速相对偏大。现在大多采用增加集水槽及集水槽双侧集水的方式来降低堰口出水负荷,已取得较好的效果。一般大型初沉池采用双侧集水,二沉池采用两道集水槽集水,沉淀效果比较理想。

非澄清型出水有水平堰口出水和直接管式出水等方式。由于出水不需要控制其含杂质量,对堰口要求比较低。

8.4.2.3　放空

污水处理构筑物必须设有放空的结构部分,并能保证在需要的情况下将构筑物内的污水或污泥全部排放干净,以便进行设备检修和构筑物自身的清理。一般放空管应设在构筑物最低位置并低于构筑物内最低处底面。同时,构筑物连通的公用工程排水管线还要保证低于放空管,排水管线运行液位不致造成污水回灌,否则达不到构筑物的放空效果。而且放空管线在构筑物外要在尽可能短的距离内设检修井,以便于对放空管线进行清通和检查。

8.4.3　构筑物的运行方式

构筑物的运行方式主要有连续和间断两种。一般小规模污水处理可采用间断运行方式,但间断运行存在操作复杂、不易管理等缺点。因此,构筑物最好选用连续运行方式,采取较稳定的控制手段,运行中应注意以下两个问题。

① 澄清型构筑物要保证稳定运行。对于澄清型构筑物,需要稳定的运行环境,才能达到预期的工艺效果,减少出水含带杂质量。因此,要防止负荷的大幅度波动,并保证相应设备的稳

定运行，使悬浮物的沉降尽可能与静置沉淀环境接近，并能将沉淀物及时排出，达到最大的去除效果。

② 非澄清型构筑物要有防沉手段。对于调节池、曝气池、吸水池等非澄清型构筑物，不允许有杂质沉积，必须采取相应的防沉手段，可采取通风曝气、机械搅拌等形式，并对构筑物进行防沉积维护，保证构筑物功能的正常发挥。

任务 5　污水处理厂运行管理

现代工艺污水处理厂用计算机控制日益普遍，采用计算机控制的经济效益很明显，欧美国家一些城市污水处理厂已经用计算机进行数据记录和运行过程控制，国内城市污水处理厂中，局部污水处理厂虽还比较落后，仍是手工操作，但有些企业和城镇污水处理厂引进先进污水处理设备，全部或局部采用计算机控制，取得了成功的经验。

8.5.1　污水处理工程自控技术及质量监测管理

污水处理厂在运行中要对进水、出水的水质和水量进行监测，通过监测可以及时了解生产的状况，根据各部位监测数据，污水处理厂能及时调整运行方式及工艺控制参数等，保证生产处于受控状态，最大限度地提高污水处理效果。

8.5.1.1　污水处理工程自控质量监测技术

污水处理工程自控质量监测分两类：一类是仪表自动化连续在线监测；另一类是分析监测。仪表自动化连续在线分析系统可对许多指标进行监测，如 DO、pH、SS、NH_3-N、COD 等。

自动化监测仪表安装于污水处理装置的进口、出口或处理单元进口、出口处，由于污水水质不稳定，成分复杂，通过自动化仪表的监测可及时掌握进水水质情况和装置运行情况。根据仪表的显示，可及时进行生产调整，保证装置运行稳定受控。如中和装备 pH 表的应用，可以立即反映 pH 的变化，能及时调整控制加酸或加碱量，使系统中和效果良好，水质稳定。而曝气池上应用 DO 仪表可以准确反映即时的溶解氧含量，及时调整供风量，保证生化效果处于最佳状态。仪表在线监测能够直接反映污染指标，信息显示及时、直观，且省掉了许多人工成本。但仪表监测项目有限，且需要经常维护、校核，有时也存在误差。国内城市污水处理厂在线监测仪表现仍以进口为主。

当然，质量分析监测控制与在线监测不同，质量分析监测控制仍以手工操作分析监测为主，分析监测要全面反映污水处理厂进出水的水质、水量情况和整个污水处理装置工艺过程中的运行状态。

8.5.1.2　质量监测管理

污水处理厂的质量监测管理，首先要选择几项对装置运行具有直观指导和控制意义的项目作为控制分析项目，项目选择要依据污水排放的特点，一般以 pH、COD 和特征污染物为主，对这些主要项目的分析可及时准确地反映污水处理厂进水水质情况、污水装置运行情况、污水处理厂对主要污染物的去除效果等。根据分析结果，准确地反映出不同阶段的运行状况，这就要求控制分析要有足够的分析频率来满足运行控制的要求。通过监测分析项目的开展，可以使污水处理厂质量受控，运行受控，工艺平稳运行。

8.5.1.3　操作管理

污水处理厂的每个单元工艺都有具体的控制管理内容，操作人员按照单元操作管理要求来完成操作任务，管理者则对操作内容完成情况及时进行检查，保证各单元处于良好的运行状态。

对于系统工艺要编制工艺规程，介绍主要工艺管理情况，供管理人员参考。对于单元工艺要编制岗位操作规程，规定单元工艺的操作内容、操作方式、控制指标、安全注意事项、故障处理等，供操作者按操作规程执行岗位操作。

操作管理中要注意操作质量的检查管理和系统工艺的稳定平衡，如沉砂池的刮砂，上一班刮砂不彻底就可能为下一班操作增加负荷，从而损坏刮板，甚至损坏电机等。而沉淀池的排泥要保证彻底，排泥和浓缩、脱水要及时，否则就会造成积泥或悬浮物截留效果下降等。曝气池的供风则要及时调整，保证风量均匀，满足生化反应需要等。

操作管理是一项系统工程，必须严格认真，不断积累经验，保证管理到位，才能保证污水处理厂的长期稳定运行。

8.5.1.4　设备管理

设备运行的好坏是污水处理厂运行稳定与否的关键因素之一，设备管理从设备选择时即已开始，设计时要首先开展设备调研，对所需设备的生产、应用情况进行较为全面的了解，多方面评价和论证，使所选择设备满足污水处理生产的需要，能够保证长期稳定运行。要有足够的设备数量来满足工艺负荷变化的要求，同时还要避免浪费。一般除按正常满足工艺要求而设置的设备数量外，风机、泵类都要增设 1～2 台备用。工艺设计时要考虑单台设备检修时其他构筑物仍可以维持运行。

在运行管理中，要保证设备完好，泵、风机类单台设备出故障要能保证在短时间内修复，尤其进、出口阀门要加强维护，保证严密，以便设备检修时能够保证与工艺管线隔绝。操作者要定时进行巡检，对设备参数及运行状态进行记录，发现问题及时处理。同时，按设备的设计要求定期更换润滑油，使设备得到良好的维护，保证设备长期稳定运行。

8.5.1.5　工艺技术管理

工艺技术管理是操作管理的指导管理。在污水处理厂的运行中，专业技术人员要及时分析工艺运行情况，并指导工艺运行，对工艺操作的改变或改进提出指导意见。可以根据需要及时更换控制指标，分析运行中存在的问题，评价运行状态，及时提出处理意见和方法，使工艺运行始终处在稳定受控状态。如污水处理出水个别指标突然恶化，要全面分析恶化原因，从技术上找出问题所在，研究恢复调整方案，尽快将工艺运行调整到正常水平。对于较长的工艺流程，要设置重点工序管理点，明确控制指标，每月进行一次数据统计与分析。同时，对每段工序进行分段调优，最后达到全流程优化运行。另外，要及时总结和分析装置运行的原料与动力消耗情况，使污水处理装置的运行在保证质量的前提下，尽可能降低消耗，降低运行成本，在经济合理的条件下，创造更多的环境效益。

8.5.2　污水处理装置自动化控制技术

先进的污水处理工艺将大大改善污水处理质量，自动检测、自动控制水平的提高在提高污水处理装置的稳定性和改善出水水质方面将起到重要作用。自动检测水平不高，污水处理过程各环节的控制数据采集就不及时，工序调整不迅速，则出水水质波动较大在所难免，自动化控制水平不高，就不能实现连续可靠的工艺操作。因此，污水处理水平不会有较大的提高。可见，提高污水处理装置的自动化水平对改善出水质量具有重要作用，污水处理厂就其工厂的任务来讲有别于其他工厂但又有一定的联系。

8.5.2.1　污水处理厂的自动控制过程

污水处理厂的自动控制非常复杂，在工艺过程中是十分重要的，主要包括以下控制过程。

① 进水提升控制。污水进厂首先要进行液位提升，因为进水量时大时小，若要稳定进水池（稳流池）的液位就要对提升泵实行逻辑控制。

② 格栅控制。通常格栅上的杂物会引起前后水位差，采用超声波液位计进行测量，当液位差超过控制点时，由集散控制系统（DCS）自动启动格栅去除杂物；也可设定定时启动程序，即在一定时间间隔内 DCS 瞬时控制格栅工作。

③ 污泥回流量控制。污泥回流量控制可以用电磁流量计测量回流污泥量，根据工艺要求由 DCS 完成参数整定、PID（比例、积分和微分）运算，以控制正向流和反向流之间的流动和沉降的正确比例。

④ 生化反应池进氧量控制。对于好氧活性污泥处理装置来说，了解曝气池内污水中的溶解氧量也非常重要。配置连续测量装置对溶解氧量进行最佳控制，对提高处理质量有很大作用，同时对控制管网空气压力、节省能源消耗也是一种有效的方法。

8.5.2.2　污水处理厂中自动控制应具有的特点

（1）低温、低压、大流量测量自动控制。低温、低压、大流量测量是污水处理厂自动控制的特点之一。在污水处理过程中，由于工艺运行的要求，其测量与自动控制是在常温、低压力下进行，如污水的预处理和生化处理都是在常温下进行。压力测量主要是在配套装置上进行。如对鼓风机出口风压进行调节，控制生化反应池加入的空气量，一方面可有效地使生物反应池溶解氧保持在一定浓度范围内，另一方面通过压力控制可减少电能消耗。

（2）在线分析仪表广泛使用。在线分析仪表的广泛使用是污水处理工艺的一大特点。COD、NH_3-N、pH、DO、SS 等测量是连续进行的，为工艺生产控制提供重要数据，离开这些指标的监测，污水处理不可能进行，或者说是无目标进行。

（3）液位测量装置广泛使用。液位测量在污水处理厂的各种池、井工艺装置上广泛使用，对液位进行有效控制是工艺过程所必需的，否则污水外溢、再次污染的危害就会发生。

（4）集散控制系统（DCS）。通过集散控制系统（DCS）将现场测量分散的数据进行集中显示，便于生产控制人员掌握系统运行情况，以便迅速快捷地进行必要的生产调整。同时，DCS 自动完成分散控制，迅速调节操作信息和相关数据，为后续生产提供重要资料、操作信息和相关数据，使操作者和管理者对进入的污水总量能有一个综合的认识。各种测量数据中，其中最主要的数据为 pH、流量、COD_{Cr}、NH_3-N 和要求监控的液位等。下面简要介绍流量和液位仪表。

① 流量测量。输送污水的方式有明渠和管道两种，并有两种相应的测量方法。明渠流量随水深度的变化而改变。封闭管道，液体在管道中流动并且充满管道，流量取决于流速。

经处理后的污水排出污水处理厂时的流量测量采用巴氏计量槽较为理想，虽然电磁流量计精度较高，但由于工业油脂和其他绝缘物使其读数不精确，而巴氏计量槽可以满足一定的精度要求，不会形成沉积，因而对大流量污水测量非常适用。超声波液位计可以非常精确地测量液位，与巴氏计量槽构成流量测量装置，是一种免维护的流量测量设备。

污水处理厂工艺过程中的流量测定，所用的电磁流量计是运用法拉第的电磁感应原理进行工作的，介质必须是导电液体，测量范围比较广泛，不受被测液体的温度、压力或黏度的影响，适用于测定污泥及夹带固体的液体，精度较高，稳定性好。

② 液位测量。为保证污水处理系统安全稳定地运行，要求进行液位测量，如池、井、槽等，使用较多的是静压测量和超声波测量。前者是接触测量，需要使用压缩空气，污水处理厂早期工艺使用较多。目前较多采用超声波测量，超声波测量属于无接触测量。

超声波测量是利用液体接受超声波来测量液位，这种测量方法的缺点是如果有泡沫覆盖在液体表面，信号就有可能被吸收，而没有能量被反射回来，造成测量误差。超声波液位计对明渠和各种池、井的液位可进行精确测量，同时超声波系统也可以用于污水处理厂封闭的化学储槽，适用于控制泵、格栅等。如用于控制格栅液位时，超声波传感器就置于格栅前后，通过两个传感器指示的液位差来启动清理装置。

思考与练习

1. 污水处理厂的设计分几个阶段？每个阶段的内容都包括什么？
2. 污水处理厂选址应遵循哪些原则？
3. 选择污水处理的工艺流程应考虑哪些因素？
4. 污水处理厂高程布置的原则是什么？
5. 工业废水与城市污水是分散处理还是联合处理较好？各有何利弊？
6. 试述污水处理工程中自动控制技术的重要性。

参考文献

[1] 马放，田禹，王树涛.环境工程设备与应用.2版.北京：高等教育出版社，2021.

[2] 陈泽堂.水污染控制工程实验.北京：化学工业出版社，2003.

[3] 王文东.工业水处理技术.北京：中国建筑工业出版社，2017.

[4] 李永峰，李巧燕，宋玉珍.环保设备基础.北京：化学工业出版社，2017.

[5] 高廷耀，顾国维，周琪.水污染控制工程下册.4版.北京：高等教育出版社，2015.

[6] 张素青.水污染控制.北京：中国环境出版社，2015.

[7] 崔迎.水污染控制技术.北京：化学工业出版社，2015.

[8] 陈玲，赵建夫.环境监测.2版.北京：化学工业出版社，2014.

[9] 潘涛，李安峰，杜兵.废水污染控制技术手册.北京：化学工业出版社，2013.

[10] 李留格，刘慧敏.环境工程仪表及自动化.北京：化学工业出版社，2013.

[11] 张素青，赵志宽.水污染控制技术.大连：大连理工大学出版社，2006.

[12] 卜秋平，陆少鸣，曾科.城市污水处理厂的建设与管理.北京：化学工业出版社，2002.

[13] 周群英，高廷耀.环境工程微生物学.2版.北京：高等教育出版社，2000.

[14] 黄铭荣，胡纪萃.水污染治理工程.北京：高等教育出版社，1995.

[15] 胡侃.水污染控制.武汉：武汉工业大学出版社，1998.

[16] 唐受印，等.废水处理工程.北京：化学工业出版社，1998.

[17] 王燕飞.水污染控制技术.北京：化学工业出版社，2001.

[18] 邵刚.膜法水处理技术.北京：冶金工业出版社，2000.

[19] 许保玖，安鼎年.给水处理理论与设计.北京：中国建筑工业出版社，1992.

[20] 郑铭.环保设备.北京：化学工业出版社，2001.

[21] 薛叙明.环境工程技术.北京：化学工业出版社，2002.

[22] 郝景泰，于萍，周英，等.工业锅炉水处理技术.北京：化学工业出版社，2000.

[23] 姚继贤.工业锅炉水处理及水质分析.北京：劳动人事出版社，1987.

[24] 潘涛，李安峰，杜兵.环境工程技术手册（废水卷）.北京：化学工业出版社，2000.

[25] 纪轩.污水处理工必读.北京：中国石化出版社，2004.

[26] 沈耀良，王宝贞.废水生物处理新技术理论与应用.北京：中国环境科学出版社，2000.

[27] 李军，王淑莹.水科学与工程实验技术.北京：化学工业出版社，2002.

[28] 曾科，卜秋平，陆少鸣.污水处理厂设计与运行.北京：化学工业出版社，2001.